今日から
モノ知り
シリーズ

トコトンやさしい

制御の本

門田和雄

「制御」という単語は硬いイメージがしますが、英語のControl(コントロール)だとグッと親しみが出てきます。「あの投手はコントロールが良いですねぇ…」なんて野球中継ではよく聞きますし、テレビの「リモコン」、子供が遊ぶ「ラジコン」などにも、コントロールつまり「制御」が入っています。

B&Tブックス
日刊工業新聞社

はじめに

「制御」という言葉を聞いて、皆さんはどのようなイメージをもたれるでしょうか。「制御」に何かしらの興味をもって本書を手にした方々は、「制御」という言葉に何となく格好のよい響きというイメージをもっているかもしれません。しかし、改めて「制御とは何か?」と問われると、制御には具体的な形はありませんし、ましてや制御はお店で手軽に買えるようなものでもありません。それでは、「制御とはいったい何だろう?」この問いに対して、初心者向けにトコトンやさしく解説しようというのが本書の目的です。

1章では、「制御のいろいろ」として、制御の語源や身近な制御の例やその歴史など、制御に関するさまざまな話題を取り上げました。

2章では「制御の種類」として、制御に関する学問的な流れを示しながら、その概要をまとめました。

3章では「制御の入出力装置」として、制御に必要な入力装置であるスイッチやセンサ、出力装置であるランプや電気モータなどをまとめています。

そして、自動制御を進めていくにあたって重要となる事項である2種類の制御について、4章において、あらかじめ定められた順序での制御である「シーケンス制御」、5章において、目標値と実際値を比較しながらの制御である「フィードバック制御」を詳しく説明しました。今後、制御の実際を学んでいこうと思っている方々は、4章と5章を入門として、さらなる専門知識を身につけていくことができるはずです。

6章では「マイコン制御」として、実際にマイコンボードを用いた回路作成やプログラミングの実際がイメージできるようにまとめました。

簡潔にいうと、制御とは何らかのシステムへの入力と出力の関係を知ることです。そして、その関係の成果は、機械やロボット、また家電製品やエアコンなどを適切に動かすことで知ることができます。

ただし、制御工学という学問で制御を扱おうとすると、このような具体例が直接登場することは少なく、それらを共通して扱うことができるような複雑な数式が数多く登場します。一般の人々は、いきなりそのような数式が並んでいる本を見ても、なかなかその内容を理解できないことでしょう。また、制御理論の数式を理解できたとしても、実際に制御機器を導線でつなぎながら制御回路を組み立てたり、制御のためのプログラムをするなど、制御の実際ができるようになるわけではありません。

本書では、理論としては複雑な数式が登場する手前くらいまでの事項に関して、具体的な制御例をあげながらまとめることを心がけました。初心者が「制御ができる」「制御がわかった」といえるようになるまでには長い道のりがあると思いますが、これらの内容を通して制御の概要を理解することができ、さらに高度な制御を学んでいくための見通しをもっていただけると嬉しいです。

門田和雄

2011年7月

トコトンやさしい

制御の本

目次

目次 CONTENTS

第1章 制御のいろいろ

1 **制御の字源**「制御とは、制して御すること」……10
2 **制御を英語で表すと**「制御は英語でコントロール」……12
3 **球速や球種をコントロール**「ピッチングマシーンから見た制御」……14
4 **ラジコン、リモコンもコントロール**「ラジコンは無線、リモコンは有線も」……16
5 **手動制御から自動制御へ**「手動でできないことは自動で」……18
6 **ファクトリーオートメーション**「産業用ロボットの導入から無人工場へ」……20
7 **ホームオートメーション**「住宅の自動化で私たちの生活を快適に」……22
8 **紀元前に存在した自動機械**「ヘロンが考案したとされる自動機械」……24
9 **蒸気機関の自動制御**「制御工学のはじまりはここから」……26
10 **京都で活躍した遠心調速機**「蹴上発電所のペルトン水車の調速に」……28

第2章 制御の種類

11 **制御の定義**「制御とは対象を思い通りに操ること」……32
12 **シーケンス制御**「あらかじめ定められた順序での制御」……34
13 **フィードバック制御**「目標値と実際値を比較しながらの制御」……36
14 **フィードフォワード制御**「あらかじめ予想しながらの制御」……38

15 サーボ機構「位置や角度、姿勢を追従させる制御」……40
16 プロセス制御「圧力や温度、流量などを扱う制御」……42
17 古典制御と現代制御「古典制御もまだまだ現役、現代制御は?」……44
18 ポスト現代制御「現代制御の次に登場した頑丈な制御」……46
19 ファジィ制御「あいまいさの制御は家電製品で実用化」……48
20 ニューラルネットワーク「脳の神経細胞のはたらきを用いた制御」……50
21 遺伝的アルゴリズム「生物の進化のメカニズムを適用」……52
22 人工知能とフレーム問題「人工的に人間の知能を実現できるか」……54

第3章 制御の入出力装置

23 アナログとディジタル「制御信号を学ぶ最初の一歩」……58
24 AD変換の方法(1)「標本化と量子化の方法」……60
25 AD変換の方法(2)「分解能と変換速度の考え方」……62
26 入出力装置のはたらき「制御システムへの入力と出力」……64
27 スイッチの種類「共通事項となるa接点とb接点」……66
28 光、磁気、音を検出するセンサ「人間の目や耳の代わりをするセンサ」……68
29 圧力、温度、流量を検出するセンサ「プロセス制御で用いられるセンサ」……70
30 力、位置、加速度を検出するセンサ「機械やロボットに使われている」……72

第4章 シーケンス制御

31 物理量の電気信号への変換「センサの取込み値を電圧に」……74
32 ランプの種類(1)「光を発する代表的な出力装置」……76
33 ランプの種類(2)「蛍光灯から発光ダイオードへ」……78
34 発光ダイオードの使い方「ディジタルでもアナログでも」……80
35 直流モータと交流モータ「回転運動を取り出す代表的なアクチュエータ」……82
36 ステッピングモータとサーボモータ「精密な制御に欠かせないモータ」……84
37 空気圧シリンダ「小型軽量で高出力の往復直線運動」……86
38 油圧シリンダ「空気圧より大きな油圧パワー」……88
39 シーケンス制御系の設計「順序と時間と論理でやりたいことを明確に」……92
40 PLCの活用「何を入力して何を出力するのかを考える」……94
41 シーケンス図とラダー図「シーケンス制御の表記法」……96
42 論理回路のはたらき「AND、OR、NOTなど」……98
43 タイマとカウンタ「時間や計数のはたらき」……100
44 ラダー図のプログラミング「タイマで順番に複数の出力を」……102
45 PLCの配線作業(入力編)「入力機器の配線について」……104
46 PLCの配線作業(出力編)「出力機器を配線しての制御」……106

47 空気圧システムのシーケンス制御「空気圧シリンダを制御する」……108
48 シーケンス制御の用途「食品機械などの応用例」……110

第5章 フィードバック制御

49 フィードバック制御系の設計「制御系の構成要素と制御信号」……114
50 フィードバック制御系の応答「安定な制御系と不安定な制御系」……116
51 フィードバック制御系の特性「さまざまな信号で応答を調べる」……118
52 制御系の伝達関数(1)「基本要素である比例、積分、微分」……120
53 制御系の伝達関数(2)「一次遅れ要素と二次遅れ要素」……122
54 ブロック線図の等価変換「制御系をわかりやすくまとめる」……124
55 比例制御「目標値と出力値の偏差に比例したP制御」……126
56 積分制御と微分制御「過去を見るI制御、未来を見るD制御」……128
57 アナログ入出力ボード「アナログデータをやりとりする機器」……130
58 PID制御の実際「圧力容器内の圧力を一定にする制御」……132
59 PID制御のゲイン調整「試行錯誤によるチューニング」……134
60 パワーアシストロボットのPID制御「目標値が変動する制御系」……136

第6章
マイコン制御

61 **マイコン制御**「私たちの生活を支える小さなマイコン」……140
62 **マイコンボードの構成**「ディジタル入出力やアナログ入出力」……142
63 **ディジタル出力**「LEDの自動点滅」……144
64 **ディジタル入出力**「スイッチでLEDを点灯」……146
65 **アナログ入力**「温度センサからのデータ取得」……148
66 **アナログ入出力**「各種センサでアナログ値の入出力」……150
67 **モータドライバ**「DCモータを制御する準備」……152
68 **DCモータの制御**「DCモータのアナログ制御」……154

【コラム】

●サイバネティクス……30
●人工無脳……56
●倒立振子……90
●制御盤と配線……112
●ワイヤストリッパーと圧着工具……138
●C言語のプログラミング……156

参考文献……157
索引……159

第1章

制御のいろいろ

1 制御の字源

制御とは、制して御すること

制御のお話をはじめるにあたって、まずは制御という言葉の意味について考えてみましょう。制御の「制」には、「制作」「編制」などのように、「形をつくり整える」という意味と、「制圧」「制限」「制止」「規制」「強制」「節制」などのように「おさえつける」という意味があります。そして、ここでの制御の「制」は、後者の「おさえつける」という意味で用いられます。また、制御の「御」には、「御所」「御前」「親御」というような尊敬語をつくる用い方もありますが、「御する」という場合には、「あるものの行動などを制し、思い通りに動かす」という意味があり、これは馬を馴らして思い通りに操ることが字源となっています。そして、ここでの制御の「御」は、「思い通りに動かす」という意味で用いられます。

すなわち、制御とは「制して御すること」であり、言い換えると「おさえつけて、思い通りに動かす」という、やや威圧的な意味があります。「親が子どもを制御する」や「教師が生徒を制御する」のような言い方は、あまり良い意味にはとられません。これは、人間が他人を「おさえつけて、思い通りに動かす」ことが、一般的に好ましいこととは思われていないためです。一方、人間が自分自身の心や感情を表現するときに、「心を制御する」や「感情を制御する」というような使い方をすることもあり、このように使い方には特にネガティブな意味はありません。

本書で扱う「制御」は、工学的な意味での制御であり、これらの例とはほぼ同じです。ただし、制御をする主体は人間であることが多く、制御される対象は「機械やロボットなどのモノ、またはシステム」になります。ここでシステムとは、いくつかの要素が影響し合いながら全体として機能するまとまりのことです。人間が作ったモノやシステムを、人間の意図に沿って動かすために必要となる技術。これが制御を考えていくときの出発点になります。

要点BOX

- 「制」は「おさえつける」の意
- 「御」は「思いどおりに動かす」の意
- 「制御」とは制して御すること

制御のもつ意味

制

1. 製作、編制
   …… 形をつくり整える
2. 制圧、制限
   …… **おさえつける**

＋

御

1. 御所、御前
   …… 尊敬語
2. 御(ぎょ)する
   …… **思い通りに動かす**

＝

制して御する

対象は
機械やロボットなどの
モノ
や
システム

主体は
人間

2 制御を英語で表すと

制御は英語でコントロール

制御を英語で表すとコントロール（control）です。コントロールという言葉は日常的にも多く用いられているので、もしかしたら制御よりもイメージがわくかもしれません。例えば、野球で「あの投手はコントロールがいい」というような使い方をしたときには、投げる球がストライクゾーンという目標に達する確率が高いということを意味します。プロ野球の投手ならば、単なるストライクゾーンではなく、その中でも「内角」や「外角」、「高め」や「低め」などに投げ分けることができなければ、コントロールがいいとは呼ばれないでしょう。また、直球だけでなく変化球も含めてコントロールがよくなければプロ野球では通用しません。

このように、コントロールには、何らかの目標があり、その結果はそれを達成できたかどうかを評価されます。そして、評価をするためにはその目標が漠然としたものではなく、何らかの数値を伴った具体的なものである必要があります。

野球規則では、ストライクゾーンを「打者の肩の上部とユニフォームのズボンの上部との中間点に引いた水平のラインを上限とし、ひざ頭の下部のラインを下限とする本塁上の空間」と定めています。これを境界線として、ルール上はストライクとボールが区別されます。ただし、先にも述べたように、戦略的には単なるストライクではなく、どこのゾーンへのストライクなのかまで区別しています。すなわち、後者の方がより狭い目標を設定しているといえます。

ところで、バッティングセンターには実際の投手の代わりに球を投げるピッチングマシーンがあり、さまざまな球速はもちろん、多彩な変化球を投げるようなものまであり、驚かされます。ピッチングマシーンの内部では、定められた球速や球種を投げ分けるために、それぞれで何かしら異なる制御が行われているはずです。どのような制御が行われているか、想像ができますか？

要点BOX
- ●英語では「Control」
- ●目標は数値などをともなった具体的なもの
- ●ピッチングマシンでの制御

制御には具体的な目標値がある

制御は英語でcontrolです

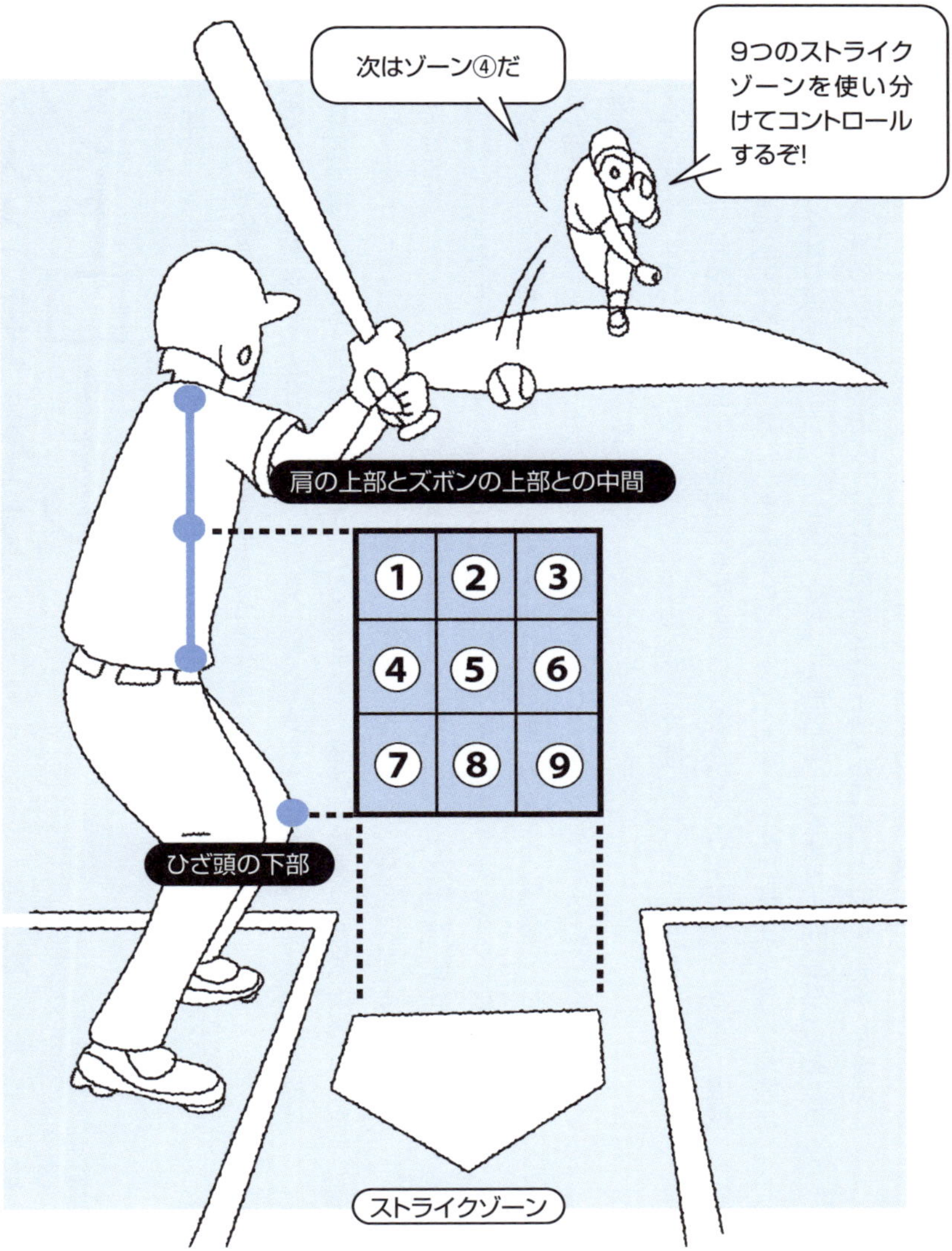

●第1章　制御のいろいろ

3 球速や球種をコントロール

ピッチングマシーンの原理は、高速回転する2枚の円盤にボールを挟んで送り出すものが多いようです。電気モータを用いて2枚の円盤の回転速度を変化させることで、さまざまな球速で球を投げることができます。また、円盤の傾きを変化させることで各種の変化球を投げることもできます。

制御の側面からさらに検討しておきたいこととして、次に投げ出される球速や球種について、打者がわかって打席に立つのかということがあります。例えば、カーブを打つ練習をしたい場合、ピッチングマシーンにはカーブだけを投げさせることができます。一方、設定を変更することによって、球速や球種がランダムに変化する投球ができれば、より実践的な練習ができるでしょう。このとき、同じ動作を繰り返すマシーンよりも、ランダムに複数の動作ができるマシーンの方が人間からは賢く見えるはずです。さらに、このランダムさの中にその打者の苦手なコースや配球などを入力しておけば、そのマシーンが知能をもつように感じるかもしれません。

しかし、いくらさまざまな球速や球種の球を投げることができても、高速回転する2枚の円盤が見えていたら、本物の投手からの球と同じような印象を受けることはできないかもしれません。そこで登場するのが、実際の投手の映像を流しながら球を出すというバーチャルピッチングマシーンです。これならば、より臨場感を感じながらプレイすることができるでしょう。

ここで出てきた「知能」や「バーチャル」などの用語も、制御を考えていくときのキーワードになります。機械を上手にコントロールするためにはどのような知能が必要となり、人型ロボットをより人間に近づけるためにはどのようなバーチャル技術が必要となるでしょうか。

なお、野球で制球力がない投手のことをノーコンということがありますが、これはノーコントロールの略です。

要点BOX
- ●円盤にボールをはさんで送り出す
- ●球速や球種をランダムに変化
- ●バーチャルと知能

ピッチングマシーンから見た制御

ピッチングマシーン

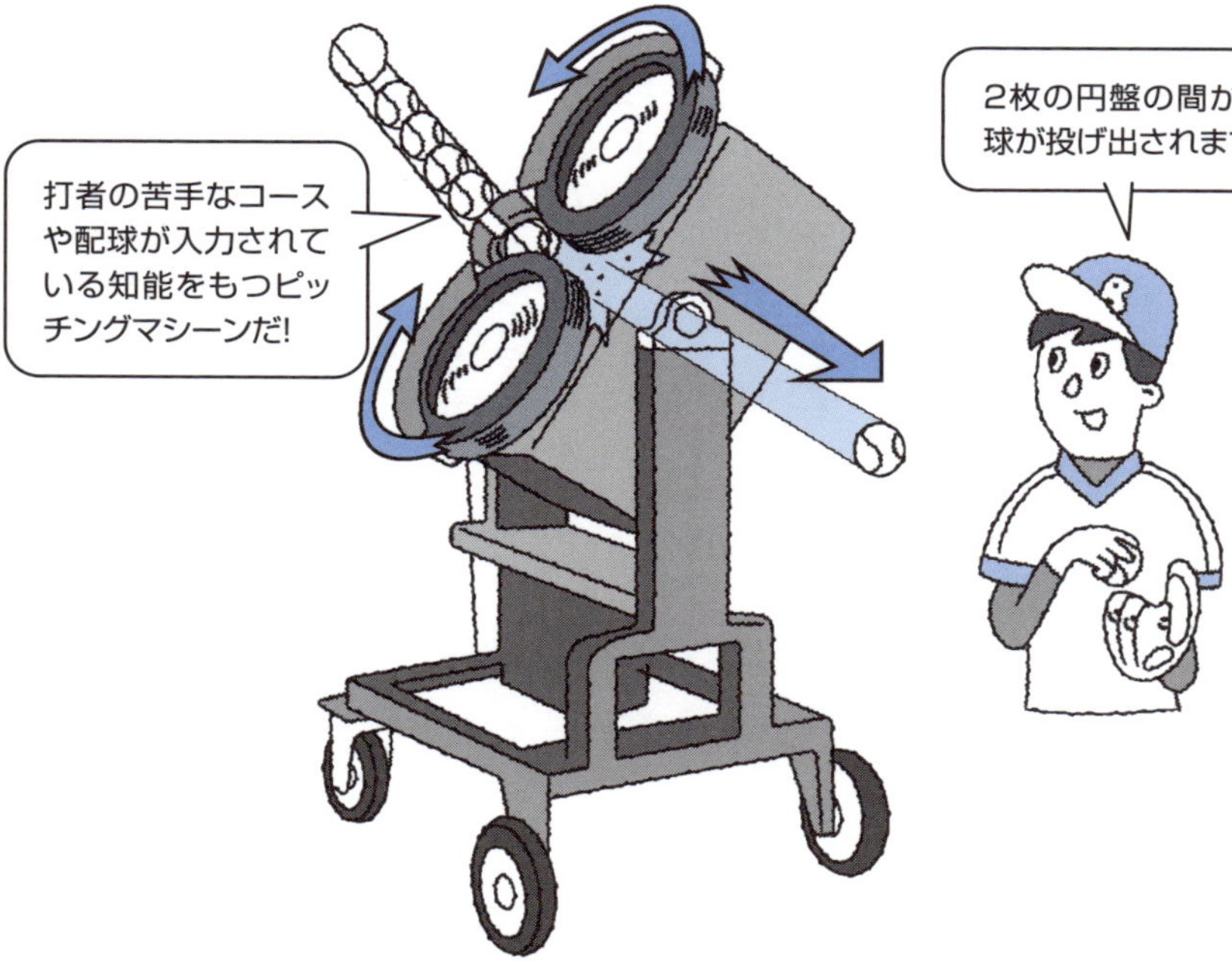
打者の苦手なコースや配球が入力されている知能をもつピッチングマシーンだ!
2枚の円盤の間から球が投げ出されます

バーチャルバッティングセンター

球の出口
バーチャル画面
本物の投手が投げているみたいだ!

4 ラジコン、リモコンもコントロール

ラジコンは無線、リモコンは有線も

コントロールには、〇〇コントロールというように、これ他の言葉と組み合わせて用いられるものがあり、これを省略して〇〇コンと呼ぶようなものもあります。

例えば、ラジコンは、ラジオ・コントロール（Radio Control）の略称であり、ここでのラジオは音響機器としての意味ではなく、無線により遠隔操作する装置および方式という意味を持ちます。なお、ラジコンはRCと記述される場合もあり、自動車・飛行機など、趣味用のラジコンが有名ですが、最近は二足歩行ロボットにもラジコンで作動するものが多数登場しています。また、産業用ラジコンとして、農薬散布用の無人ヘリコプターなどの用途などもあります。

テレビやビデオなどの操作機器として用いられるリモコンとは、リモート・コントロール（Remote Control）またはリモート・コントローラー（Remote Controller）の略称であり、離れた場所から機器を操作できるという遠隔操作の意味や、その操作のための信号を発信する側の機器という意味があります。一般的なテレビやビデオなどのリモコンは赤外線を利用しており、これらは無線による遠隔操作によりますが、リモートコントロールは必ずしも無線というわけでなく、有線によるものもあります。すなわち、リモコンには、有線・無線を問わず、離れた場所から操作できるものの総称という意味があるのです。

ロボットを動かそうとしたときに、それを有線で行うか無線で行うかということは、かなり大きな違いになります。有線のリモコンで動かせば、あたかも人間が操縦している感じがしますが、無線による遠隔操縦ならば、ロボットだけを見たときに、そのロボットは自分の意志で動いているように感じることもあるでしょう。ただし、有線でも無線でも人間が操縦しているのであれば、それは手動制御です。一方、ロボット自身が自律的に行動して動くような場合、これを自動制御といいます。

要点BOX
- ●ラジコンはラジオ・コントロールの略
- ●リモコンはリモート・コントロールの略
- ●手動制御と自動制御

無人ヘリコプターによる農薬散布

省力･低コストの農業
に貢献しています
ラジコンで
操作しています

ロボットの無線操作と有線操作

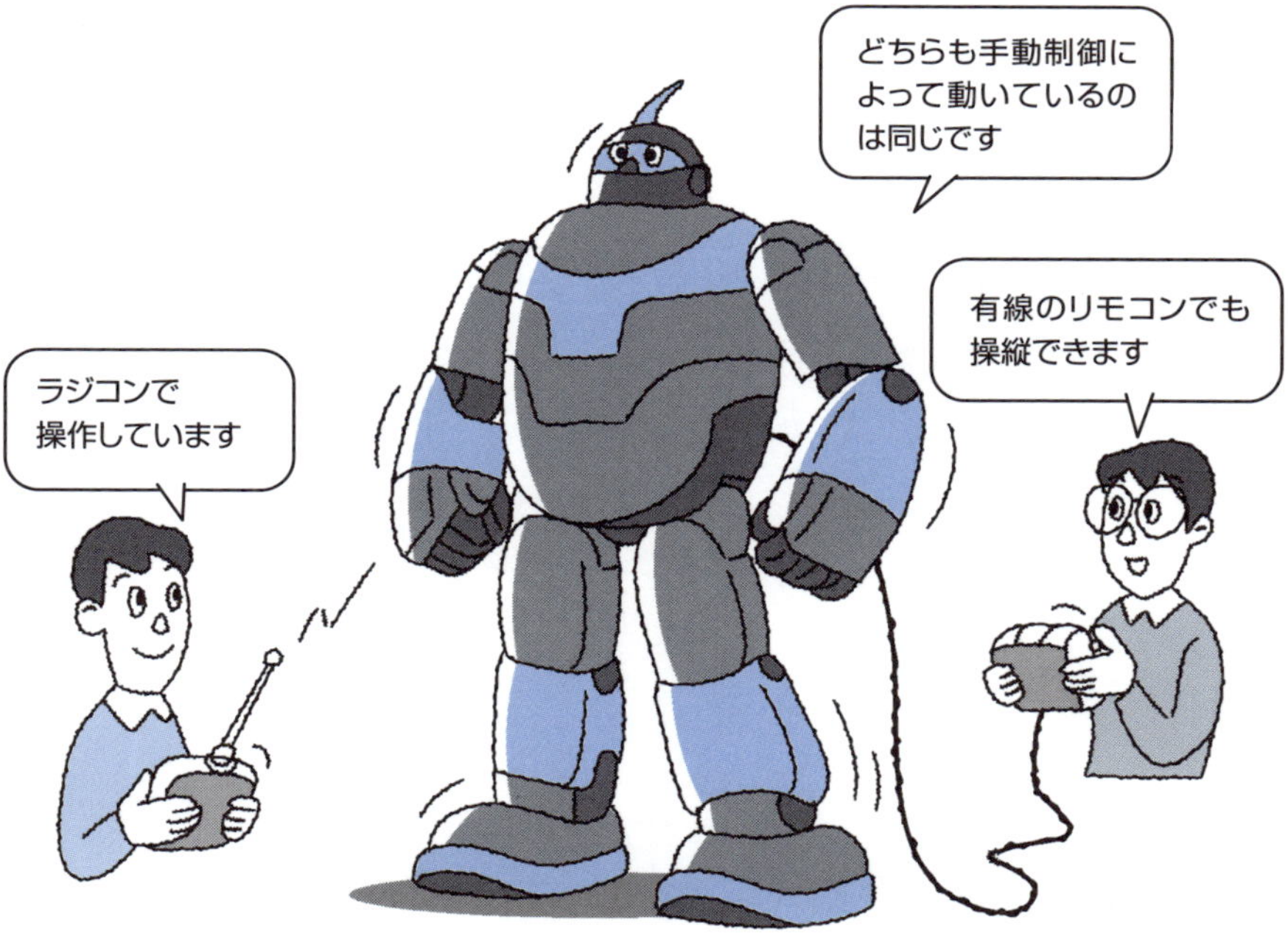
どちらも手動制御に
よって動いているの
は同じです
有線のリモコンでも
操縦できます
ラジコンで
操作しています

5 手動制御から自動制御へ

手動でできないことは自動で

趣味としてラジコンの自動車やロボットを操縦して動かすのであれば、操縦すること自体におもしろさを感じて取り組めばよく、もし上手く操縦できなくても何度もチャレンジして上達すればよいでしょう。しかし、もしもロボットを操縦するための操作レバーがロボットの各関節ごとで別々に十数個あるようなコントローラだったらどうでしょう。いつまでたっても適切な操縦はできるようにならないのではないでしょうか。

ここで、ロボットを適切に動かすために、それぞれの動作をする場合の各モータの角度について、プログラムを作成して順序通りに動かすことができれば、人間の手を介すことなく、ロボットは適切な動作をすることになります。ここで人間の手を介することなく、自動的に行われる制御を自動制御といいます。

ロボットを手動制御で楽しむときには、必ずしも自動制御をありがたいとは思わないかもしれません。しかし、世の中にある大規模で複雑化したシステムを快適に作動させるためには、すべての動作を手動制御で行うことはすでに不可能になっています。そこで、さまざまな場面で自動制御が必要となるのです。

自動制御には、単に人間ができることを速く正確にこなすだけでなく、人間ができないことを正確にこなすはたらきもあります。工場における生産工程の自動化をはかるシステムのことをファクトリーオートメーション(FA)といい、これらのことが工場における生産性の向上やコスト低減だけでなく、品質向上や製造工程の柔軟性向上にも役立っています。

1950年代後半には、洗濯機と冷蔵庫、白黒テレビの家電三品目が三種の神器として、1960年代半ばには、カラーテレビ(Color Television)とクーラー(Cooler)、自動車(Car)が新・三種の神器として喧伝されました。生活現場においても、さまざまな家電製品にさまざまな自動制御が用いられるようになっています。

要点BOX
- ●ロボットとプログラム
- ●工場は「ファクトリーオートメーション」
- ●三種の神器にも自動制御が

自動制御は自動的に行なわれる制御

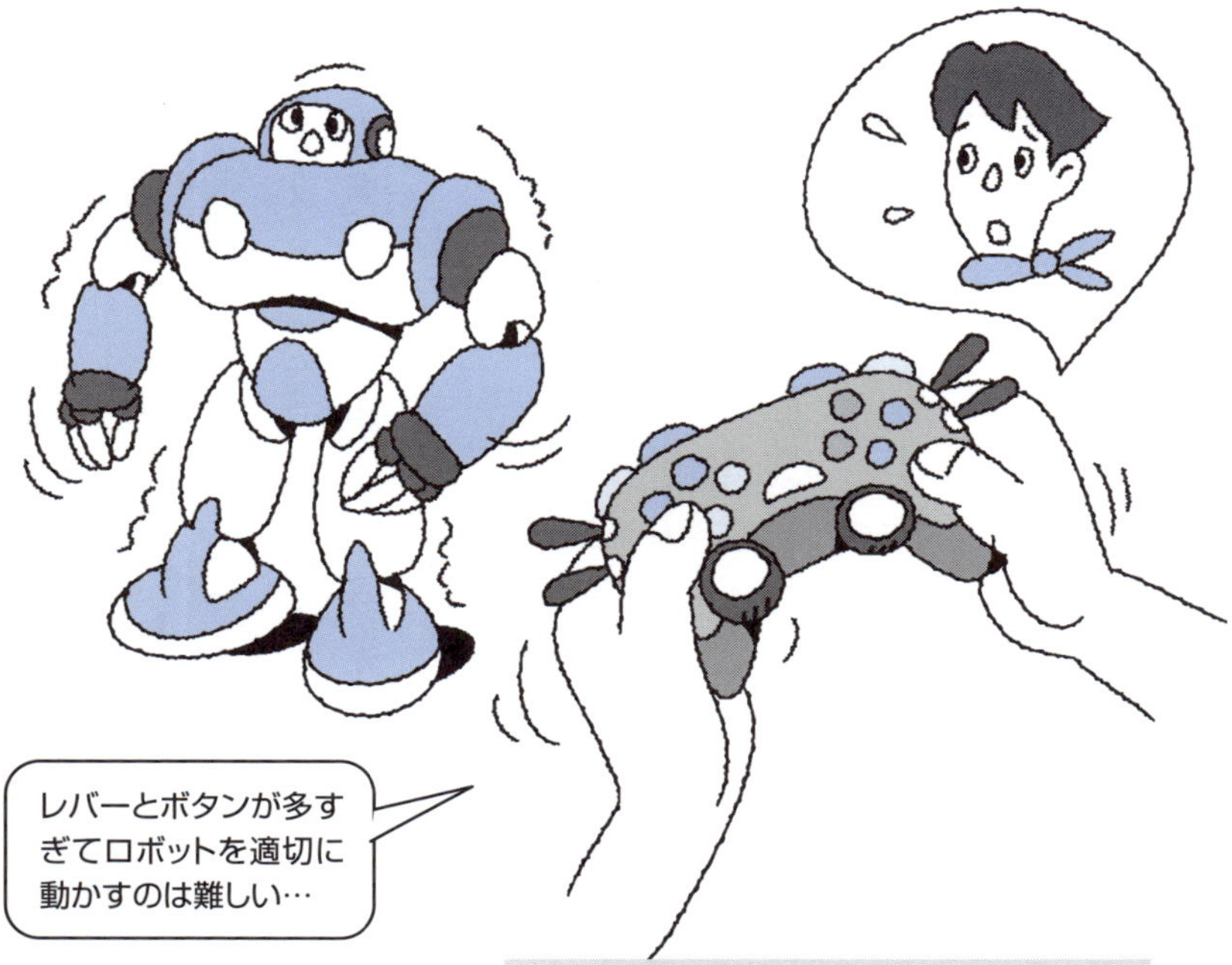

レバーとボタンが多すぎてロボットを適切に動かすのは難しい…

趣味のロボットならば、操縦自体を楽しむことができればよいが、
世の中の制御がすべて**手動制御**では困ります…

自動制御を導入すると…

人間ができることを速く正確に
人間ができないことも速く正確に

●工場など生産の現場にも
●家庭など生活の現場にも

6 ファクトリーオートメーション

産業用ロボットの導入から無人工場へ

　ファクトリーオートメーション（FA）の具体例としては、人間に代って作業を行う産業用ロボットの導入があり、自動車や電子部品などを生産する工場などで多く用いられています。

　自動車工場では、溶接や塗装、部品取付けなどの作業を人間に代って担当する、各種の産業用ロボットがあります。これらの多くは多関節のアームをもち、これらが効率よく動くことで、人的ミスをなくすことによる品質向上や、危険を伴う作業から人間を解放するなどのはたらきがあります。

　従来型の多関節ロボットは、運動をする根元から先端までが直列に連結されるシリアルメカニズムをもつため、これをシリアルリンクロボットと呼ぶこともあります。近年はこれに対して、運動をする根元から先端までが複数のリンクで並列に連結されるパラレルメカニズムをもつパラレルリンクロボットが登場し、注目度が高まっています。

　パラレルリンクは、シリアルリンクと比較して一般的に可動範囲は小さいものの、すべてのアクチュエータが並列であるため大きな力が出せることや、可動部が小さいため高速運動ができることなどの長所をもちます。そのため、ある部品をつかんで他の場所に置くピック&プレースと呼ばれる作業などに適しています。

　FAでは、産業用ロボットの他にも、数値制御（NC）を用いた工作機械や自動工具交換装置、自動搬送装置など、さまざまな機械や装置が自動化技術を担って作動しています。すなわち、FAの進化した姿は無人工場であり、実際に無人運転工場というものも存在します。

　また、FAと並んでFMSという言葉が登場することがあります。これは、Flexible Manufacturing Systemの略であり、生産設備の全体をコンピュータで統括的に制御・管理することによって、多品種少量生産を可能にする柔軟な生産システムのことです。

要点BOX
- ●工場で活躍する産業用ロボット
- ●シリアルリンクとパラレルリンク
- ●FAの進化した姿は無人工場

ファクトリーオートメーションの具体例

溶接ロボット

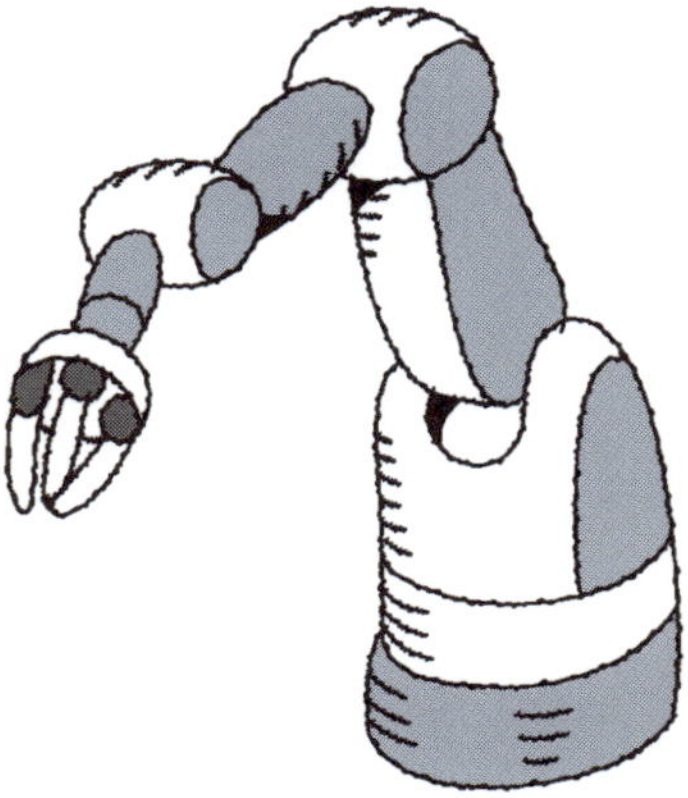

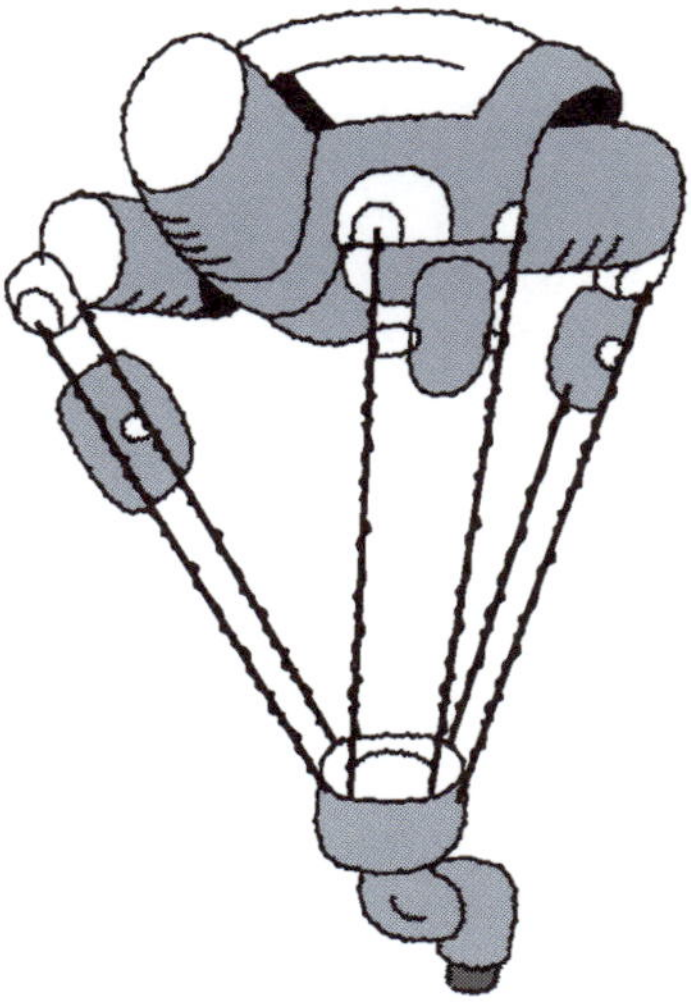

シリアルリンク
運動をする根元から先端までが直列に連結されている

産業用ロボット

パラレルリンク
運動をする根元から先端までが複数のリンクで並列に連結されている

多品種少量生産が可能な無人工場へ

7 ホームオートメーション

住宅の自動化で私たちの生活を快適に

洗濯機と冷蔵庫、テレビの三種の神器が家庭に浸透し、さらに電子レンジや食器洗い機などの導入も進み、家事労働は大幅に軽減されました。また、携帯電話やパソコンなどの導入により、私たちの生活環境はますます快適なものになっています。

住宅設備機器にエレクトロニクス技術を導入して、住宅内の利便性や快適性を向上させることをホームオートメーション（HA）といいます。この言葉は、FAと比較するとまだ新しい用語であり、近年盛んに用いられるようになりました。HAは、従来からある家電製品の活用というよりも広い意味で用いられることの方が多いようです。

例えば、携帯電話を使用した外出先からの遠隔操作によって、自宅の浴槽への給湯を済ませたり、エアコン操作を行うことで、帰宅前に快適な室内にしておくことなど、単なる炊飯器のタイマ予約などよりも一歩進んだ活用があげられます。

また、同じく電話回線を使用して、温度センサやガスセンサによる防火や、監視カメラなどの侵入検知器による防犯などを検知するセキュリティシステムを用いて、異常があった時には警報を鳴らしたり、警備保障会社へ通報したりするものなどもあります。

やや贅沢なホームオートメーションの例としては、ホームシアターを構成する機器のみを操作するだけでなく、シアターを演出するために欠かせない灯りを操作するための調光機器やカーテン、ブラインドなど、シアタールームを構成する各種機器までも操作できるシステムなどもあります。

これらのシステムについても、手動制御から自動制御へ、有線から無線へというような傾向があるようです。また、複数の機器を管理・制御するシステムをユーザ個々の目的や機器構成状況に応じたサービスがますます提供されるようになっています。

要点BOX

- ●HAの利便性と快適性
- ●セキュリティとHA
- ●ユーザーのニーズに応じたサービス

ホームオートメーション

夜8:00に帰宅します
エアコン
お湯はり

快適

ホームシアター

安全

これらにも
さまざまな制御が用
いられているのです

8 紀元前に存在した自動機械

ヘロンが考案したとされる自動機械

自動的に動く機械や装置はいつ頃から存在していたのでしょうか。紀元前2世紀頃、エジプトで活躍した工学者・数学者、アレクサンドリアのヘロンはさまざまな自動機械を考案しました。その中でも、アレキサンドリアの寺院に置かれた「聖水自販機」は、世界で最初の自動販売機と言われています。

この聖水自販機はてこの原理を応用したものであり、投入されたコインの重みで内部の受け皿が傾き、その傾きが元に戻るまで弁が開いて水が出てくるというものでした。これは、私たちが現在使っている水洗トイレの原理とよく似ています。当時の大衆はこの自動機械におそれおののき、統治力のアップにも役だったようです。

ヘロンは蒸気を用いた自動機械も記録に残していま す。代表的なものとして、球の両端から蒸気を噴出させて、このときに発生する力によって球を回転させるものがあります。これはヘロンの汽気球や蒸気タービンともよばれており、人類が蒸気を利用した最初の記録とされています。これは、現在のジェットエンジンの原理にも似ています。

ヘロンは蒸気を利用した同様の原理によって、神殿の扉を蒸気の力で開閉させたという記録も残しており、これは自動ドアの起源とされています。この扉は、神殿の入り口で参拝者が火を灯(とも)すと熱せられたパイプ内の空気が膨張して、接続されたタンクの水が押し出され、その力でドアが開くというものです。

このように、紀元前の時代からすでに自動機械は存在していましたが、蒸気の力を利用して大きな動力を作り出す蒸気機関が登場するまでは、その後長い時間が必要となります。蒸気機関は18世紀中頃、炭坑の揚水用として用いられるようになり、その後は織物機械や工作機械として使われ、産業の発達の大きな力になりました。その後の19世紀は、蒸気機関の時代とも呼ばれています。

要点BOX

- ●「聖水自販機」が世界初の自動販売機
- ●蒸気で開く自動ドア
- ●19世紀は蒸気機関の時代

大昔の自動機械

聖水自動販売機

汽気球

神殿の自動扉

9 蒸気機関の自動制御

制御工学のはじまりはここから

18世紀後半、イギリスのジェームス・ワットが往復運動をする蒸気機関を発明しました。ワットはさらに、往復運動しかできなかった蒸気機関を回転運動に変える装置も発明し、これによって蒸気機関は産業革命の主役として、炭坑の揚水用や工場の動力用として広く用いられるようになりました。その後、蒸気動力は蒸気船や蒸気機関車などにも広く用いられます。

蒸気機関に安定した蒸気動力を供給するためには、その回転速度を一定に保つ必要がありました。蒸気機関の場合には、この調整を弁(バルブ)の開閉で行いましたが、これを手動で行うことは難しかったため、何らかの自動制御を導入する必要性が高まりました。しかし、当時の技術では閉じこめられた容器内にある蒸気の温度や圧力を正しく測定して、弁を開閉することはなかなかできませんでした。

ワットが考案して実用化したものは、遠心力を利用して回転速度を検出することで蒸気量を制御する遠心調速機という装置でした。これは、統治者という意味をもつガバナーとも呼ばれます。この遠心調速機は、回転軸のまわりにあるおもりが遠心力によって外側に振れることを利用しており、蒸気を調整するバルブと連動しています。蒸気機関の出力が大きくなると、遠心力も大きくはたらくため、おもりは外側に振れます。このとき、おもりが外側に振れると、バルブは閉じるはたらきをするため、蒸気の出力は抑えられます。この制御を微妙なバランスで行うことにより、蒸気機関の出力は一定に保たれたのです。

その後、さらに高度な制御が求められるようになると、遠心調速機を用いた蒸気機関に持続的な回転変動であるハンチング現象とよばれる不安定現象が生じることが問題となりました。その後、この不安定現象を解明して、安定性理論を確立することが、制御工学の学問の発展につながっていきます。

要点BOX
- ●ワットの蒸気機関
- ●最初の自動制御は遠心調速機
- ●安定化理論確立が制御工学の発展に

蒸気機関の遠心調速機

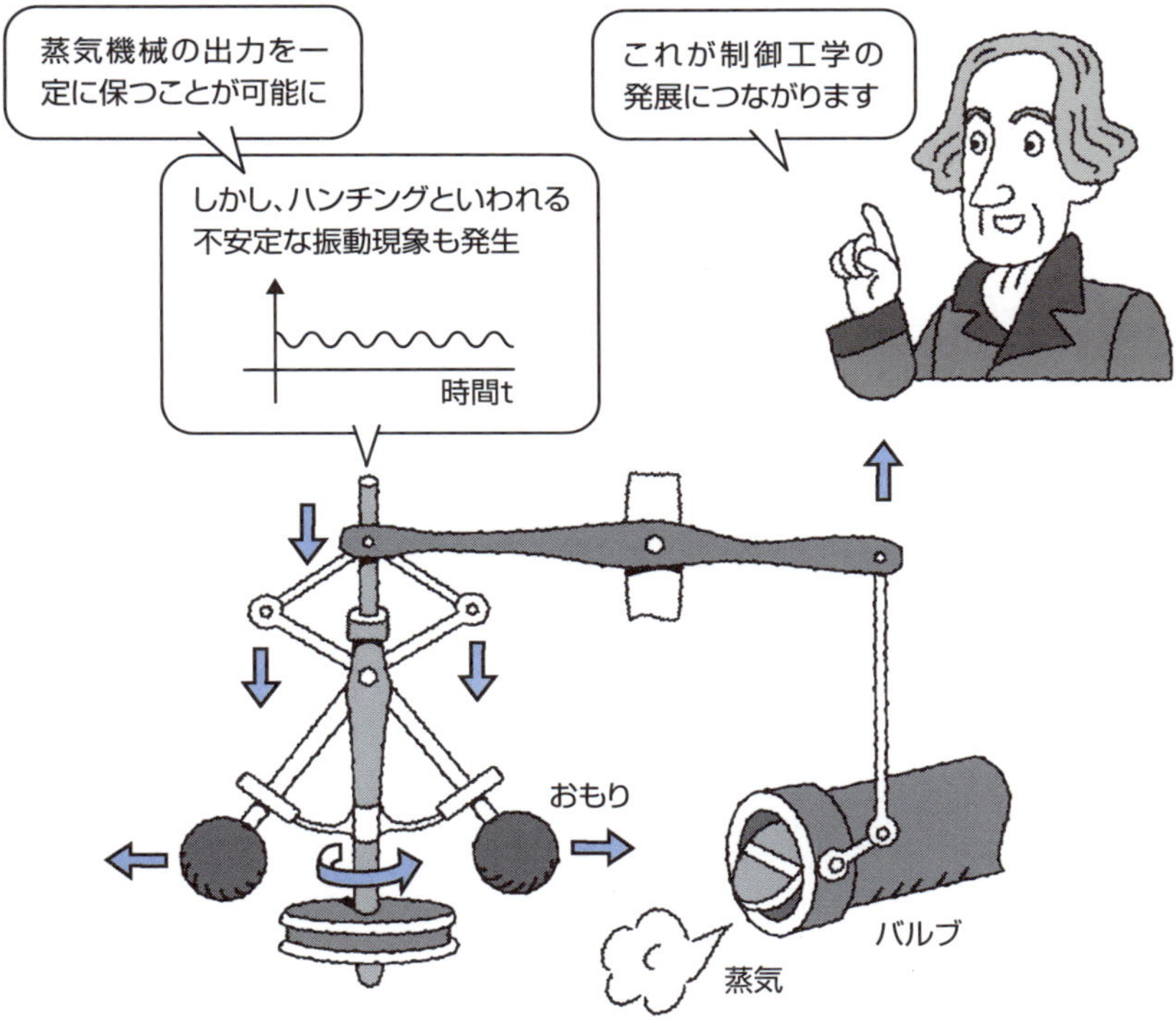

蒸気機械の出力を一定に保つことが可能に
しかし、ハンチングといわれる不安定な振動現象も発生
時間t
これが制御工学の発展につながります
おもり
バルブ
蒸気

ワットの蒸気機関

10 京都で活躍した遠心調速機

蹴上発電所のペルトン水車の調速に

1891（明治24）年、日本で初めて事業用の水力発電所として、京都に蹴上（けあげ）発電所が運転開始をしました。これは、琵琶湖の湖水を京都市へ導びくために作られた水路（疏水）である琵琶湖疏水と関連した施設です。これらの事業は明治維新によって首都が東京に移転してしまい、活気がなくなった京都の人々に飲料水を供給するために大きな役割を果たしました。この事業の先頭にたって活躍したのは工部大学校を卒業して間もない当時まだ20代の若き土木工学者・田辺朔郎（さくろう）でした。

このとき、米国サンフランシスコのペルトン社が設計・製造したペルトン水車が少なくとも6台設置され、残りは日本で製造されたものと合わせて合計20台ほどが稼働していました。ペルトン水車とは、水をノズルから噴出させて位置エネルギーを全部運動エネルギーに変換し、この速度をもった水が水車の回転部の周囲にとりつけられたバケットと呼ばれる水受けに衝動的に運動量を与えることによって動力を得るものです。そして、この蹴上発電所にあるペルトン水車には、水車の速度制御を行うために調速機のはたらきをする遠心調速機が取り付けられていました。

水車の回転速度を一定に保つためには、電動機や電灯など、使用する電力の負荷に応じて変化する水車に入る水量を制御する必要があります。具体的には、遠心調速機のはたらきを油圧の制御に反映させて、ノズルの位置を調整するのです。すなわち、遠心調速機には流量調整のはたらきがあるといえます。

遠心調速機では、回転速度が目標とする基準からどの程度ずれているかを検出して、ずれの大きさに応じた流量をバルブに連動させながら制御を行います。このとき、目標値とのずれを補正するために、回転速度に関する情報を元に戻し、再度目標値と比較する作業を行っており、これをフィード・バック（Feed Back）といいます。

要点BOX

- ●日本初の事業用水力発電所
- ●土木学者・田辺朔郎の活躍
- ●ペルトン水車に用いられた遠心調整機

水力発電機の遠心調速機

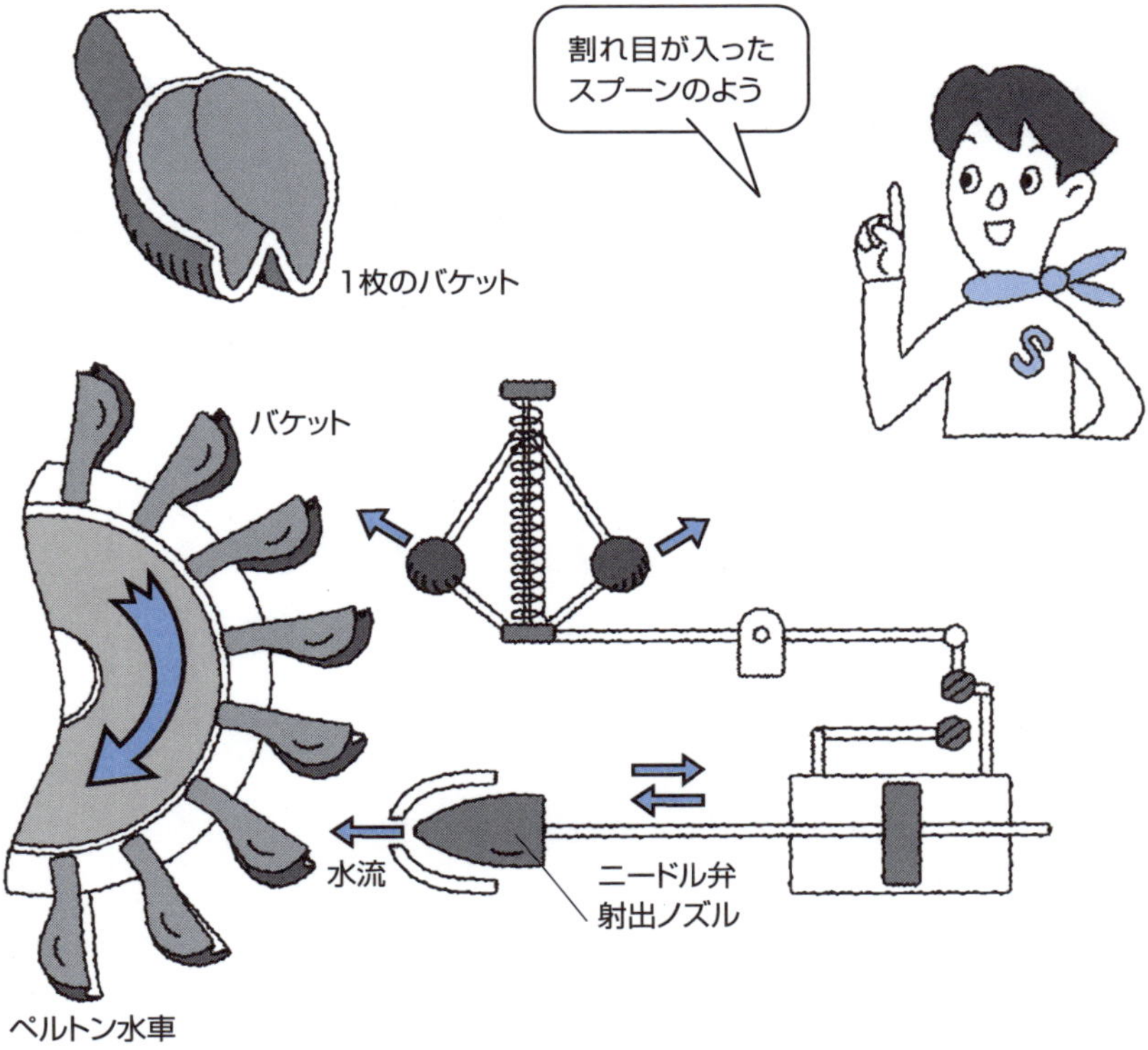

フィードバックの基本概念

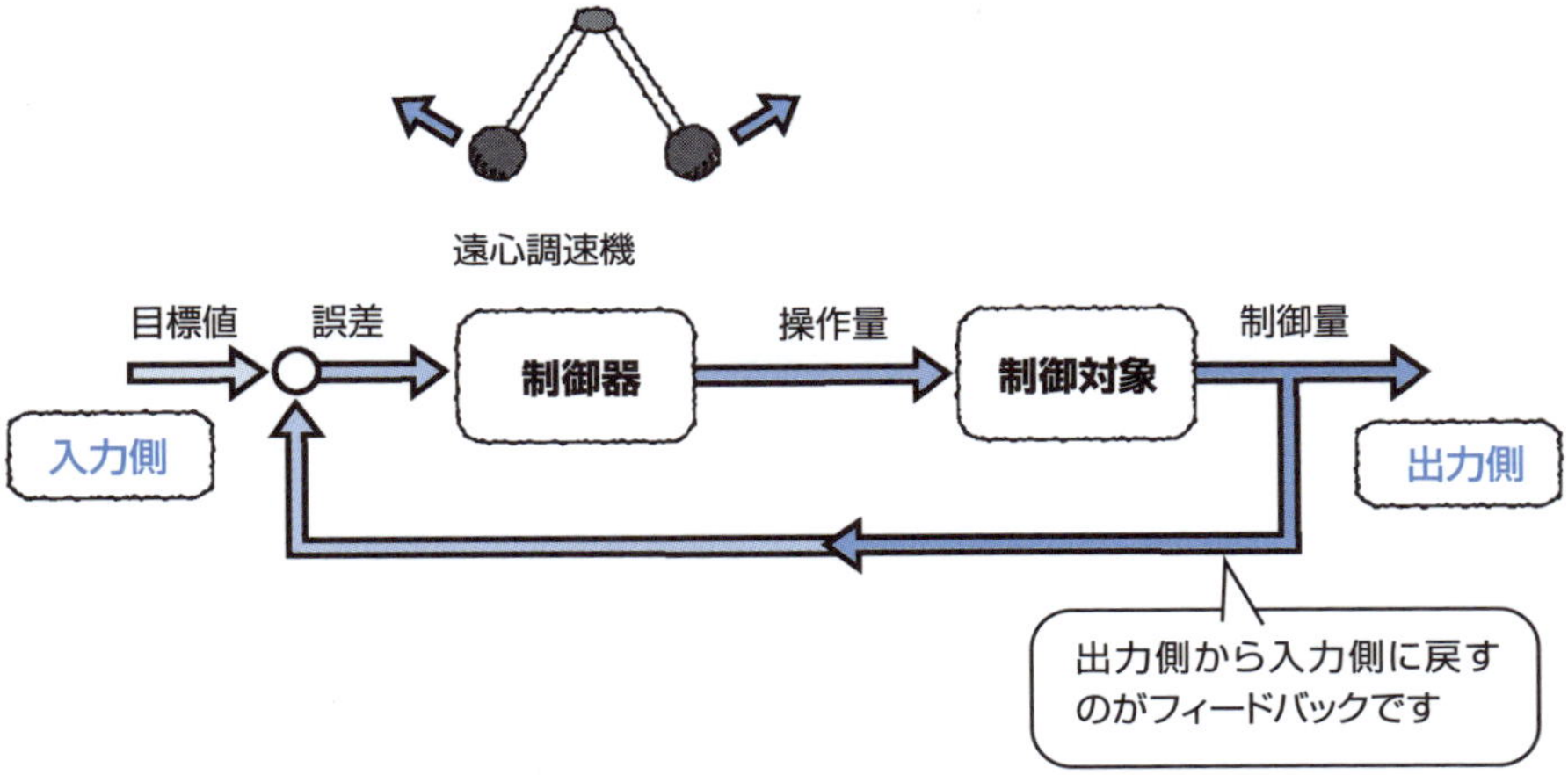

Column

サイバネティクス

サイバネティクスは、アメリカの数学者であったノーバート・ウィーナーが１９４８年に発表した理論であり、通信工学と制御工学を融合し、生理学、機械工学、システム工学を統一的に扱うことを意図して作られた学問のことです。なお、サイバネティクスという語は、舵取りを意味するギリシア語から生まれた造語です。

第二次世界大戦中、彼は専門分野であった数学を応用した射撃制御装置に関する研究などに取り組んでいましたが、後に通信理論への関心を総合し、サイバネティックスの理論を定式化していきます。

ウィーナーは、著書の中で「サイバネティックスというものを定義するさい、私は通信と制御とを一体のものとして扱った」「人間にも動物にも機械にも通用する工学的制御の理論がメッセージの理論の一要素をなす」「サイバネティックスの目的は、制御と通信の問題一般の解明を可能にしてくれる技術を開発することだけでなく、さらにまた、それらの問題の個々の具体的な場合をある種の概念のもとに分類できる適当な思想と技術を見いだすことにもある」などと述べています。

その中における最も基本的な原理として、動物でも機械でも、ある機能をもったシステムが何らかの目的のために何かの行動や作用を開始したときに、外界と情報を交換するシステムのフィードバックを強調しています。例えば、恒温動物の体温維持メカニズムも機械のフィードバックも同じであると見なすことができるため、通信と制御という視点では生物も機械も同じだとされました。

そしてこのことは、後のコンピュータ技術の応用とも結びついて、今日における各種の情報システムやロボット技術などの実用化に貢献しています。

ノーバート・ウィーナー

第2章

制御の種類

11 制御の定義

制御とは対象を思い通りに操ること

日本工業規格（JIS）によると、制御とは「ある目的に適合するように、対象となっているものに所要の操作を加えること」と定められています。これをもっと簡潔にいうと、「制御対象を思い通りに操ること」です。

ここで、制御対象には、自動車、飛行機、船舶、ロボット、エアコンなど、さまざまなものがあげられます。機械やロボットの制御ならば、それらのある部分を所望の位置まで移動させることや、ある大きさの力を発揮させることなど、エアコンの温度制御ならば、適切な温度に調整することがそのはたらきです。

これらの関係をもっともシンプルに表すと、制御対象に何らかの入力信号を加えて、必要な出力信号を得るということができます。そして、これらを扱う学問が制御工学です。制御工学では、制御対象の数理モデルを構築して、それを解析するなど、きわめて抽象的な内容を扱いますが、ここから導かれた理論は自動車の制御にもロボットの制御にも共通して活用できるような普遍的な性質をもちます。そして、最終的にはそれらの理論を実際の制御対象に当てはめて、必要な調整を加えながら制御を行っていくのです。

制御工学の応用分野は、機械系、電気系、化学プロセス系が中心となるため、理工系大学の関連分野に制御工学を学ぶことができる研究室があります。ただし、ものを操ることに関する問題が含まれれば制御工学の対象となるため、情報科学や社会科学など広範な分野と関連するものもあります。

１９６０年、東京工業大学に我が国で最初の制御工学関連の学科である制御工学科が創設されました。ここでは機械工学と電気工学の両方の素養をもつ学生を教育するとともに、全分野にまたがる学際的研究を行っています。この学科は１９９３年に応用分野の拡充を図る目的で制御システム工学科に改組され、今日に至っています。

要点BOX

●あらゆるモノに応用されている制御
●機械・電気などが制御の応用分野
●1960年、東工大に初の制御工学科創設

制御ってなに?

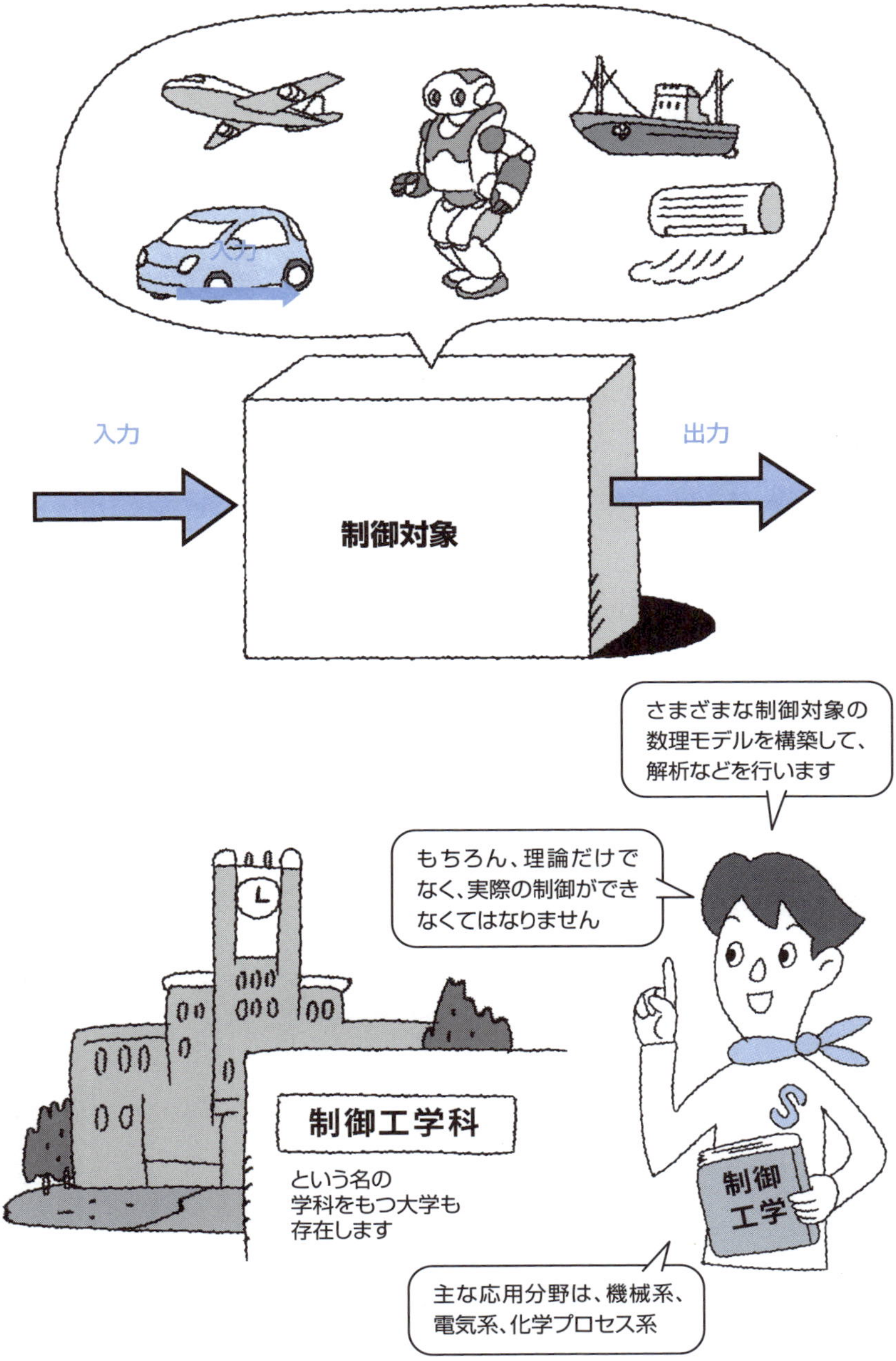
入力
出力
制御対象
さまざまな制御対象の数理モデルを構築して、解析などを行います
もちろん、理論だけでなく、実際の制御ができなくてはなりません
制御工学科
という名の学科をもつ大学も存在します
制御工学
主な応用分野は、機械系、電気系、化学プロセス系

12 シーケンス制御

あらかじめ定められた順序での制御

シーケンス制御とは「あらかじめ定められた順序または手続きに従って制御の各段階を逐次進めていく制御」のことです。

シーケンス制御が用いられている例としてあげられるものとして、交通信号機があります。信号機は、青→黄→赤→…の順序に従って、繰り返しランプを点灯させています。実際の使用では信号機は1機で作動するのではなく、交差点ならば車道用に4機、さらには歩行者用のものを加えると、複数の信号機が一つのシステムになっています。また、時差式や矢印、点滅など、細かく分類するとかなり複雑な制御システムであることがわかります。交通量の適切な制御ができれば、渋滞の軽減、交通事故の防止、輸送効率の上昇による経済効果なども期待できるため、交通システムの制御が果たす役割はとても大きなものです。

自動販売機もシーケンス制御の代表例です。自動販売機は、お金を投入する→必要な商品を選ぶ→購入した商品が取り出される→投入金額と商品金額の計算を行い、おつりがあれば出す…などの順序に従って作動しています。実際には複数の商品が並んでいることや、60円のおつりを10円玉6枚で出すのか、50円玉を1枚と10円玉を1枚出すのかなど、さまざまな事項を考慮しなければならないため、これも複雑な制御システムになっています。

偽物のお金が使えないようにするため、紙幣識別装置が挿入されたお札の磁気的・光学特性を検知し、あらかじめプログラムされた本物のお札のデータと照合して真偽を判別しています。一方、硬貨については硬貨選別装置が材質、直径、厚み、重さなどを総合的に検知し、真偽を判別しています。また、飲み物の自動販売機には、コールド用缶飲料は通常5℃前後に冷却、ホット用缶飲料は55℃前後に加温して販売するための温度制御も行われています。

要点BOX

- ●交通信号機に不可欠なシーケンス制御
- ●自動販売機もシーケンス制御
- ●お札や硬貨の識別にも制御が

交通信号機

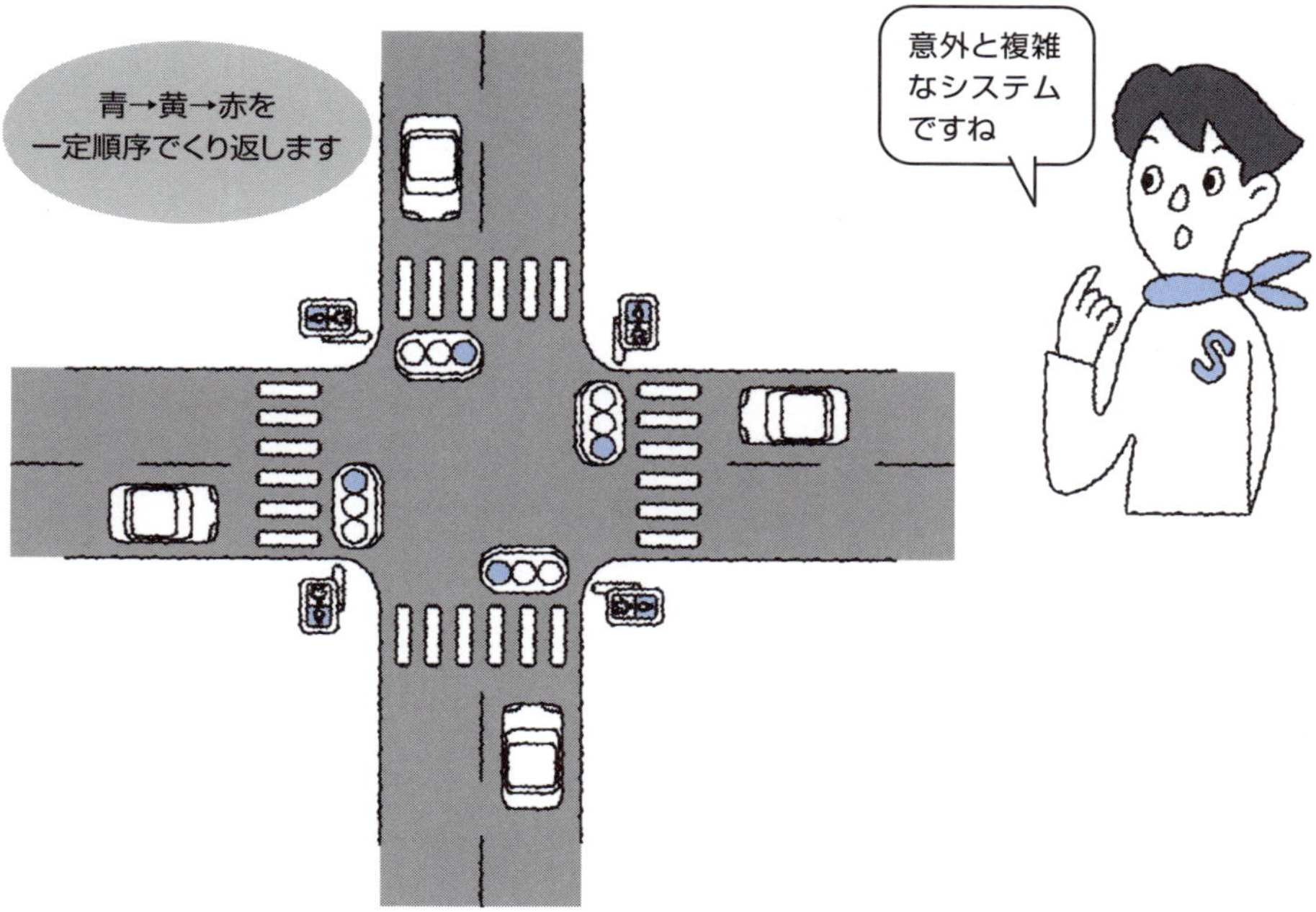
青→黄→赤を
一定順序でくり返します
意外と複雑
なシステム
ですね

自動販売機

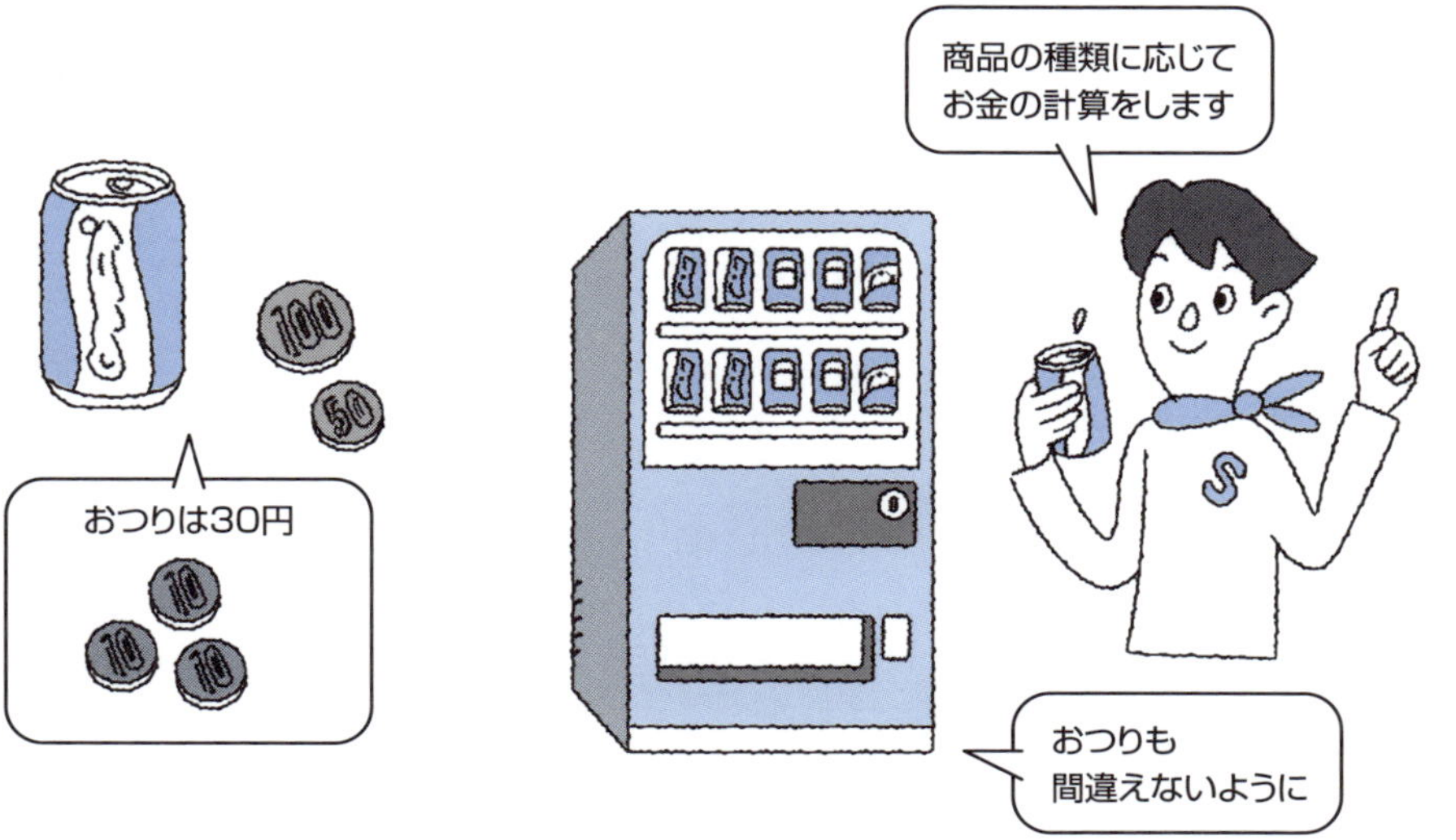
商品の種類に応じて
お金の計算をします
おつりは30円
おつりも
間違えないように

13 フィードバック制御

目標値と実際値を比較しながらの制御

フィードバック制御とは「制御量の値を目標値と比較し、両者を一致させるような訂正動作を行う制御」のことです。

フィードバック制御が用いられている例として、エアコンの温度制御があげられます。ここでは、夏の暑い日にエアコンを用いて冷房を行うことを考えます。室温が35℃のとき、冷房で室温を28℃に保ちたい場合には、エアコンが温度を下げるような動作をします。そして、目標値である28℃と実際の温度を比較しながら、28℃以下になるようなことがあれば、今度は温度を上げるような動作を行います。このような動作を連続的に行うことにより、室温は設定温度に保たれるのです。

なお、エアコンは液体が蒸発するときに周囲から多量の熱を奪う性質を利用して空気を冷やします。これは、注射をするときのアルコール消毒で皮膚が冷たく感じるのと同じことです。つまり、アルコールが蒸発するときに皮膚から熱を奪い、これがものを冷やす原理になります。そして、この原理を利用し室内機と室外機の循環するパイプに冷媒という液体を循環させ、液体と気体の過程（物質の三態）を繰り返すことで、空気を冷やします。

これらの関係をフィードバック制御系で表すと、制御命令として入力された目標値はセンサで検出されたフィードバック量との間で比較が行われ、制御器に送られます。これが制御対象に届くことで制御量が決まりますが、制御対象は制御量を目標値からずらそうとする外乱の影響を受けることもあります。

フィードバック制御は、現在の温度状態を検出してから出力量を決定するという方法で制御を行うため、ドアや窓の開閉などによって室温が変化するなどの外乱が作用しても、その影響が温度変化として現れれば、ただちにフィードバックされて適切に修正するような動作ができます。

要点BOX
- ●エアコンの温度制御はフィードバック制御
- ●目標値はセンサで検出
- ●目標値との差が制御量

エアコンの温度制御

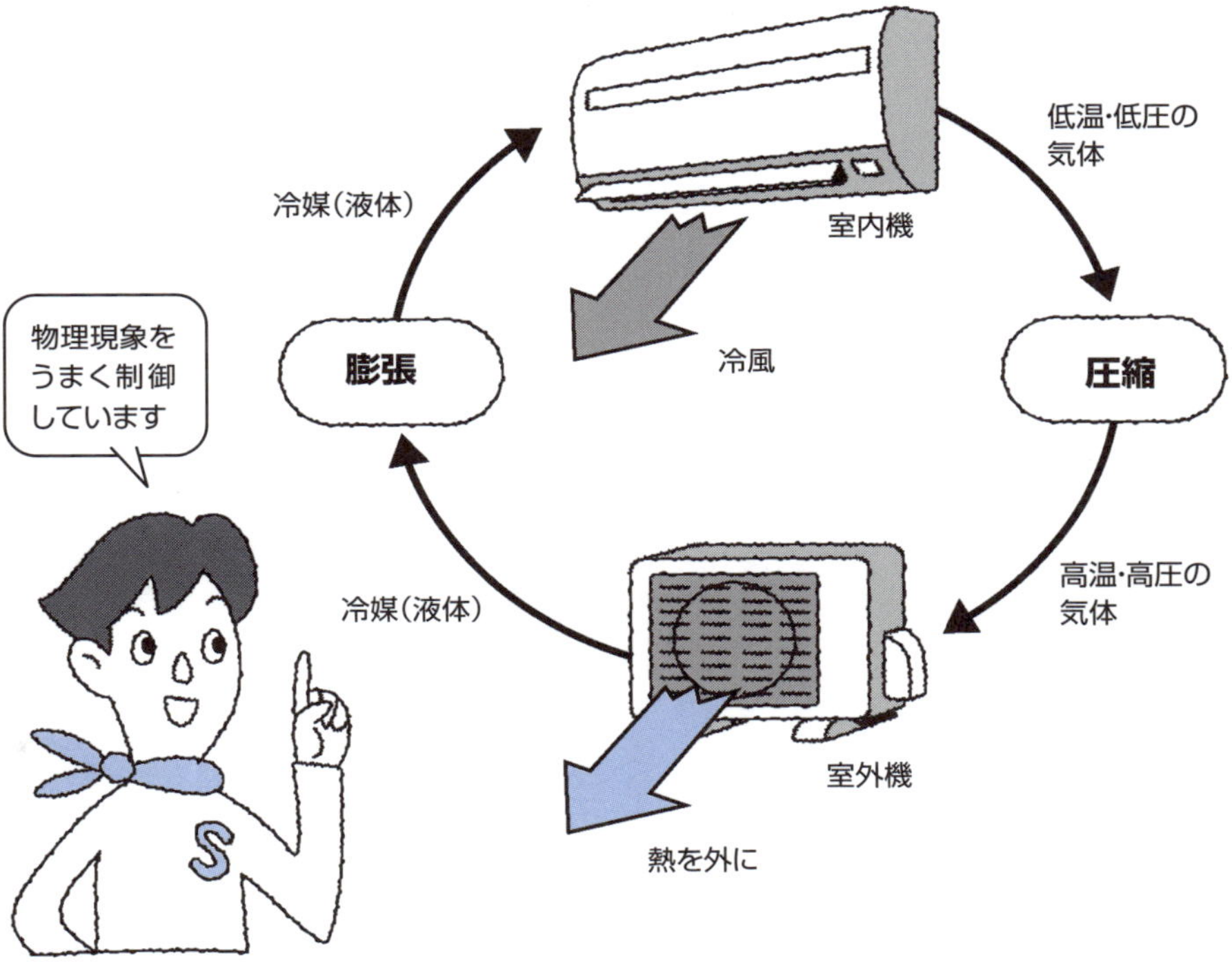

フィードバック制御系の構成

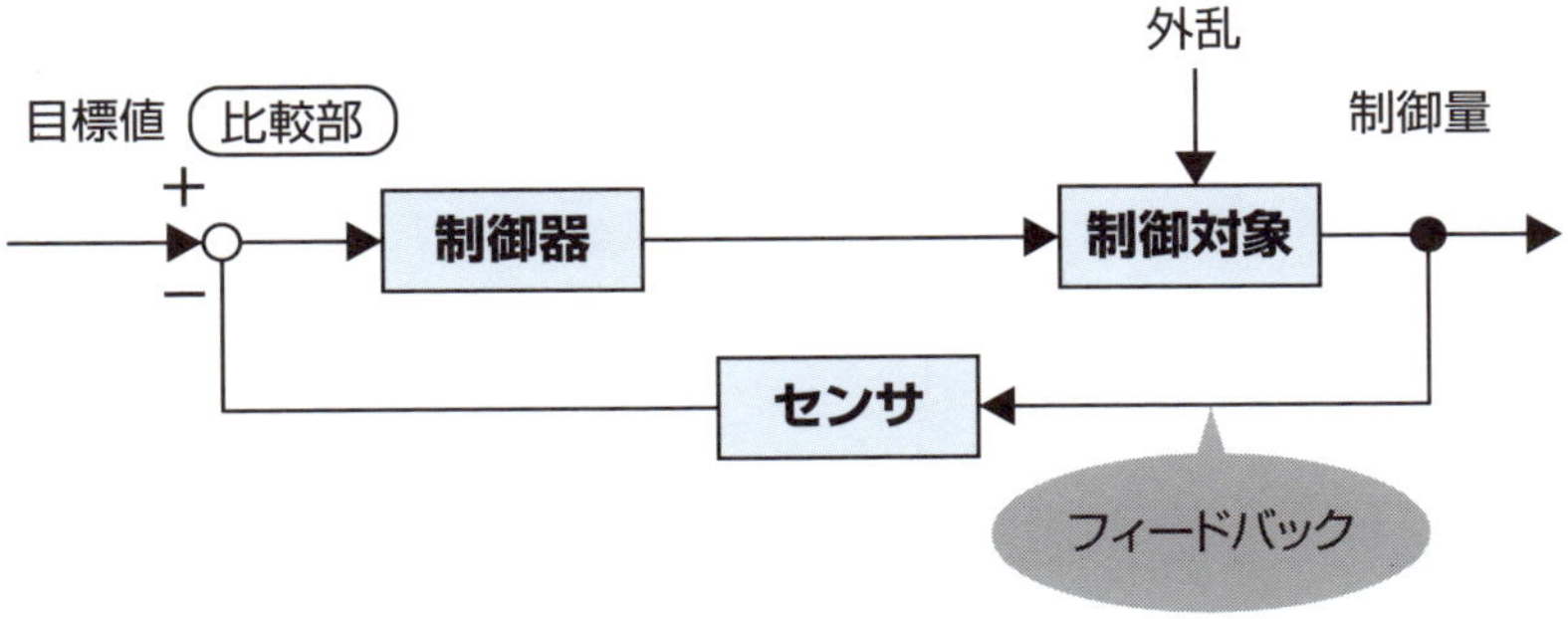

14 フィードフォワード制御

あらかじめ予想しながらの制御

フィードバック制御は、外乱が作用してもフィードバックにより修正されるものでした。しかし、先のエアコンによる温度制御の例では、外乱はドアや窓の開閉があった瞬間ではなく、その作用により温度変化が生じてから確認されるため、どうしてもそこに時間的なロスが生じてしまいます。すなわち、何らかの外乱が生じても、何らかの影響が現れてからしか修正ができないのです。そのため、修正動作が事後処理的なものとなってしまうことが欠点となることもあります。

フィードフォワード制御は「外乱などによる影響が現れる前に、前もってその影響を極力抑えるように修正動作を行う制御」のことです。

これらの関係をフィードフォワード制御系で表すと、目標値が制御器に入力され、制御対象に制御量を出力する前に外乱を検知しておくという流れになります。フィードバック制御のようにフィードバックで戻る流れが不要となるため、こちらの方が迅速な制御を行うことが可能となります。ただし、フィードフォワード制御の場合には、外乱を事前に検知できるようにしておくことや、外乱検知時の適切な修正量の決定が必要となるため、適用できる制御には限界があります。

簡単なフィードフォワードの例として、、水道の蛇口をひねってバケツに水を入れるとき、わざわざ水位センサを用いてフィードバック制御を行うよりも、あらかじめ10秒程度で満杯になることを調べておき、10秒だけ水を出すようにすることがあげられます。

また、野球で打者が投手の球種にヤマを張り、例えばカーブが来ると予想してスイングを開始しても、必ず当たる保証はありません。

そのため、フィードフォワード制御を正しく行なうためには、制御対象に関する正確な理解が求められます。

要点BOX
- ●フィードフォワードは迅速な制御が可能
- ●外乱を予想するため、外れることもある
- ●制御対象の正しい理解が重要

あらかじめ予想しておくのがフィードフォワード制御

このくらいで水道の蛇口をひねっておけばだいたい10秒でバケツに水が一杯になります
ただし予想が外れるとおかしな制御になってしまいます
次はカーブと予想します

フィードフォワード系の構成

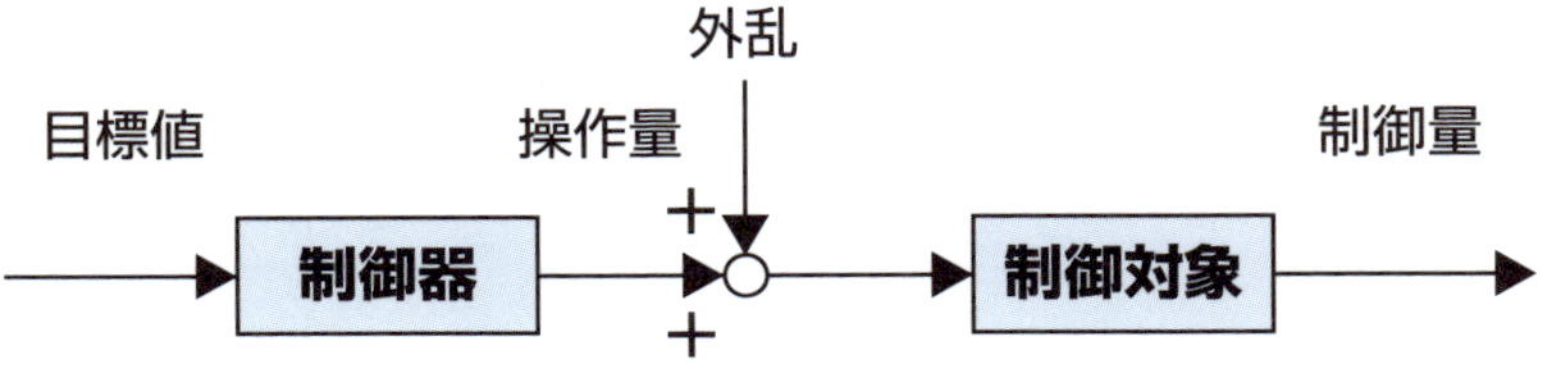

15 サーボ機構

位置や角度、姿勢を追従させる制御

サーボ機構は「機械的な位置や角度、姿勢などを制御量として、変化する目標値に追従するような制御」を行うフィードバック制御の一種のことです。サーボ機構をサーボ制御といい、ほぼ同意で用いられることもあります。サーボ（Servo）には、召使いや奴隷という意味があり、目標値への追従性が求められます。

サーボ機構に用いられるアクチュエータには、電気式のものとしてサーボモータがあります。また、大きな力を必要とする場合には油の圧力を用いた油圧サーボ機構、小型・軽量で高出力を必要とする場合には圧縮空気を用いた空気圧サーボ機構が用いられます。

サーボモータを用いたサーボ機構の制御系において、入力軸がθ_1度回転すると、誤差検出器が入力角θ_1度と出力角θ_2度のずれに比例した誤差信号を検出し、サーボ増幅器ではこれを増幅して、その出力によってサーボモータを回転させます。これによってモータの出力軸が回転し、入力角と出力角の差がゼロになるとサーボ増幅器への入力信号がなくなり、サーボモータは停止します。

サーボ機構はFAやロボット分野では欠かせない技術となっており、具体的にはNC工作機械の回転軸や各種のロボットの関節の素早い位置決めなどに用いられています。ここでNCとはNumerical Controlのことであり、数値によって制御される工作機械を意味します。

JISではこの数値制御を「工作物に対する工具経路、その他、加工に必要な作業の工程などを、それに対応する数値情報で指令する制御」と定義しています。

また、各種のロボットとしてまずあげられるのが産業用ロボットであり、JISでは「自動制御によるマニピュレーション機能または移動機能をもち、各種の作業をプログラムによって実行でき、産業に使用できる機械」と定義されています。

要点BOX

- ●サーボの意味は召使や奴隷
- ●代表的なアクチュエータはサーボモータ
- ●すばやい位置決めが得意

サーボ機構の制御系

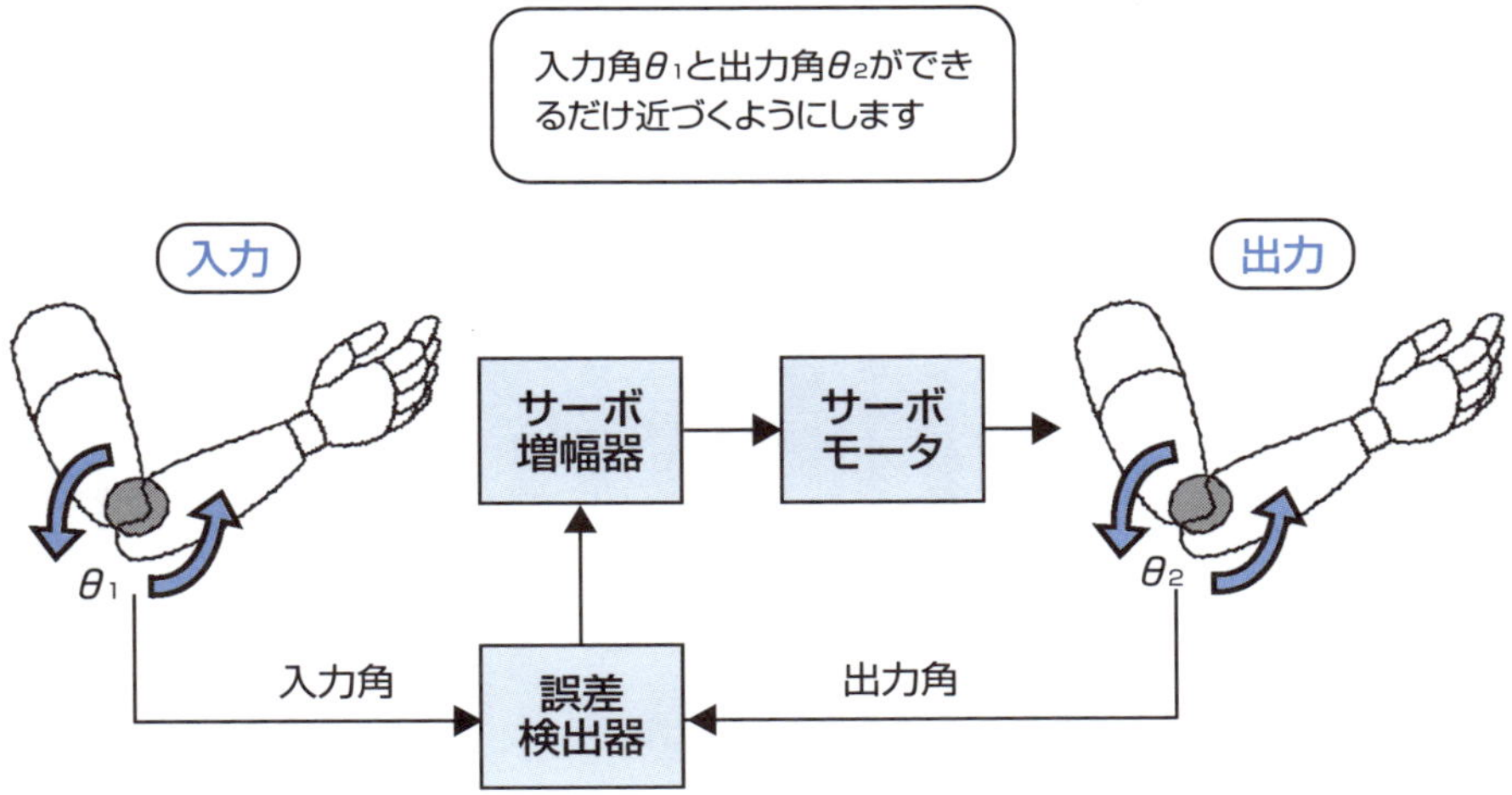

サーボ機構の具体例

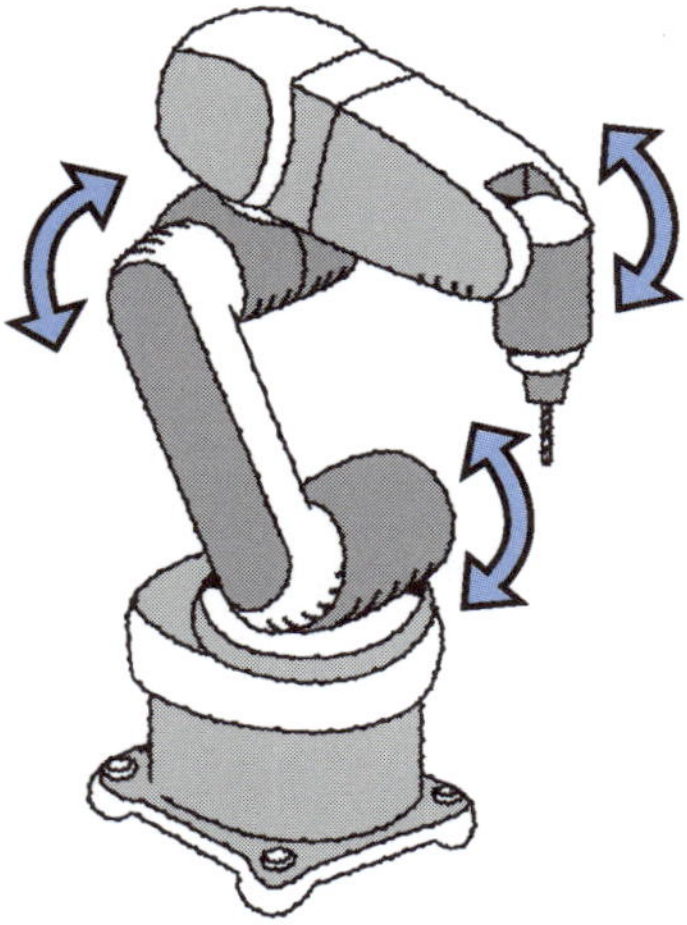

NC工作機械の回転軸

ロボットの関節

16 プロセス制御

圧力や温度、流量などを扱う制御

　プロセス制御は「圧力や温度、流量、液面など、工業プロセスにおける状態量を制御する制御系」のことであり、主に化学プラントや発電プラント、その他各種の工場において効率よく安全に製品を生産するために用いられています。プロセスには生産設備の意味があり、化学、発電、鉄鋼、石油などのように、大規模な槽や管などの集積によって生産設備が構成され、その中での反応によって生産を行うものをプロセス産業といいます。プロセス産業では、適切なプロセス制御を行うことにより工場を思い通りに動かして、良質な製品を生産し、最大の利益を上げることを目指します。

　プロセス制御において、入力信号を取り込む部分には、温度センサや圧力センサなどのセンサや各種の測定装置が用いられます。また、出力信号を制御するアクチュエータの大部分には、各種の調整弁（バルブ）が用いられ、最終的な制御量である濃度や組成などの制御を行います。そのため、プロセス制御は間接的なフィードバック制御であるといえます。

　プロセス産業の過程における反応にはさまざまな変化があるため、外部環境などの変化によるさまざまな外乱も伴うことになります。そのため、プロセス制御を用いることにより、各工程における運転状態を継続的に監視し、最適な運転状態を維持するために必要な操作を適宜行う必要があるのです。

　製鉄を行う工場は巨大で複雑なプロセス制御系です。製銑（せいせん）工程では高炉において、鉄鉱石にコークスや石灰石を混ぜ合わせて銑鉄をつくり、次に転炉において銑鉄と鉄くずに酸素を吹き込むことで炭素分を除去し、合金を加えて成分調整を行うことで、粘り強い鋼をつくり出します。これらの工程では、燃焼や還元などの化学反応プロセスを制御します。また、鋼から板やパイプなどを製造する圧延工程では、温度や圧延ロールの間隔などを制御します。

要点BOX
- ●化学プラントや発電に導入
- ●各種の測定装置が用いられる
- ●最適な運転状態を維持する

プロセス制御の制御系

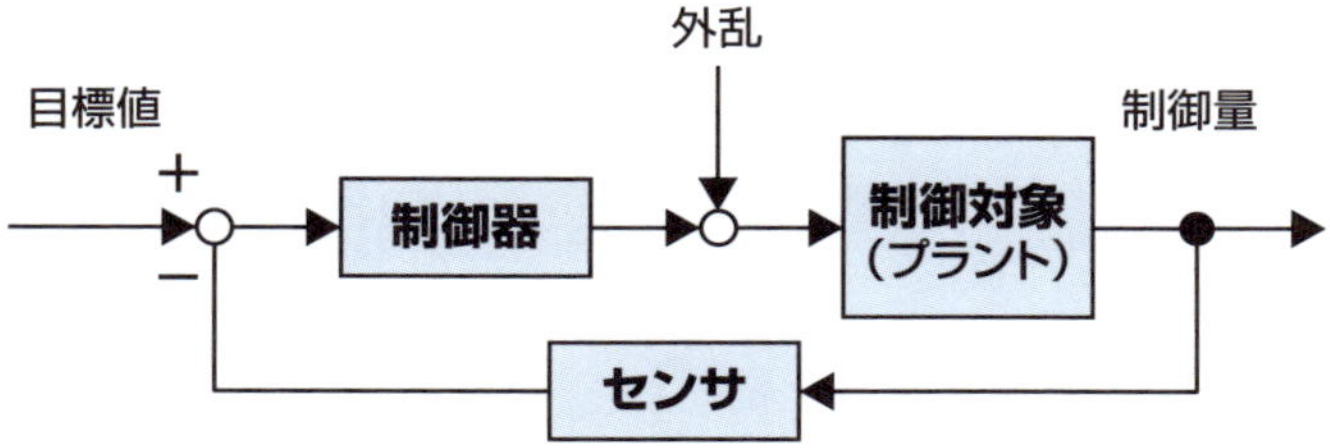

プロセス制御の具体例

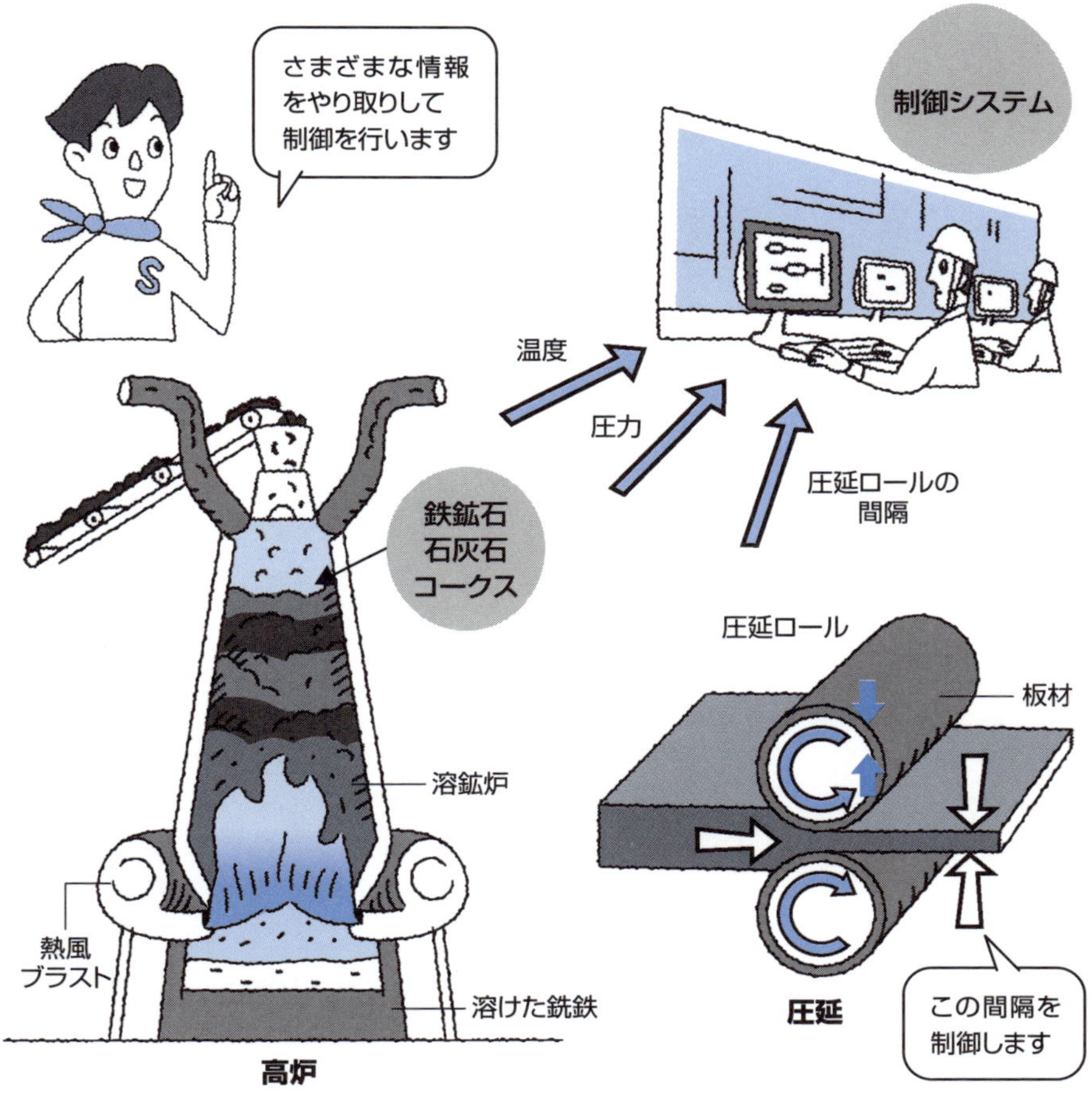

17 古典制御と現代制御

古典制御もまだまだ現役、現代制御は？

制御理論にはさまざまな種類があり、大きくは古典制御と現代制御に分類されます。古典制御は1960年代に体系化されたフィードバック制御理論であり「伝達関数と呼ばれる線形の入出力システムとして表された制御対象を中心に、望みの挙動を達成するための制御理論」です。古典制御は、1入力1出力の制御対象の入出力関係に着目して、制御系の設計を行います。ここで制御系の設計とは、入力信号が入ってから目標とする出力信号が出てくるまでの時間をできるだけ短くする速応性を向上させることや、目標からずれの少ない出力信号を出して安定性を向上させることなどの作業を行うことです。

古典制御の代表的なものとしてPID制御があり、これは現在でも産業の場面では主力として用いられています。古典という言葉で呼ばれてはいるものの、古くて使われていないという意味ではありません。そのため、フィードバック制御をはじめて学ぼうとする人は、まずこのPID制御の理論を理解して、使いこなせるようにしておくとよいでしょう。PID制御とは「入力値の制御を出力値と目標値との偏差、その積分、および微分の3つの要素によって行う制御」のことです。なお、それぞれの制御を比例制御（P制御）、積分制御（I制御）、微分制御（D制御）といい、PI制御、PD制御という形もあります。

一方、現代制御は1960年以降に発展してきた制御理論であり、出力に影響を及ぼす可能性のある内部変数（状態変数）に着目した状態方程式を作成して制御系の設計を行ないます。

現代制御では状態方程式を用いて、多入力多出力の制御システムを扱うことができます。PID制御のパラメータ設定が試行錯誤によるところが多かったのに対して、代表的な現代制御の最適制御理論では、制御系に関する評価関数を立てて、最適な制御系を求めます。

要点BOX
- ●速応性と安定性の向上
- ●古典制御の代表はPID制御
- ●1960年以降に発展した現代制御

制御系の設計

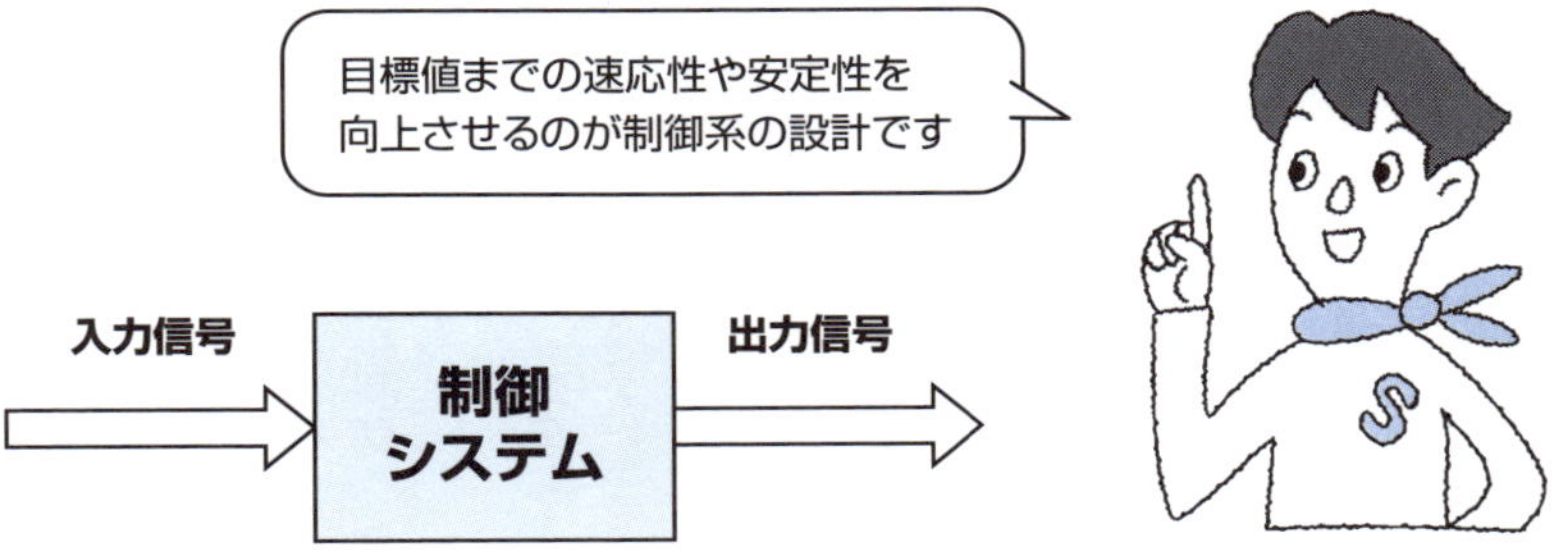

古典制御

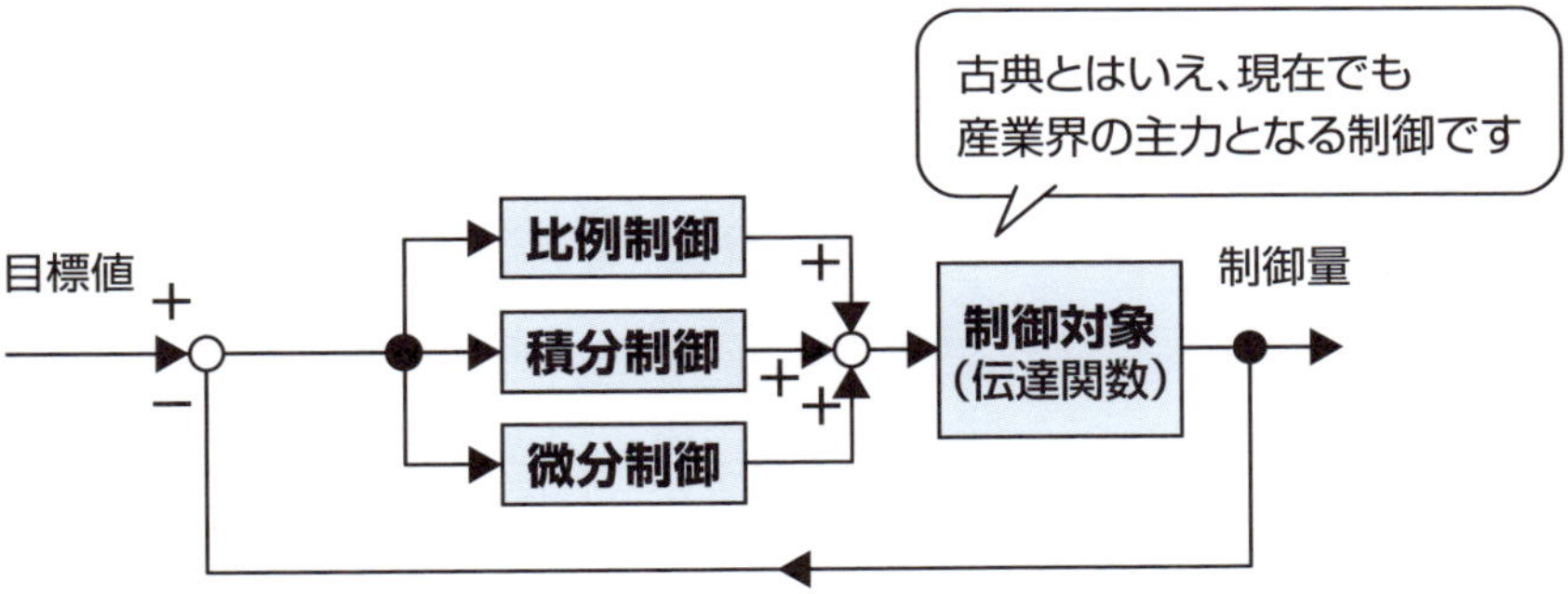

現代制御

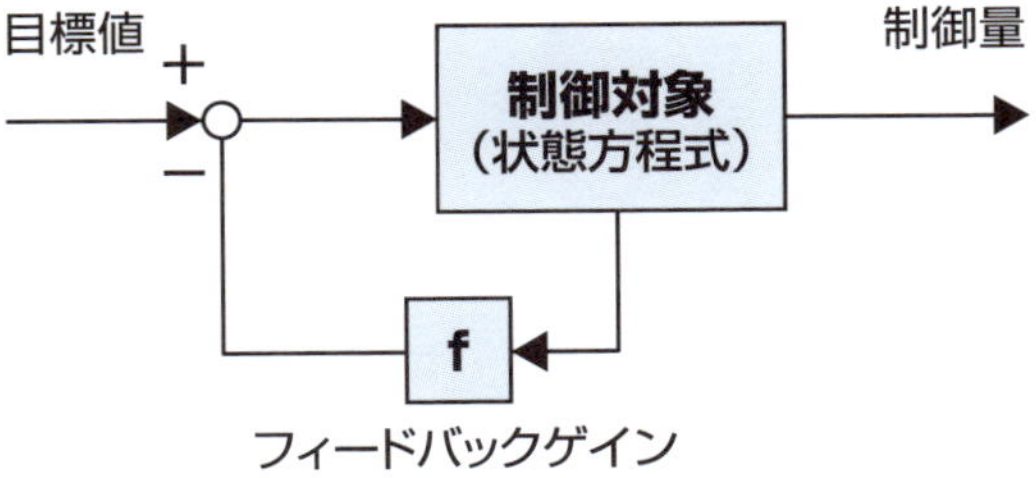

18 ポスト現代制御

現代制御の次に登場した頑丈な制御

現代制御は1980年代までには熟成され、制御系モデルに基づいた適正な制御を行い安定した制御ができるようになりました。

1961年から1972年にかけて、全6回の月面着陸に成功した、NASAによる人類初の月への有人宇宙飛行計画であるアポロ計画の成功にも、現代制御が大きな貢献をしました。このときの大きな役割を果たしたのは、アメリカ人の工学者であるカルマンです。彼が提唱したカルマンフィルターは、とびとびの対象を扱う離散的な誤差のある観測から、時々刻々と時間変化する物体の位置と速度などの量を推定するために用いられました。

航空宇宙分野に適用され、成功を収めた現代制御でしたが、これを地上の他の分野に適用したところ、なかなかうまくいきませんでした。その理由として制御システムのモデル化にはどうしても実際との誤差が含まれていることがあげられます。この誤差の影響がより精密な制御を行おうとしたときに問題になってきたのです。これらのモデル化の誤差を改良する試みも進められましたが、すべてを完全にモデル化することは困難でした。この現代制御だけでは補うことのできない部分を解決するために登場した制御理論が、ポスト現代制御です。

ポスト現代制御では、このモデル化の誤差を少なくすることが主なテーマとなります。その中でも代表的なものとして「H∞制御理論」があり、この制御ではモデルにいくらかの誤差が含まれていても、一定の誤差範囲にあれば安定な制御ができるようにしました。

なお、この制御は制御対象の実際の特性が制御系設計の際に想定したモデルと多少異なっても制御性を余りそこなわない制御であるということで、「頑丈な」という意味のロバストという言葉を用いて「ロバスト制御」とも呼ばれます。

要点BOX
- ●制御システムの完全モデル化は困難
- ●誤差があっても安定な制御
- ●ロバストは「頑丈な」の意

アポロ計画

- アポロ11号
- サターンV型ロケット
- 月面陸船
- 月面着陸

現代制御の適用分野

1980年代までに熟成

現代制御 … モデル化が困難

↓

ポスト現代制御 … モデル化の誤差を少なくすることがテーマに

H∞制御（ロバスト制御）

「頑丈な制御です」

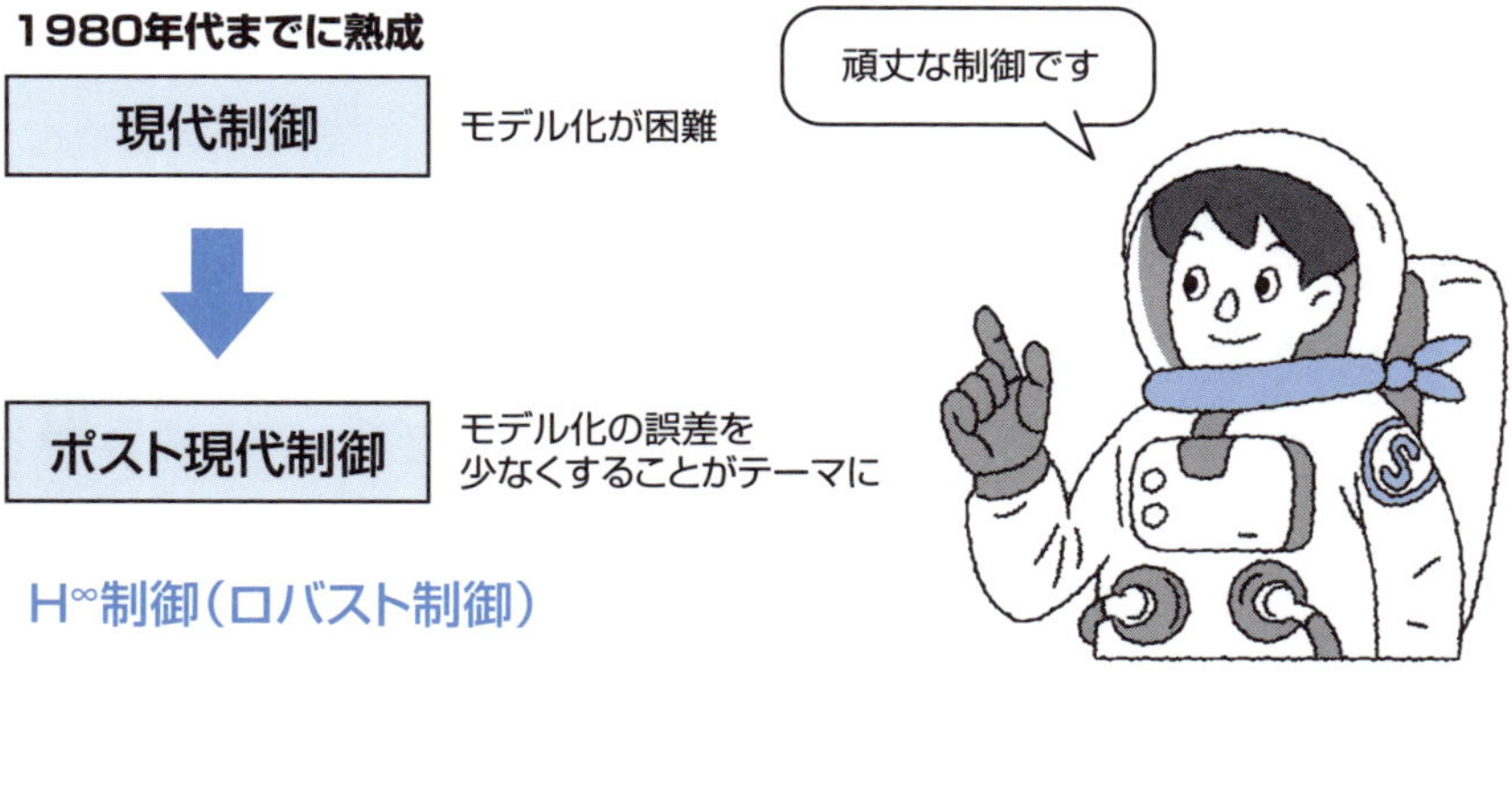

19 ファジィ制御

あいまいさの制御は家電製品で実用化

1990年、爆発的なファジィ・ブームが起こり、「ファジィ」という言葉は「日本新語・流行語大賞」の栄誉に輝きました。これは当時、ファジィ理論を洗濯機に応用した家電メーカーが登場したことが、大きなインパクトを与えたためです。ファジィには「あいまいな」という意味があり、ファジィ集合論を用いた制御がファジィ制御です。

ファジィ集合論とは、境界がはっきりしないファジィ集合に帰属する度合をメンバーシップ関数として表すことで曖昧な主観を表現したものです。これを扱うファジィ理論は、1965年にアメリカの情報工学者であるロトフィ・ザデーによって提唱されました。

ここでファジィとは、ある条件が与えられたときに、単純な二進法で「白」と「黒」と答えるのではなく、「灰色」というような「あいまいな」答えも可にしようというものです。人間の経験的な知識をこの「あいまいさ」で表現することにより、対象となるモデルや制御系を組み立てて行くものであり、1990年代以降、洗濯機のみならず、冷蔵庫や掃除機、エアコンなどの家電に多く用いられてきました。

洗濯機でのファジィ制御の適用では、ファジィ理論を応用して、洗濯物の汚れ具合と洗濯時間の関係などを数百種類のパターンについてマイコンに覚えさせます。そして、洗濯物の状態を排水口部分のセンサで測定することにより、最適な洗濯時間を判断する仕組みを実用化しました。これによって、あらかじめ決められた洗濯時間ではなく、汚れの程度や質に応じて弾力的に洗濯時間が設定できるようになったのです。

現在は、一時期のブームのようにファジィという言葉は登場しなくなりましたが、ファジィ理論は家電製品のみならず、地下鉄やエレベータ、医療、福祉など幅広い分野において、欠かすことのできない技術の一つとして重要な役割を果たしています。

要点BOX

- ●ファジィは「あいまいな」の意
- ●「白」「黒」をはっきりさせない制御
- ●洗濯機などの家電に導入

ファジィ集合論

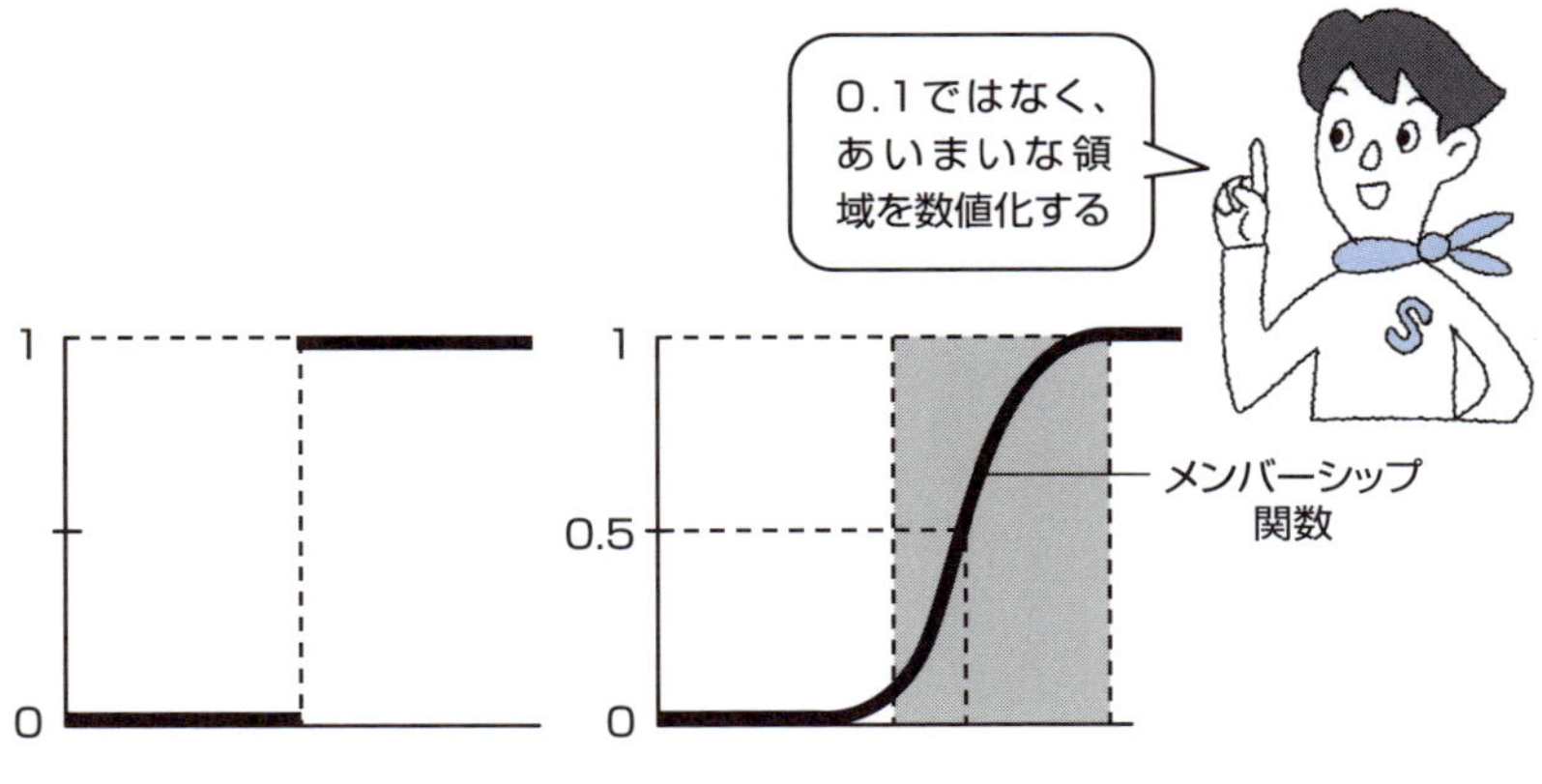

洗濯機のファジィ制御例

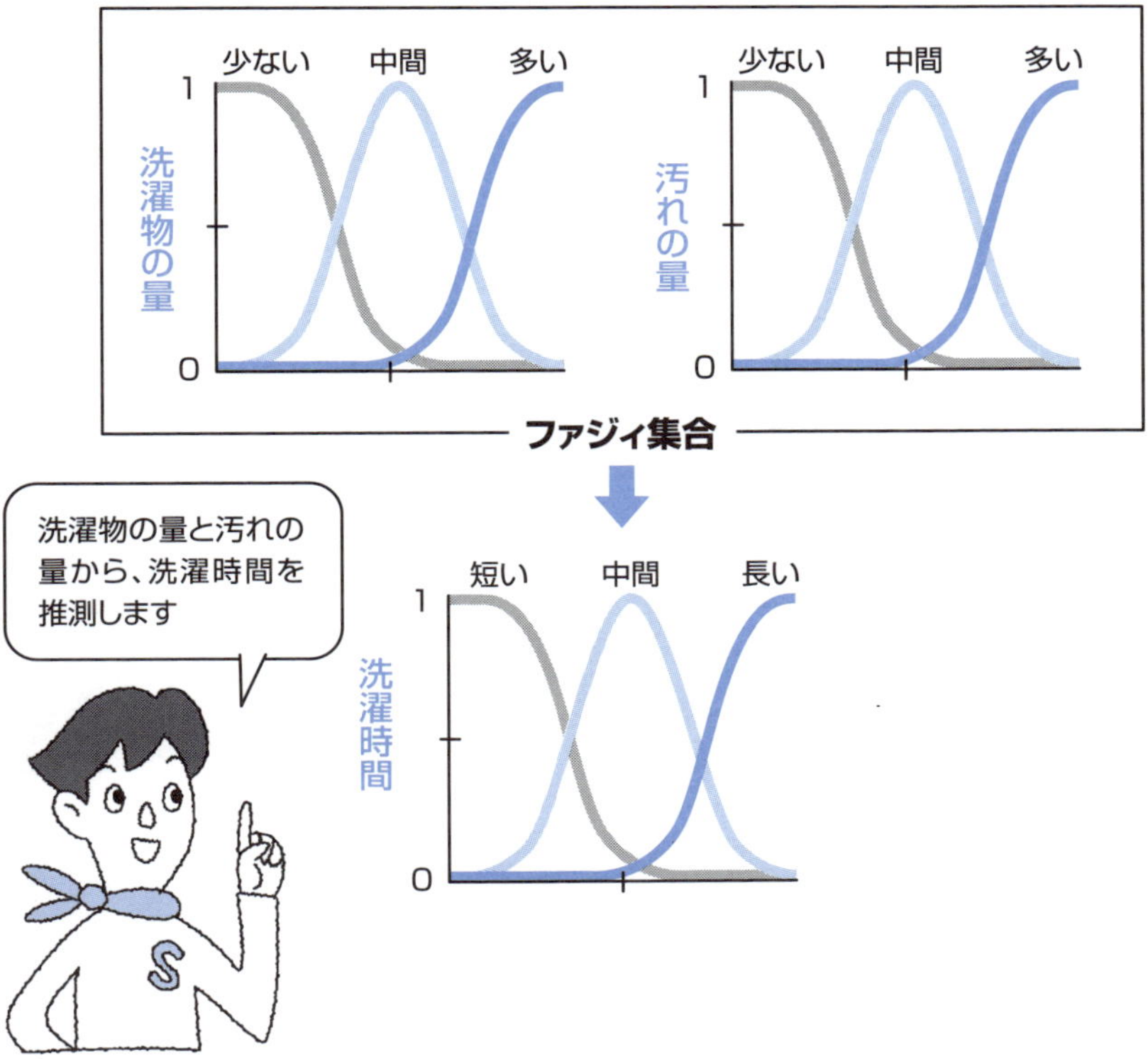

20 ニューラルネットワーク

脳の神経細胞のはたらきを用いた制御

脳には約140億個のニューロンという神経細胞があり、脳における情報処理はニューロンが網の目のようにつながったニューラルネットワークによって行われています。

ニューロンは本体である細胞体、入力部分である樹状突起、出力部分である軸索の三つの部分からなります。そして、一つのニューロンの出力は他のニューロンの入力部分につながっており、これらが複雑に結合してニューラルネットワークを構成しています。出力部である軸索は途中で何本にも枝分かれして、多数個の他のニューロンの樹状突起につながっており、この結合部をシナプスと呼びます。そして、ニューロンの情報は、一つの細胞の軸索から他の細胞の樹状突起へとシナプスを介して伝えられます。

シナプスには神経細胞が他の神経細胞や筋肉などの器官などに情報を伝えるはたらきがあり、シナプスの数が増減したり、シナプスの形態が変化することが、脳の機能、すなわち学習、記憶、運動機能に直接的に反映されると推察されています。ここで、シナプスの結合度合が何らかの形で徐々に修正されていくことが学習です。

ニューラルネットワーク制御は、このようなニューラルネットワークにおける情報処理を用いることで、より人間に近い情報処理を実現しようとするものです。

ニューラルネットワーク制御の基本的なしくみは、複数の入力それぞれに対して、学習状況によって変化する結合強度という重み付けを行い、これらの総和が閾値(しきいち)を超えたときに出力がなされるというものです。

このニューラルネットワーク制御は、ヒューマノイドロボットにさまざまな動作を学習させるなどの工学分野だけでなく、経済予測や降雨予想などにも幅広く用いられています。

要点BOX

- ●脳には約140億個のニューロンがある
- ●ニューロンの情報はシナプスを介して
- ●人間の脳をまねた制御

ニューロンの構造

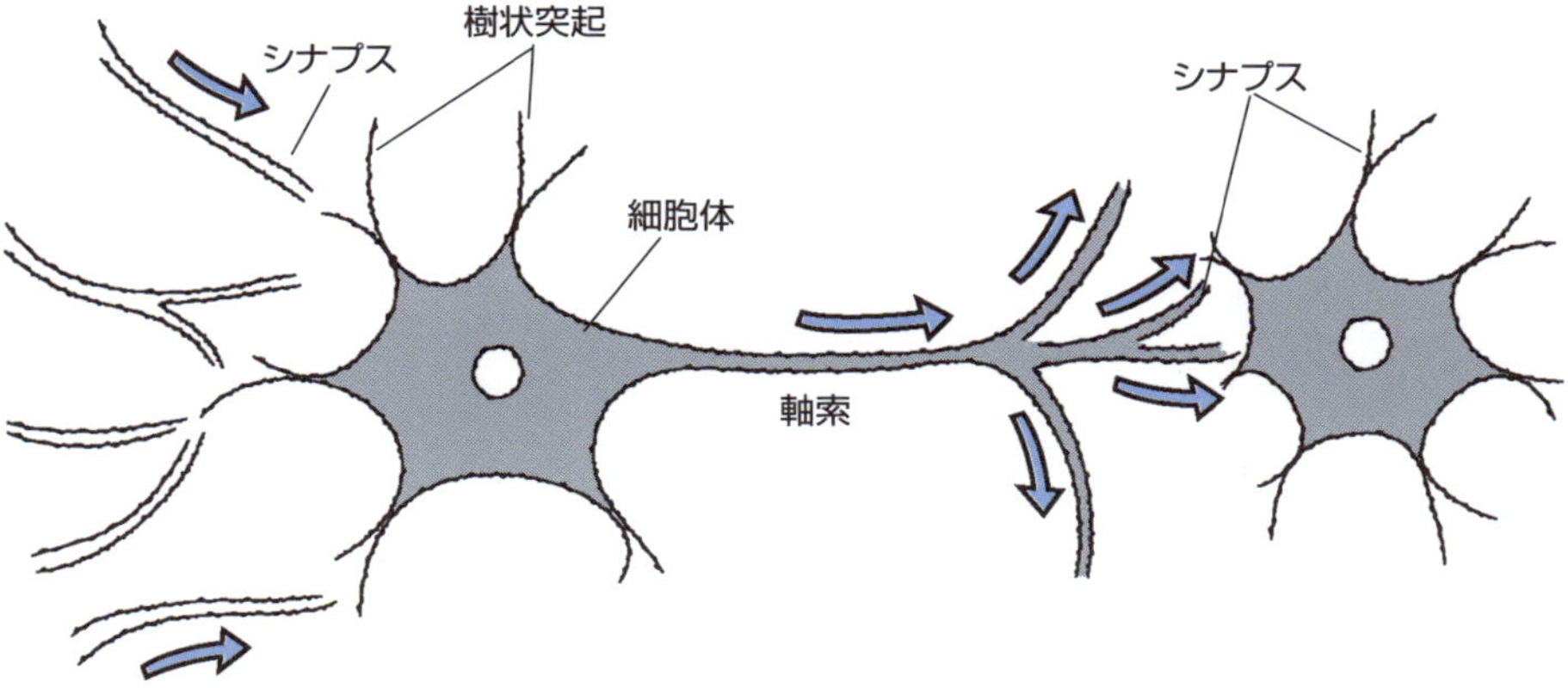

ニューラルネットワーク制御のしくみ

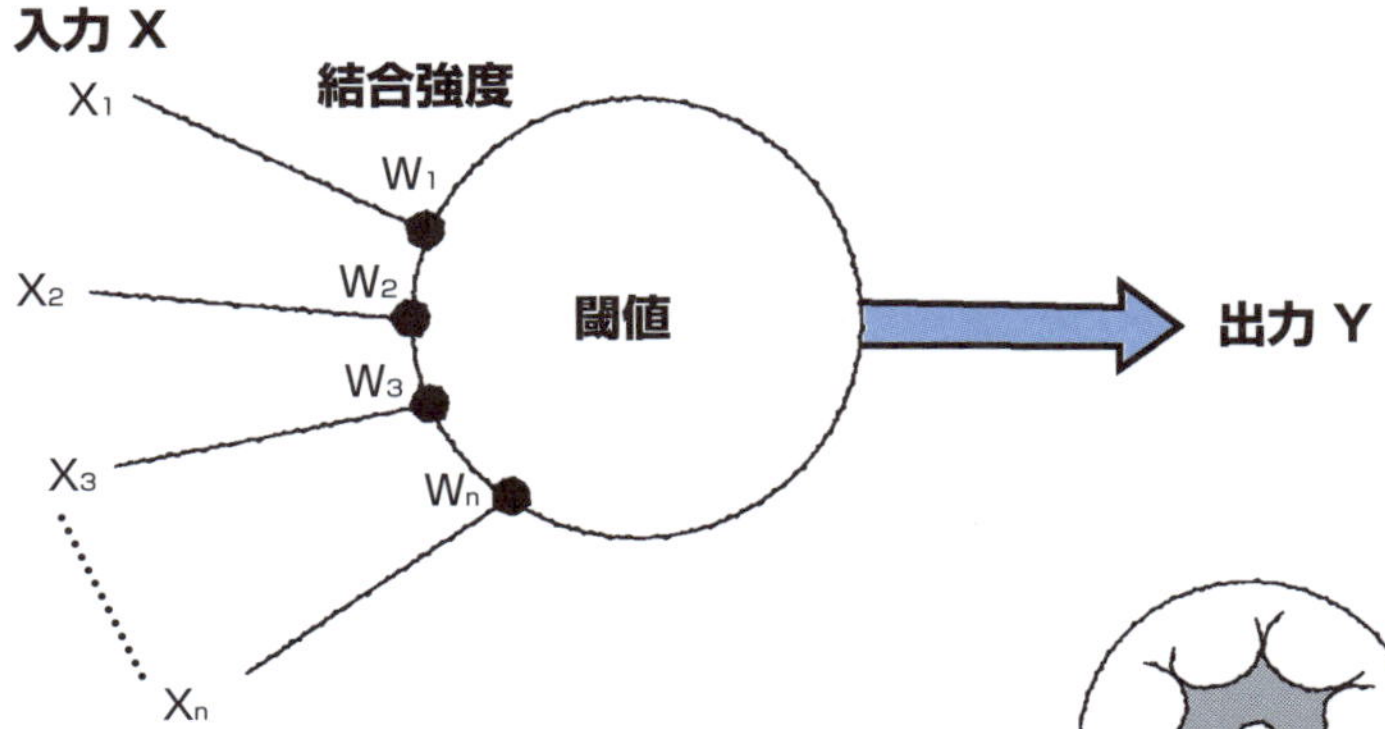

人間の脳のしくみをまねた情報処理機構を制御に用いるのがニューラルネットワークです

21 遺伝的アルゴリズム

生物の進化のメカニズムを適用

遺伝的アルゴリズム（GA）は、生物の遺伝における アルゴリズムを模倣した学習アルゴリズムであり、1975年に米ミシガン大学のジョン・ホランドが考案して以来、最適化の手法としての応用研究が進んでいます。ここで、アルゴリズムとは、コンピュータを使ってある特定の目的を達成するための処理手順のことです。

遺伝的アルゴリズムを用いた制御には、遺伝や淘汰、突然変異など、生物の進化のメカニズムを工学的にモデル化した最適化のための計算手法が用いられます。

生物の進化では、生物の基本的な性質は遺伝子によって規定され、生物が生殖によって子孫をつくるときには、交叉によって親の遺伝子が適当に混ぜ合わされ、両親の遺伝子の組み合わせが行われます。遺伝子には生物の形質に親と異なった形質が生じ、これが遺伝する現象である遺伝子には突然変異が発生し、これによっても遺伝子は変化します。また、環境に適合して、死滅しにくい遺伝子が結果として生き残り、その遺伝子をもった子孫が多くなるという過程をたどって進化が行われます。そのため、これらの関係をうまく応用すれば、環境に適合した個体が得られます。

遺伝的アルゴリズムの流れは、①個体群を初期化し、②環境に対する適応度を評価し、③各個体の評価値から次世代への生き残りやすさを決める選択を行い、④個体の遺伝子情報の一部を入れ替え、新しい個体を生成する交叉を行い、⑤遺伝子の突然変異をモデル化してこれを実行し、⑥これらの作業を繰り返して適した個体を残していき、終了条件を満たしたときに、処理を終えて解を求めるというものです。

ロボット工学における遺伝アルゴリズムの適用例としては、二足歩行ロボットや四脚歩行ロボットを対象とした歩行動作における成長アルゴリズムの開発や複数のロボット間での協調動作における行動の最適化などがあげられます。

要点BOX
- ●生物の遺伝子を模倣したアルゴリズム
- ●環境に適合した個体を得られる
- ●二足歩行ロボットなどで応用

遺伝的アルゴリズムの流れ

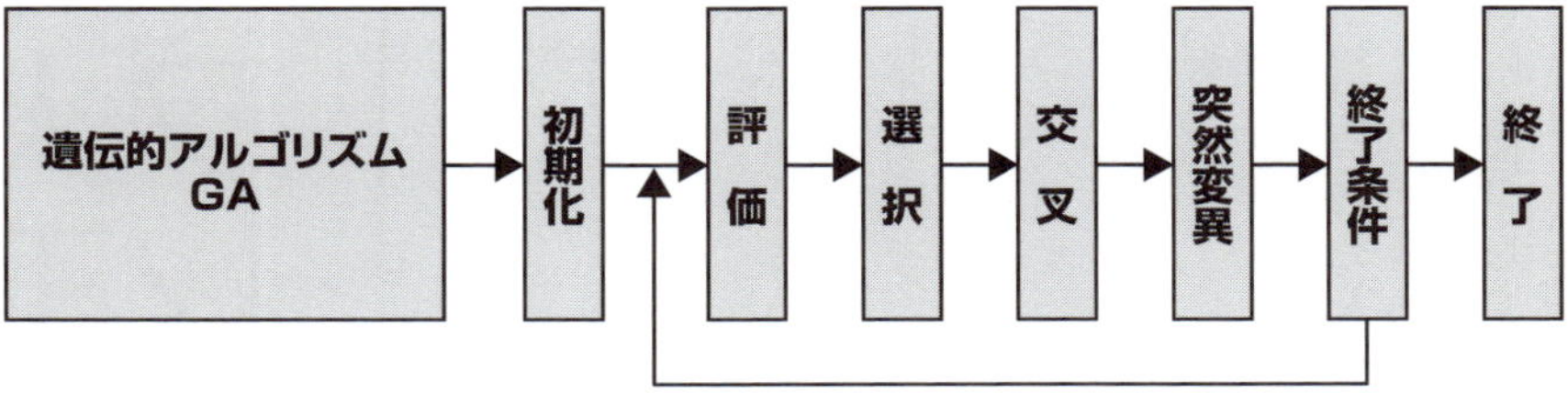

遺伝的アルゴリズムを用いたロボットの最適化

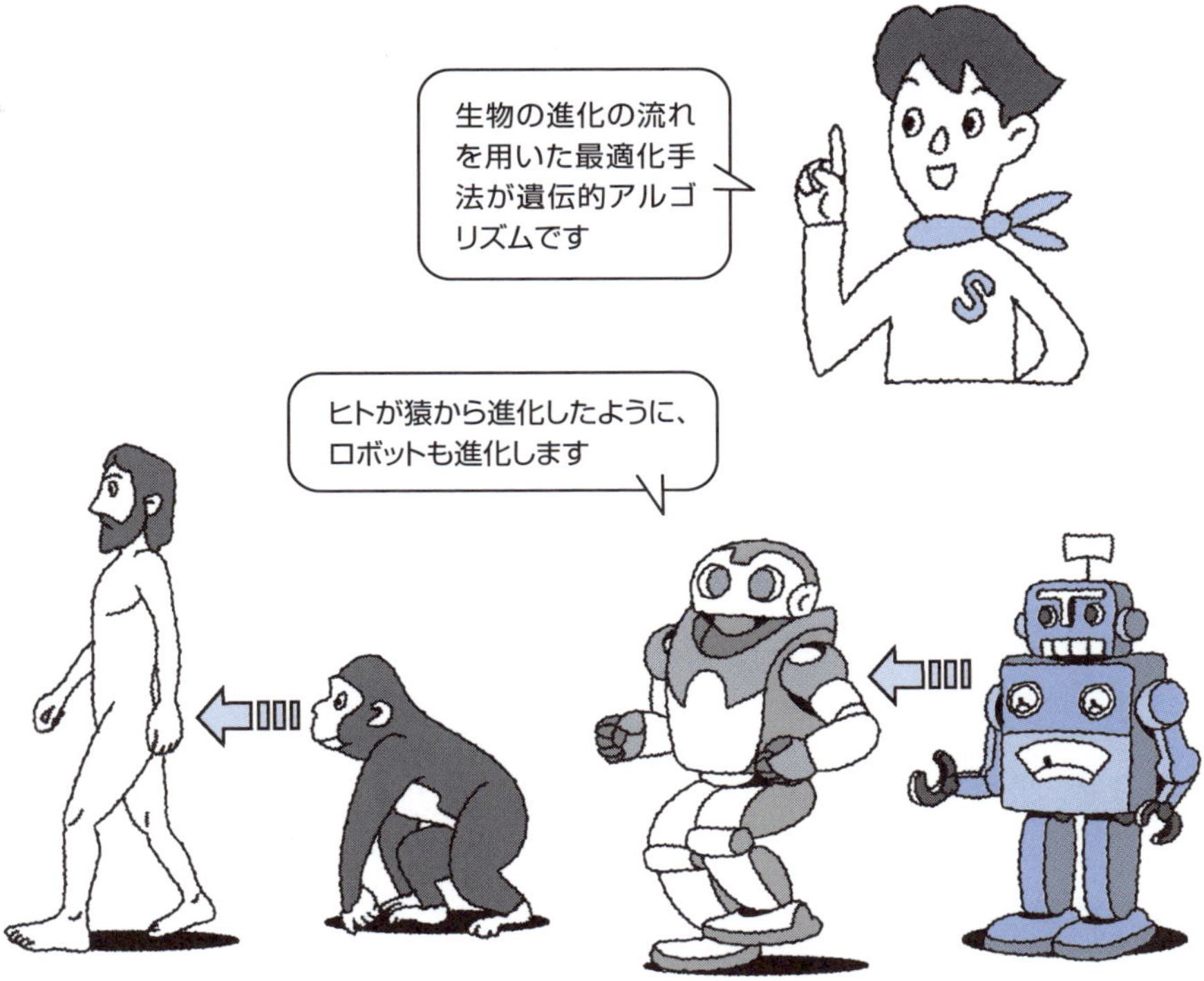

生物の進化の流れを用いた最適化手法が遺伝的アルゴリズムです
ヒトが猿から進化したように、ロボットも進化します

22 人工知能とフレーム問題

人工的に人間の知能を実現できるか

人工知能（AI）は、人工的に人間の知能を実現しようとするものです。これに関しては、さまざまな研究が進められており、先に述べたニューラルネットワークや遺伝的アルゴリズムなども人工知能の研究に含まれます。

人工知能の研究というと、人間の知能と同じものを人工的につくるというイメージを持つかもしれませんが、実際にはそうではなく、現在のところは人間が知能を使って行っていることを機械やロボットにさせようという研究が中心です。ただし、人工知能の最終目標は人間の知能をつくるという考え方もあります。

人工知能という言葉は、１９５０年代にジョン・マッカーシーらによって用いられるようになり、その後のコンピュータ技術の進歩とともに発展することになります。しかし、その後１９６９年には、人工知能研究における最大の難問となるフレーム問題が指摘されることになります。ここで、フレームとは枠のことであり、ある環境で作動する機械やロボットに何かをさせる場合、それに関係することと関係しないことを調べるために、無限の計算が必要になって人工知能が止まってしまうことが問題になりました。チェスや囲碁などのように、コンピュータが考える枠が有限であれば計算は可能になりますが、ある空間におかれたコンピュータに、何を考え、何を考えなくてよいのかということを明確に示すことは難しくなります。

１９９７年、チェスの世界チャンピオンであるカスパロフ氏はＩＢＭが開発したチェス専用のスーパーコンピュータであるディープブルーに負けましたが、これもフレーム問題を解決したわけではありません。

一方で、人間は予定していない突発的な諸変化があっても、ある程度は臨機応変に対応することができます。すなわち、人間はすべてを計算することなく、適度なところで結論を出しているのです。しかし、このはたらきについて明確にはわかっていません。

要点BOX
- ●人工的に人間の知能を実現
- ●最大の難関はフレーム問題
- ●チェスの世界王者に勝つ

人工知能の研究とは

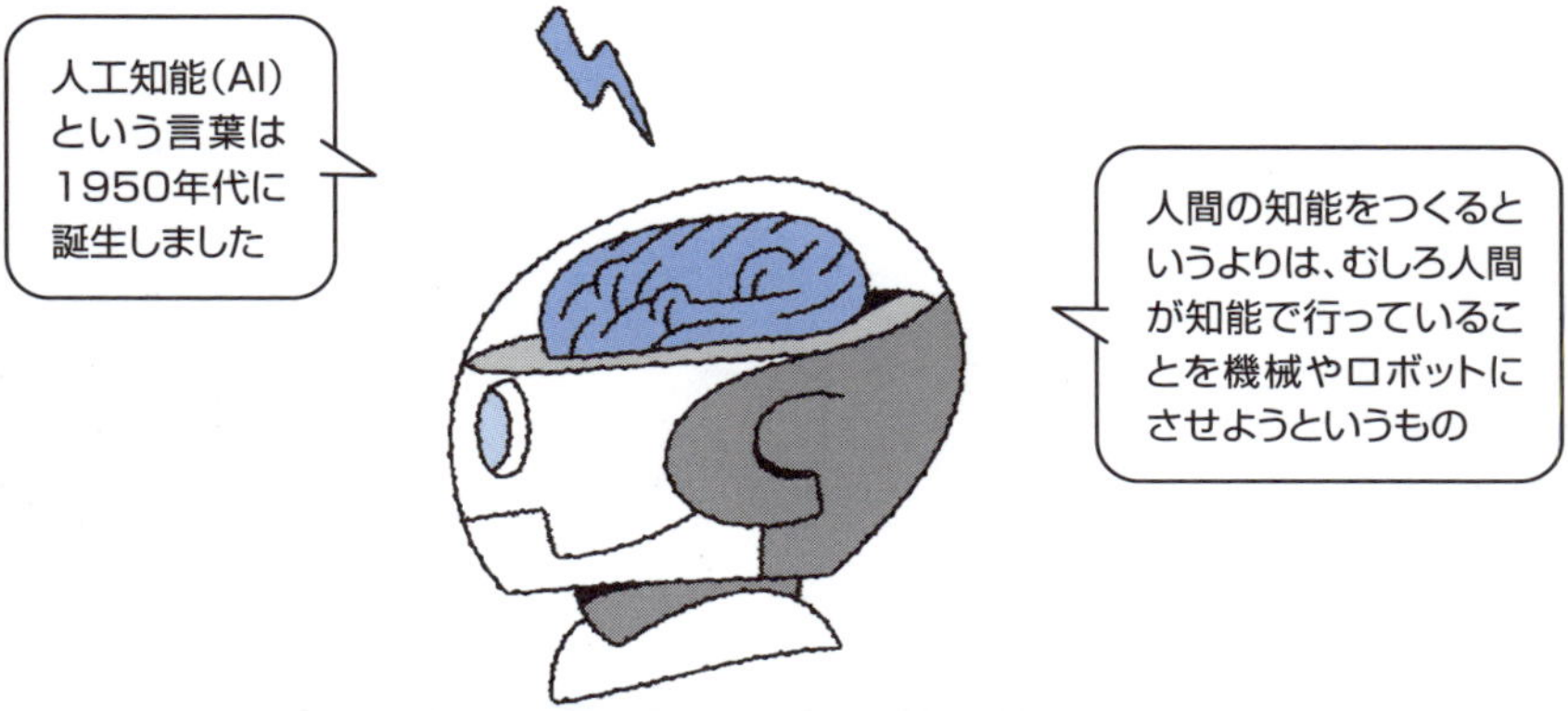

人工知能(AI)という言葉は1950年代に誕生しました
人間の知能をつくるというよりは、むしろ人間が知能で行っていることを機械やロボットにさせようというもの

フレーム問題

フレーム(枠)があるので起きることすべて計算できる
こういう漠然とした命令には弱いのです
コーヒーを飲め!

チェス

人間にはないフレーム問題

人間にフレーム問題がないのは、すべてを計算することなく、適度に切り上げて結論を出しているからです
ただし、もちろん間違えることもあります

Column

人工無脳

「あなたの心はどこにありますか？」と問われたら、どこを指すでしょうか。頭でしょうか、それとも心臓でしょうか。おそらく、心は心臓ではなく脳にあるように思えますが、私たち人間の心は未だにほとんど解明されていない複雑なシステムです。

人工知能の研究は心の研究であり、脳科学や行動心理学などの分野での研究はもちろん、人間と同じ程度に問題を解決できるコンピュータをつくるという視点もあります。そこでは、人工知能に人間と会話をさせようとすると、言語の論理を正しく守って、理論的に整合性のある文章を生成しようとします。

一方、人工知能に対して人工無脳という心の研究もあります。こちらの分野では、人間と会話をさせようとしたときに、知能の獲得よりも人間とのコミュニケーションを重視しており、対話をしながら自動的に言葉を選び、数回程度のやりとりでは人間と間違えるほどの会話ができるものもあります。

このエンターテインメント性を重視した会話ロボットは、英語圏ではchatterbotとも呼ばれ、日本語でもチャットをしながら会話を楽しむようなものが登場しています。現状では人工知能の方が学術性は上だと思われますが、人工無脳がどのように発展していくのかは気になるところです。

第3章

制御の入出力装置

23 アナログとディジタル

制御信号を学ぶ最初の一歩

アナログとディジタルの違いを理解して、きちんと区別できるようにしておくことは、制御信号を理解するための第一歩です。

ディジタルという言葉はラテン語で「指の」という意味をもつDigitusからきており、指で数えることができる「とびとびの値」ということが連想できます。なお、「不連続」や「とびとび」のことを離散的ということもあります。一方、アナログは、「類似」という意味のアナロジー（analogy）いう言葉に起源をもちます。ここで類似という意味はアナの方にあり、ログにはロジックすなわち論理という意味があります。

はじめに、時計におけるアナログとディジタルを考えてみましょう。アナログ時計は長針と短針が連続的に動きながら時刻を刻むものであり、ディジタル時計は7セグメント表示などを用いて、不連続なとびとびの値で時刻をきざむものです。また、音楽も昔はレコードで連続的な量を記録していましたが、現在はCDでとびとびの量を記録しています。

アナログとディジタルの違いとして、科学的にまずあげられるのは、それが連続（アナログ）か不連続（ディジタル）かということです。これをアナログ量とディジタル量ということもあります。すなわち、それぞれをグラフに描くと、連続した一本の線に表すことができるのがアナログ、段階的でギザギザな不連続な線になるのがディジタルということになります。

現在の制御の多くは何らかの形でコンピュータを介在しており、ここではディジタル量で信号が処理されています。一方で、私たちのまわりの自然界にある長さや温度、音などの物理量の多くは連続的に変化するアナログ量です。そこで、コンピュータにセンサなどを用いて外界の状態を取り込むためには、アナログ量をディジタル量に変換するAD変換が必要になります。また、コンピュータ内で処理をしたディジタル量をアナログ量に変換することをDA変換といいます。

要点BOX

- ●アナログは連続
- ●ディジタルは不連続で離散的
- ●AD変換とDA変換

時計におけるアナログとディジタル

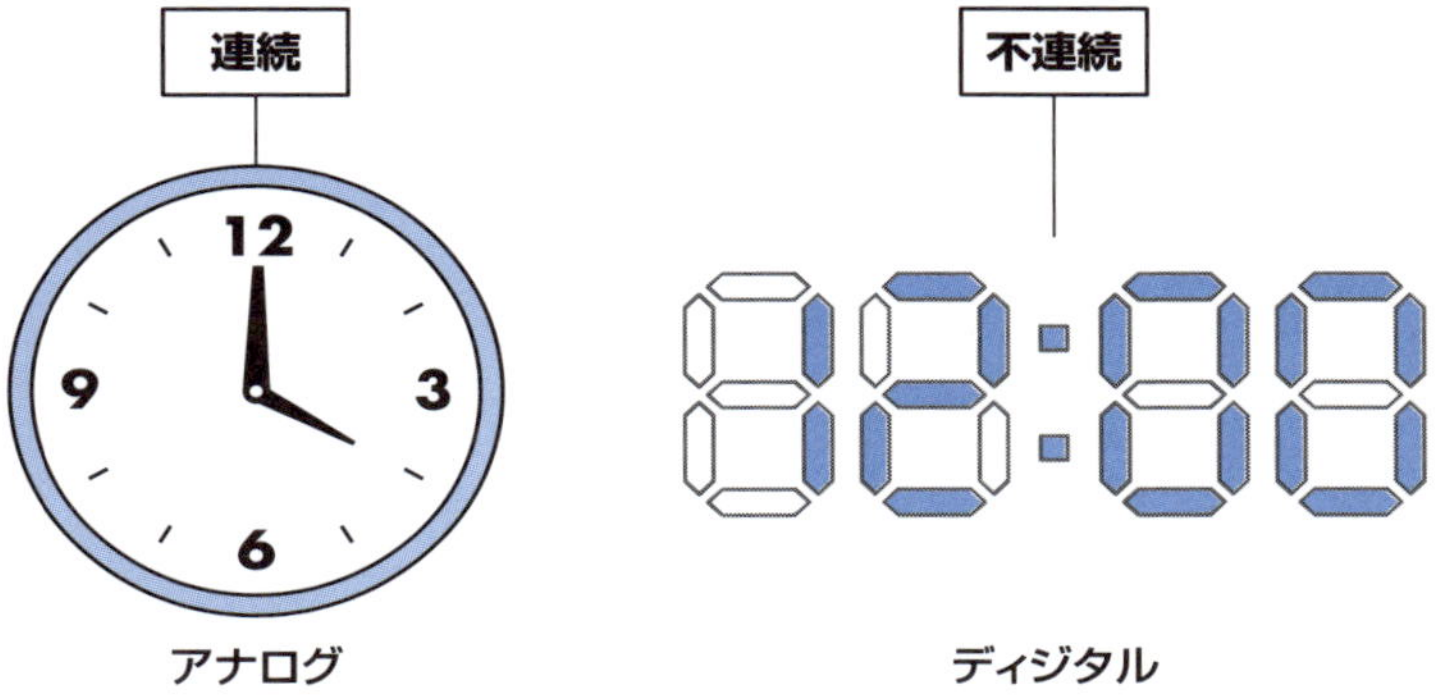

AD変換とDA変換

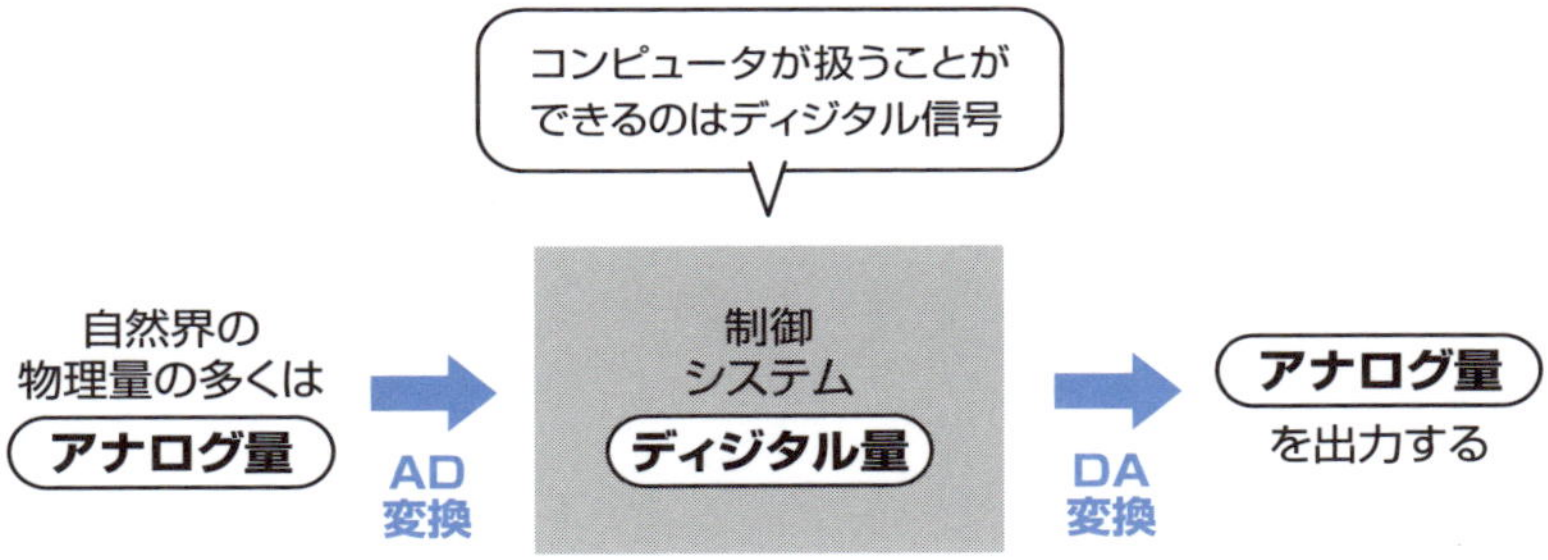

ディジタルの語源

ディジタルの語源は“指”
「とびとびの」という意味があります
1、2、3、4、5…

24 AD変換の方法(1)

標本化と量子化の方法

一般的には、アナログは古くて性能が悪く、ディジタルは新しくて性能が良いというイメージがあるかもしれません。アナログ信号よりもディジタル信号の方が精度も高く、通信による伝達も可能であるため、コンピュータの内部ではディジタル信号が用いられています。

制御系の設計を行う場合には、アナログ信号やその変換であるAD変換やDA変換を扱うことも多くあります。その際、ディジタル信号だけよりもアナログ信号を扱う場面の方が単なるON、OFFではなく、その大きさを連続量で扱う必要があるため、扱いが難しくなることが多くあります。いずれにしろ、制御信号としてアナログとディジタル扱う場合には、アナログ信号が古くて、ディジタル信号は新しいと見なすのではなく、適宜使い分けることが大切です。

AD変換は、標本化と量子化という二段階の操作で行われます。

標本化はサンプリングともいい、連続したアナログ信号を時間軸に沿って一定の周期で区切って各点の高さを読み取り、離散的なデータとして収集します。ここでは縦向きに線を引く作業が行われます。なお、標本化によって得られた値を「標本値」といいます。

量子化は、サンプリングしたアナログ信号の測定値を何段階かの数値に分けて整数化することです。この作業では横向きに線を引く作業が行われます。量子化では連続したアナログ信号を離散的なディジタル信号にするため、離散化する段階の大きさに応じて誤差を生じます。すなわち、量子化の値が大きいほど、元の信号に忠実なデータが得られますがその分だけデータ数は増大することになります。例えば、量子化ビットが8ビットの場合には、アナログ信号を2の8乗である0～255までの256段階の数値でデータを表します。

要点BOX
- ●コンピュータの中はディジタル信号
- ●アナログとディジタルを使い分ける
- ●標本化と量子化

標本化

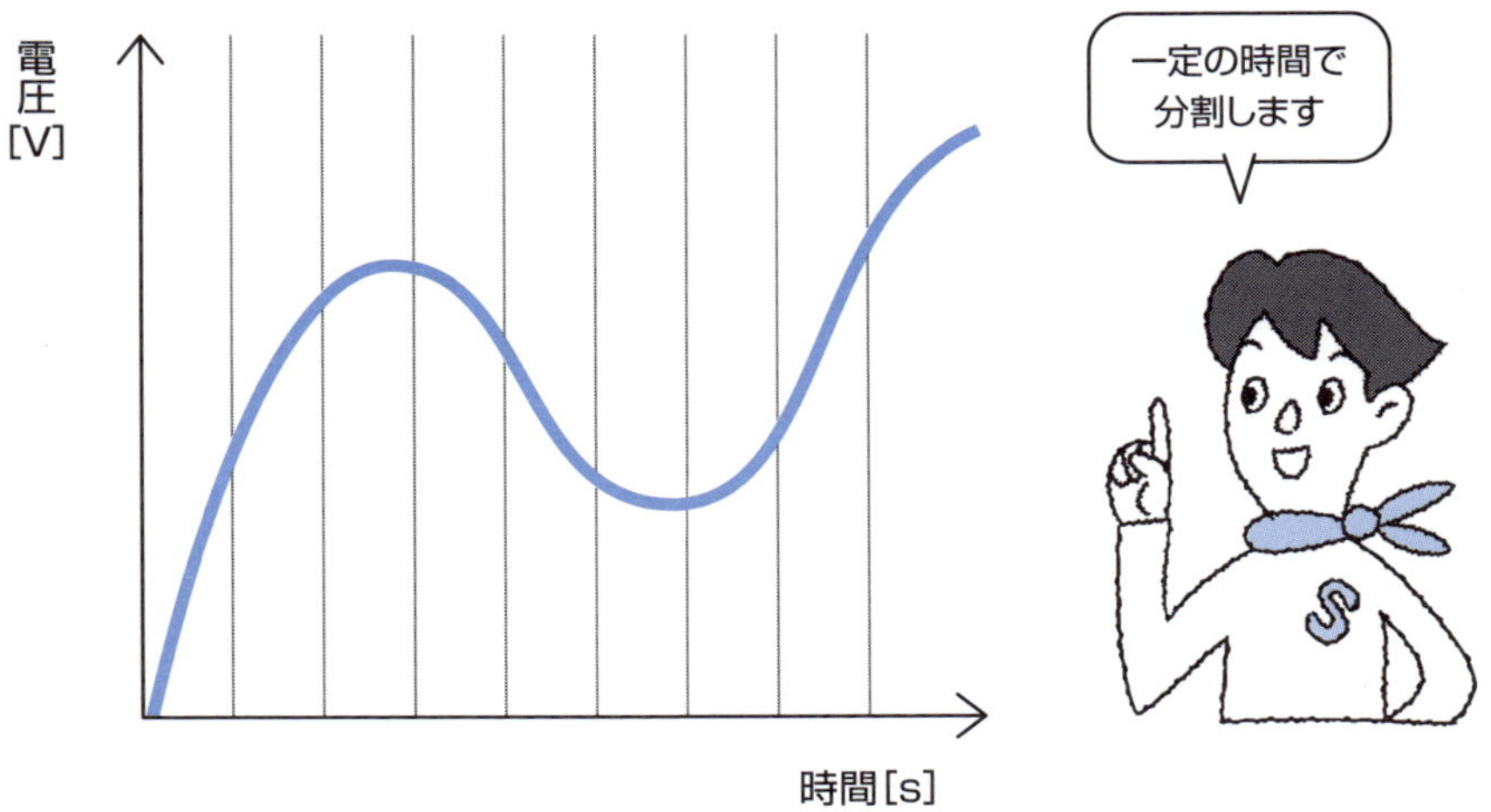

量子化

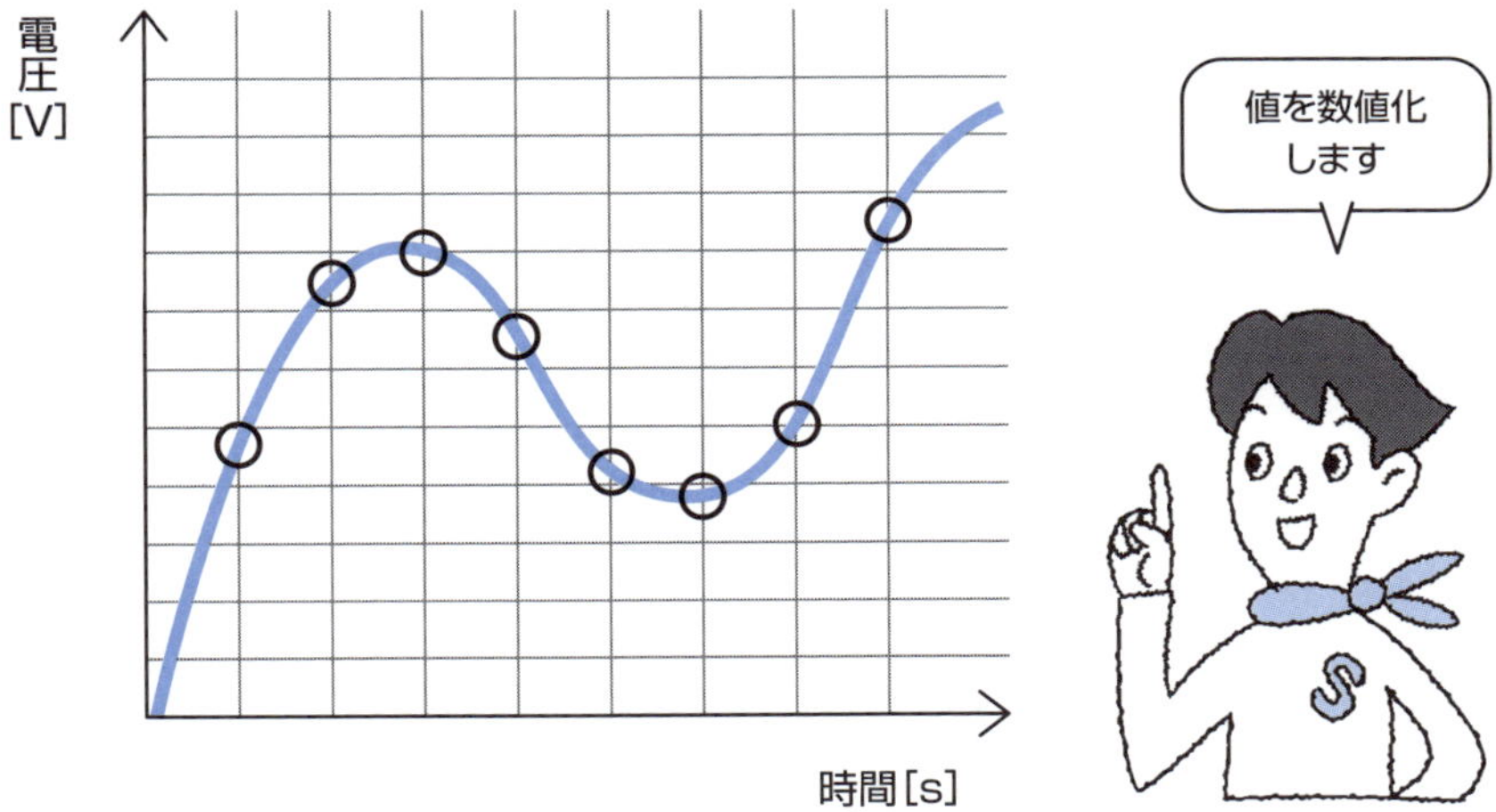

8ビットで量子化を行うとは、アナログ信号を
2^8=256段階の数値で、データを表します

25 AD変換の方法(2)

分解能と変換速度の考え方

アナログ信号をディジタル信号に変換するときの細かさの程度を「分解能」といいます。これはディジタル信号を表した曲線のギザギザがどのくらい細かいかということです。

あるアナログ量を0～5Vに変換できるセンサを用いるとき、分解能が8ビットならば、2の8乗よりこの範囲の電圧を256分割できるため、最小分割できる電圧は5÷256=約0.02Vです。また、16ビットならば、2の16乗よりこの範囲の電圧を65536分割できるため、5÷65536=約0.000076Vとなり、より細かく分割することが可能になります。

なお、ここで用いた0～5Vというレンジは、センサだけでなく、アナログ信号をやりとりする機器においても設定が必要です。例えば、センサのレンジが0～5Vのとき、アナログ入出力ボードのレンジが0～10Vだと精密な測定ができなくなります。双方のレンジは同じか、できるだけ近づけるようにして用いるようにします。

分解能が大きいほうが当然細かく分割できることになりますが、単に分解能が高いレンジを選べばよいというものではありません。

同じ分解能のディジタル信号でも、どの程度の時間間隔でデータを収集するのかによって、データの意味合いが変化します。

例えば、ゆっくりとした温度変化を測定したいのであれば、1分間に1個のデータを取得すればよいでしょうが、時々刻々と変化する角度を測定したいのであれば、1秒間に100個のデータがほしいこともあります。すなわち、変換速度とはデジタル信号をどの程度の時間間隔でアナログ出力できるかを表したものです。これを「サンプリングタイム」ともいい、1個のデータを取得する間隔で表します。例えばサンプリングタイムが100msとは、0・1秒ごとにデータを取得するということです。

要点BOX

- ●細かさの程度が分解能
- ●データを取得する変換速度
- ●サンプリングタイムがデータ取得の間隔

分解能

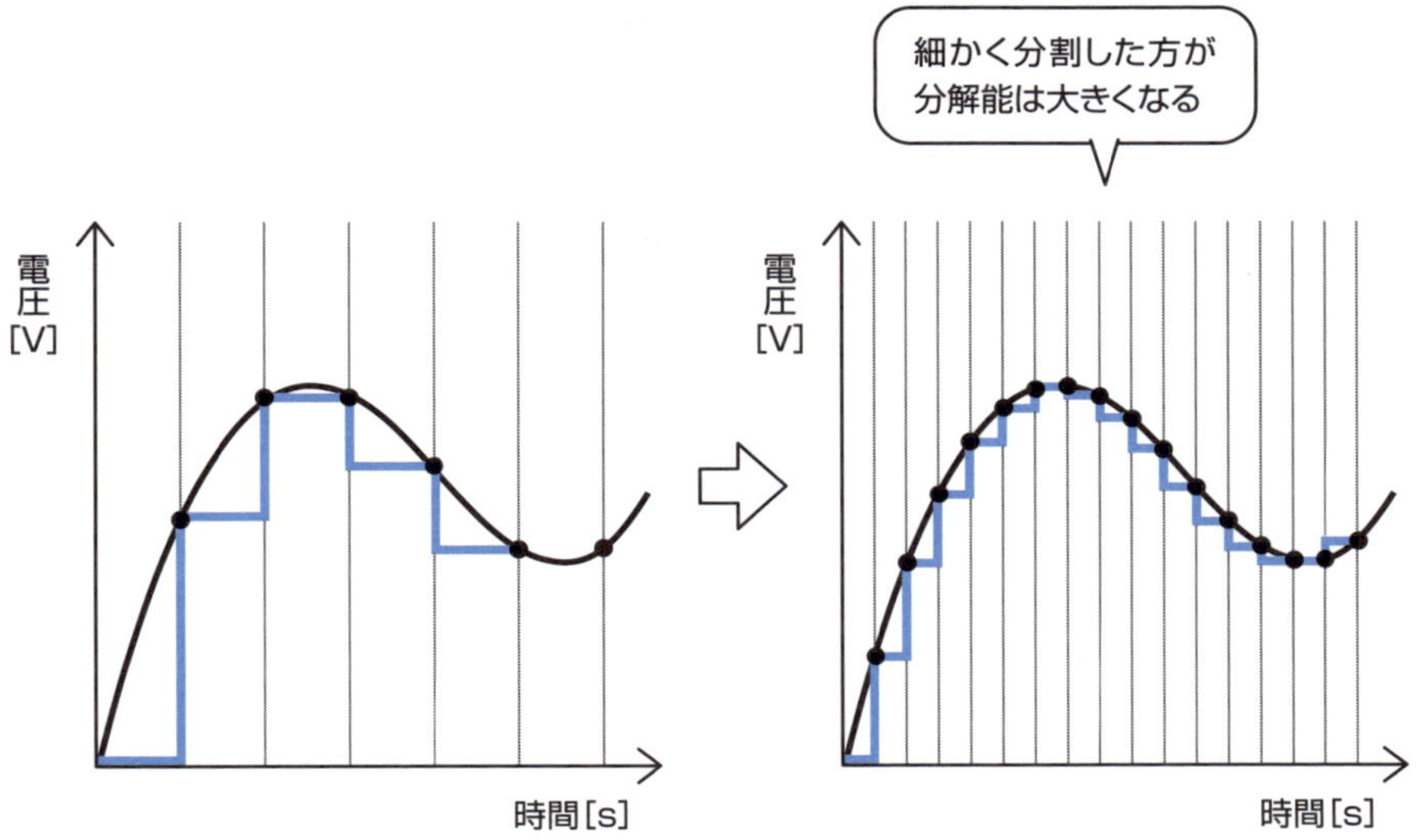

細かく分割した方が
分解能は大きくなる
電圧
[V]
時間[s]
電圧
[V]
時間[s]

変換速度

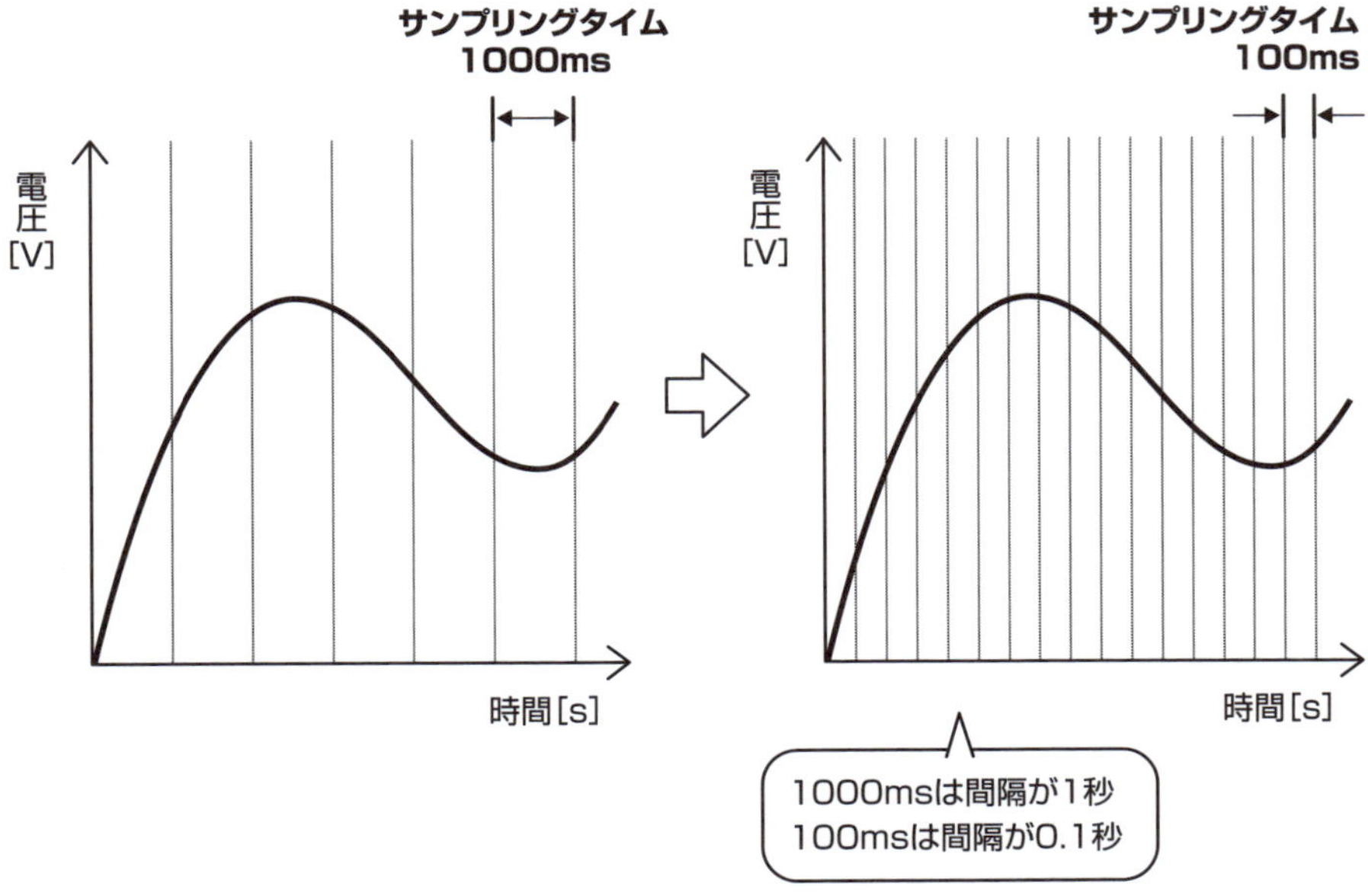

サンプリングタイム
1000ms
サンプリングタイム
100ms
電圧
[V]
時間[s]
電圧
[V]
時間[s]
1000msは間隔が1秒
100msは間隔が0.1秒

●第3章　制御の入出力装置

26 入出力装置のはたらき

アナログ信号とディジタル信号の理解ができたところで、実際にそれらの信号をやりとりするための入出力装置を紹介します。ここで、制御システムに信号を送るものが入力装置、制御システムから信号を取り出すものが出力装置です。

入力装置としてまず最初にあげられるのはスイッチであり、これは電気回路に流れる電流のＯＮとＯＦＦを切り替えたり、電流の流れを変化させる電気部品のことです。基本的にはＯＮとＯＦＦのディジタル信号を扱い、その形状には押しボタン式やレバー式など、さまざまな種類があります。

スイッチと並んで用いられることの多い入力装置がセンサであり、これは自然界や人工物がもつ物理量や化学量を電気量に変換する電気部品のことです。

物理量を扱うセンサには、力センサや圧力センサ、光センサ、温度センサ、湿度センサ、磁気センサ、音センサなどがあります。また、位置や角度を扱うものとして、位置センサ、変位センサ、回転数センサ、距離センサ、速度センサ、加速度センサなどがあります。また、化学量を扱うセンサとして、イオンやガスの濃度を測定するセンサがあります。最近では、画像処理を行うイメージセンサなども多く用いられています。

出力装置として最初にあげられるのはLEDをはじめとする各種のランプです。これは単色のものだけでなく、色の三原色であるRGB（赤緑青）を組み合わせることにより、各種の画像出力も可能になります。

また、機械やロボットなどの動的な出力装置としてあげられるものとして、各種のアクチュエータがあり、電気を用いて機械的な運動を生み出す電動アクチュエータ、空気圧で運動を生み出す空気圧アクチュエータ、油圧で運動を生み出す油圧アクチュエータなどがあります。

要点BOX
- ●信号を送るのが入力装置
- ●信号取り出すのが出力装置
- ●入力装置の代表選手がスイッチ

制御システムへの入力と出力

制御系の入出力装置

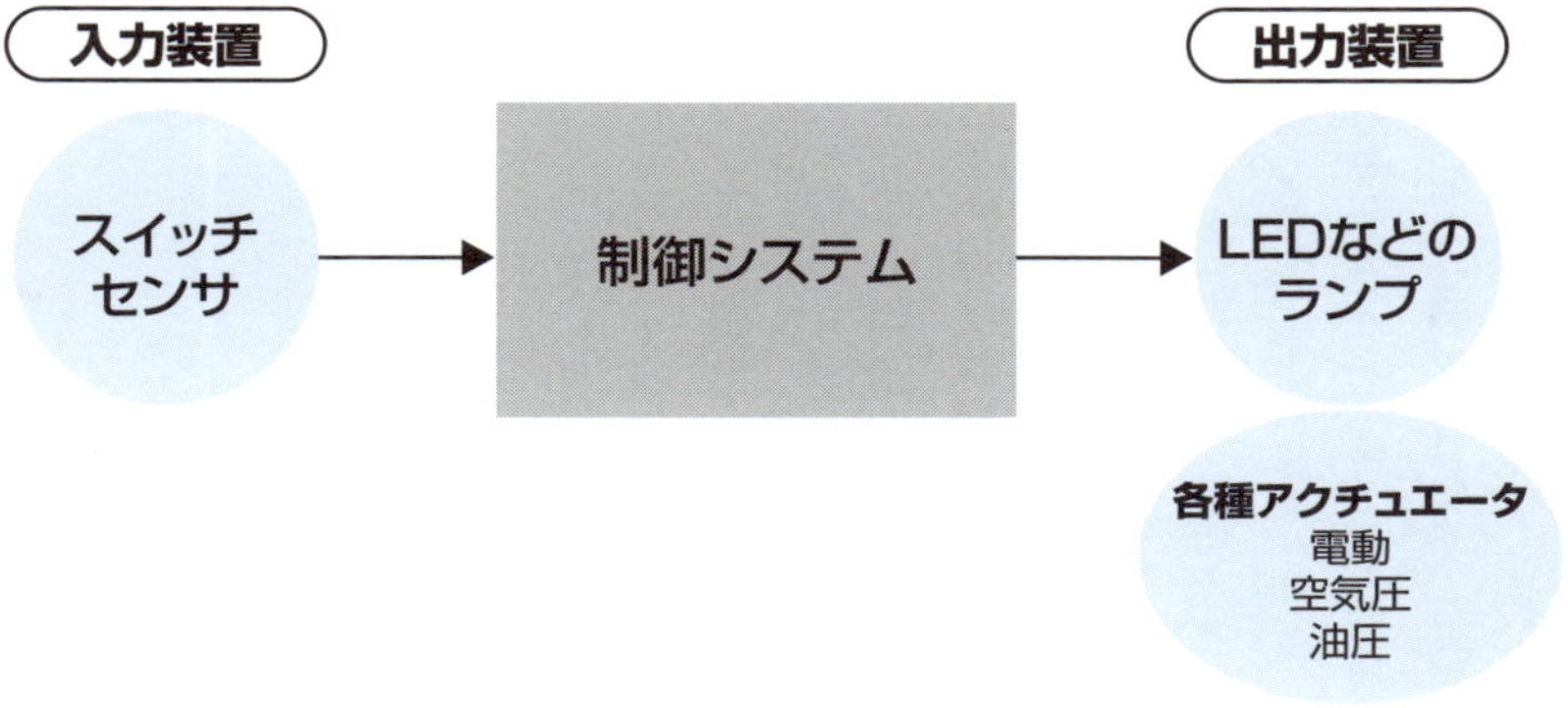

センサの種類

力センサ
圧力センサ
光センサ
温度センサ
音センサ
位置センサ
変位センサ
加速度センサ
・・・・

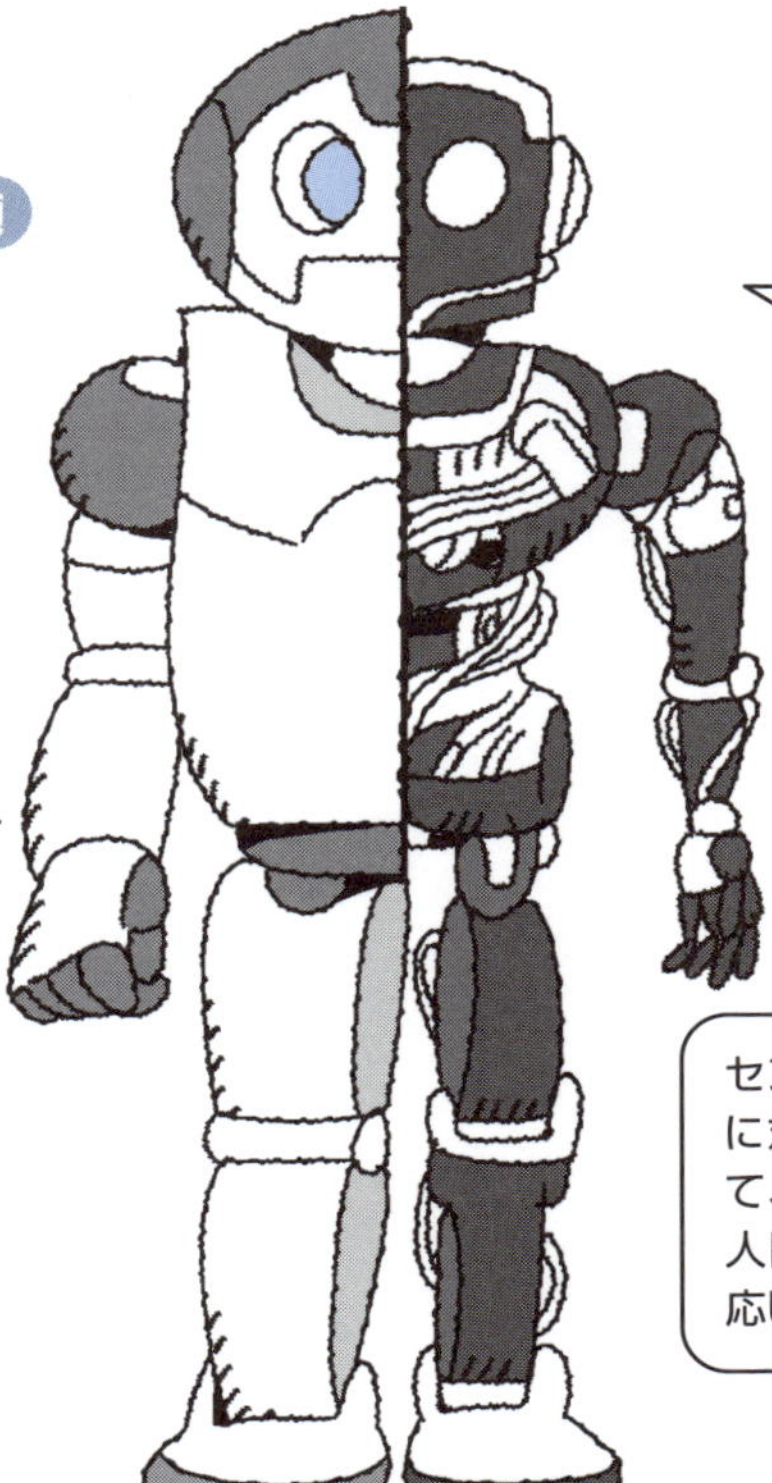

私の体の中はたくさんのセンサとアクチュエータが組み込まれています

アクチュエータ

各種の電気モータ
空気圧シリンダ
油圧シリンダ
・・・・

センサが人間の五感に対応するのに対して、アクチュエータは人間の手足などに対応します

27 スイッチの種類

共通事項となるa接点とb接点

スイッチは回路のオン（ON）とオフ（OFF）を切り替える電気部品です。スイッチにはさまざまな種類がありますが、大きな分類として、オンしたときに作動し、オフしたときには作動しないa接点、オフのときに作動しており、オンすると作動しなくなるb接点とがあります。通常のスイッチはa接点ですが、b接点を非常停止ボタンとして活用し、事故や故障のときに作動させると回路を切ることができるため、各種機械の安全装置などに用いられます。

a接点は常時（Normal）開いている（Open）ため、常開接点という意味でNO接点、b接点は常時（Normal）閉じている（Closed）ため、常閉接点という意味でNC接点と呼ばれることもあります。

スイッチを選定するときには、その形状の違いなども考慮にいれておく必要があります。丸や四角のボタンを押すことで作動するものが押しボタンスイッチであり、これはさらに押している間だけスイッチがはたらく自動復帰形や、一度押せばスイッチがはたらき続ける残留動作形などに分類できます。棒状のつまみを傾けることでスイッチの開閉を行うものが「トグルスイッチ」であり、単なるオン・オフだけでなく、オン・オン、オン・オフ・オンのように動作の切替えができるものなどもあります。例えば、オン・オンのスイッチは、つまみを右左に動かしたときに、それぞれ別々の配線に電流が流れます。また、オン・オンのスイッチが必ずどちらかの配線に接続されるのに対して、オン・オフ・オンのスイッチは中間位置にどちらの配線にも接続しないオフの位置があります。また、オン・オンが二列に並んでいるスイッチは、互いに配線を交差させることで、モータの正転・逆転を行う回路などに用いられます。

この他に、揺れる椅子のロッキングチェアのような動きをする「ロッカースイッチ」、接触子が動くことで位置検出を行う「リミットスイッチ」などもあります。

要点BOX
- ●いろいろな形状のスイッチ
- ●回路のONとOFFを切り替える
- ●安全装置や位置検出など広い用途

a接点とb接点

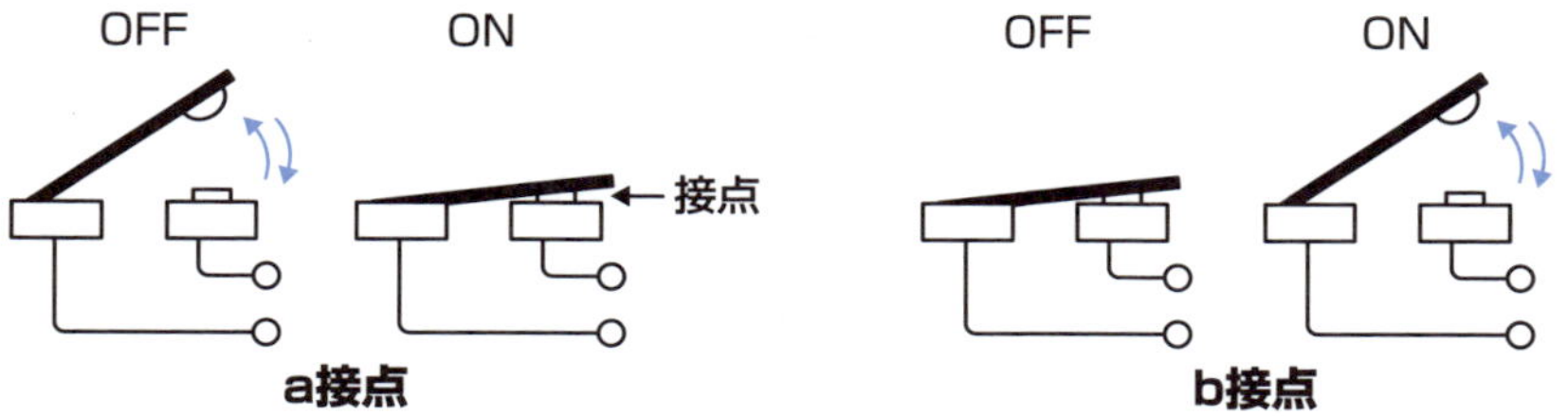

押しボタンスイッチ

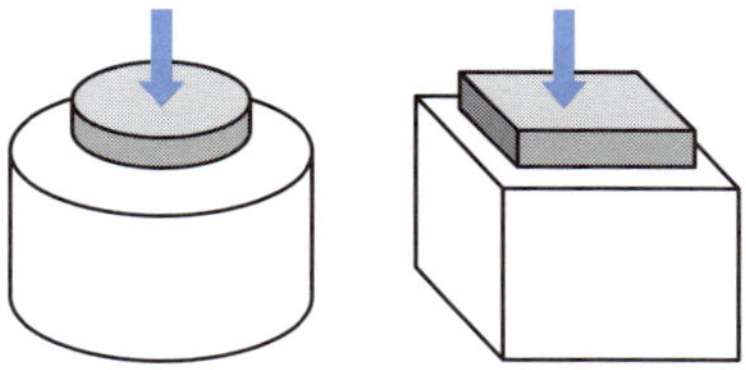

トグルスイッチ

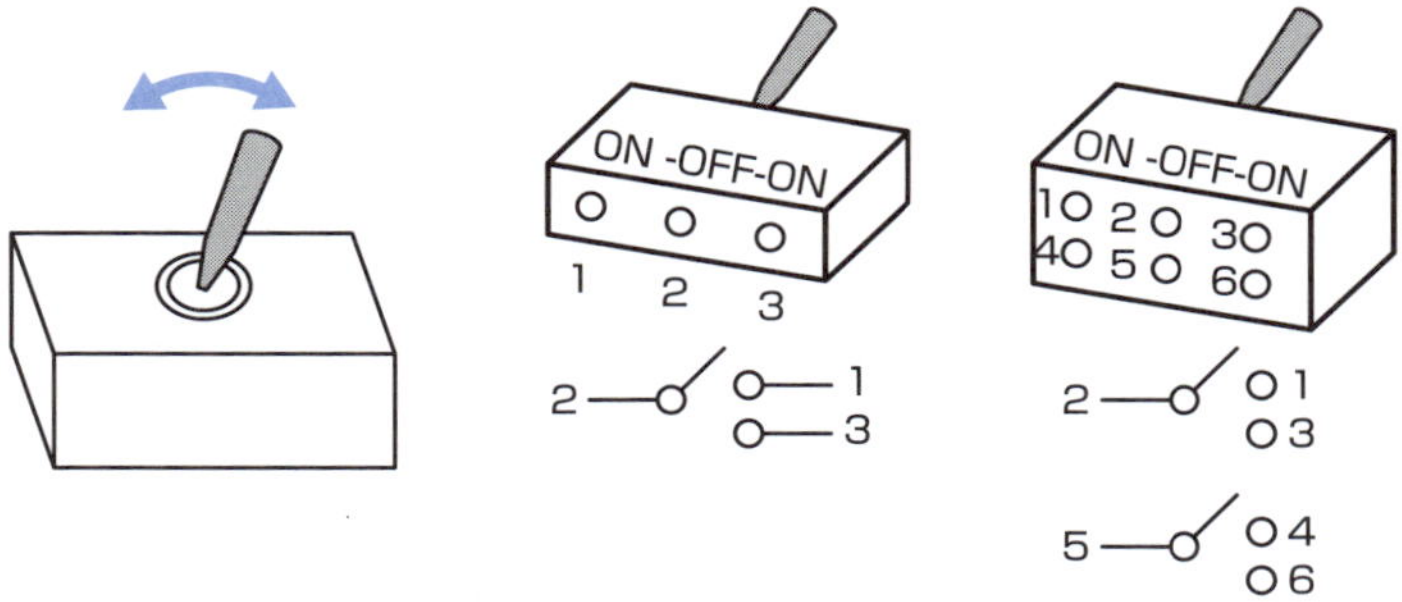

ロッカースイッチ

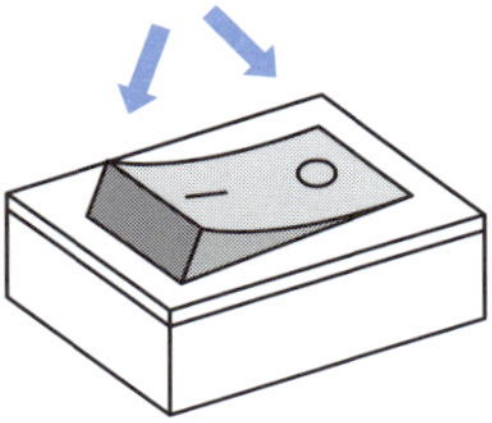

リミットスイッチ

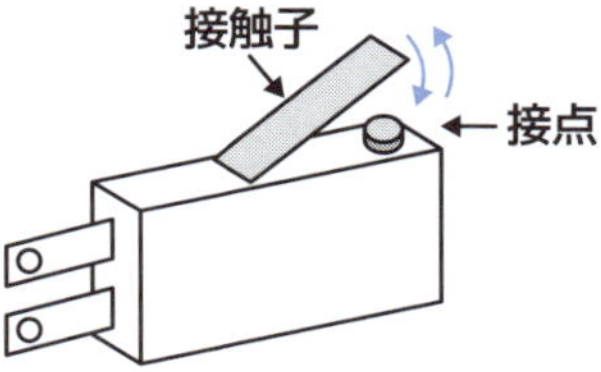

28 光、磁気、音を検出するセンサ

人間の目や耳の代わりをするセンサ

センサは自然界や人工物の物理量や化学量を何らかの科学的原理を用いて主に電気信号に変換する電気部品のことです。ここでは、代表的なセンサを紹介していきます。人間の目や耳などのはたらきをするセンサとして、光や磁気、音などの物理的性質を利用したものがあります。

光電センサは、可視光線や赤外線などの光を投光部から信号光として発射し、検出物体によって反射する光を受光部で検出（反射型）したり、遮光される光量の変化を受光部で検出（透過型・回帰反射型）して出力信号を得るものです。

光電センサより反応速度は落ちますが、安価な電子部品として用いられることが多い光センサとして、硫化カドミウムを使ったCdSセルがあります。これはCdSに光を当てることで、半導体内に光量に比例した自由電子が発生することにより電流の流れに変化が生じ、抵抗値が下がることを利用するものです。

磁気センサは、磁束密度の変化に応じて出力電圧が変化するしくみを利用したセンサであり、検出物体に磁石を配置することで磁界の強さやその変化をとらえて物体の接近や移動、回転角度などを検知するものです。

音センサは、空間を伝播する音響波をとらえて電気信号に変換したものです。音センサのうち、可聴周波数に対応したものを一般にマイクロホンと呼びます。その原理には、音に反応して電気容量が変化するコンデンサマイクや、音に反応して電気抵抗が変化するカーボンマイクなど、いくつかの種類があります。

超音波センサは、送波器により人間の耳には聞こえない高い振動数をもつ超音波を対象物に向けて発信し、その反射波を受波器で受信することにより、対象物の有無や対象物までの距離を検出するものです。超音波の発信・受信には圧電素子などが用いられます。

要点BOX
- ●光や磁気、音を利用
- ●硫化カドミウムを使ったCdSセル
- ●超音波の発信・受信には圧電素子

光電センサ

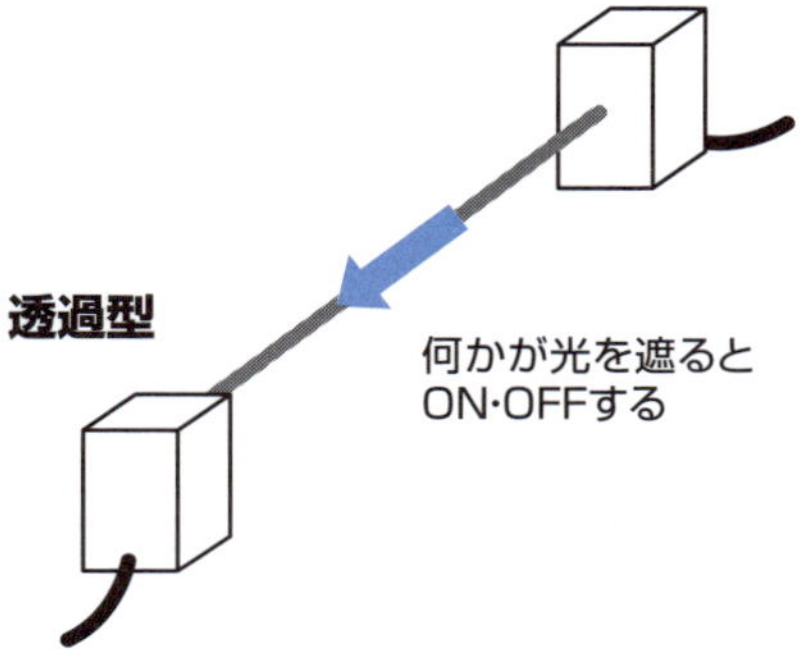
透過型
何かが光を遮ると
ON･OFFする

光センサ

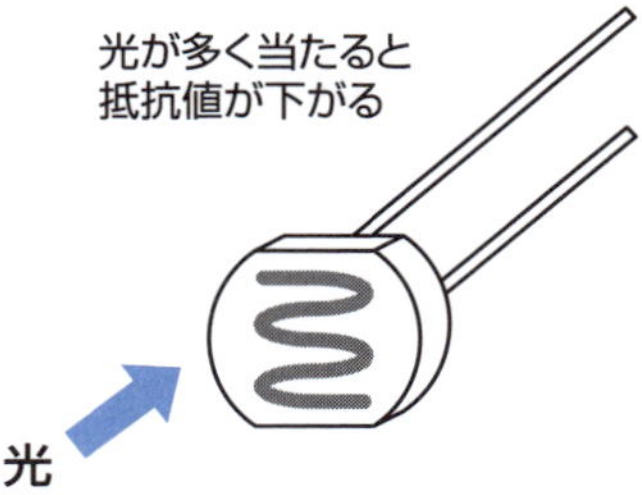
光が多く当たると
抵抗値が下がる
光

磁気センサ

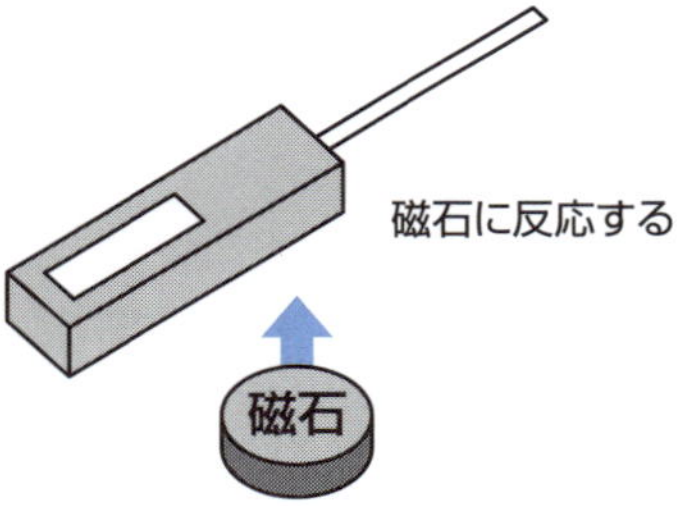
磁石に反応する
磁石

音センサ

音

超音波センサ

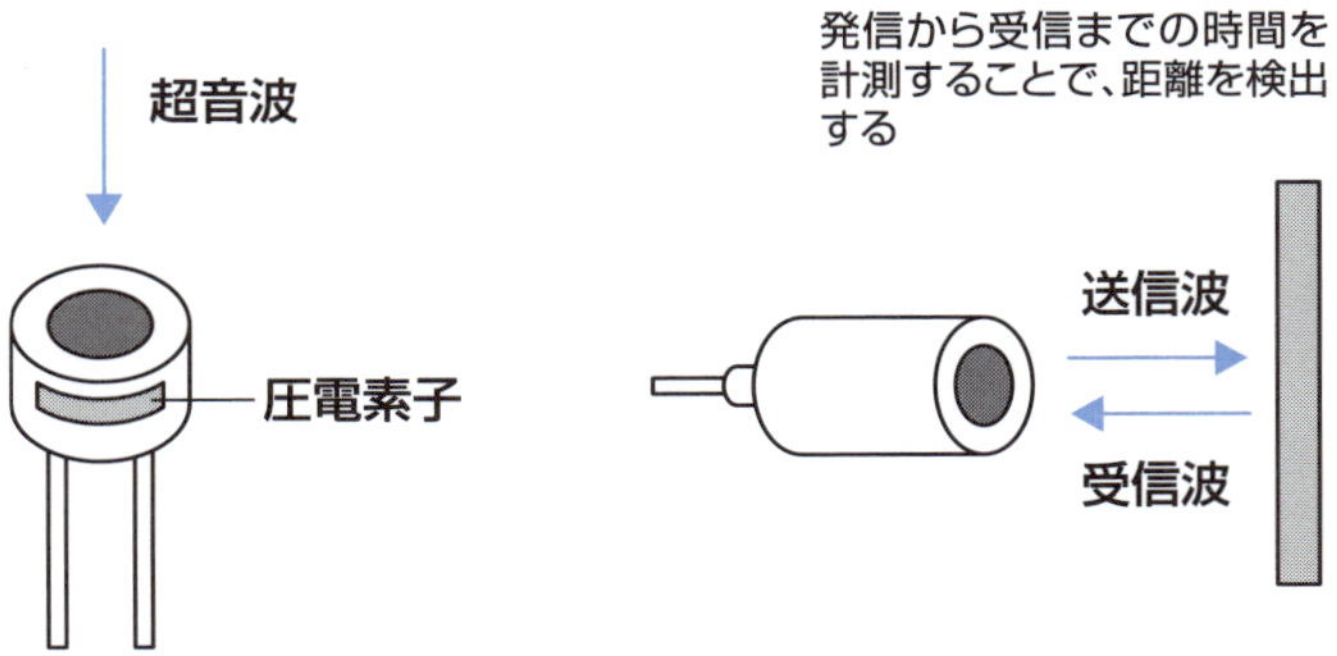
超音波
圧電素子
発信から受信までの時間を
計測することで、距離を検出
する
送信波
受信波

29 圧力、温度、流量を検出するセンサ

プロセス制御で用いられるセンサ

　圧力、温度、流量など主な測定対象とするプロセス制御には、それらを検出するためのさまざまなセンサが用いられており、工業計測において重要な役割を果たしています。

　気体や液体の圧力を測定する圧力センサには、金属製薄膜でできたダイヤフラムの変形をひずみゲージで測定するものや圧力に応じてパイプの曲率が変化するブルドン管で測定するものなどがあります。いずれも、最終的には検出した圧力を電気信号に変換して出力します。なお、圧力には大気圧を基準にして表したゲージ圧と絶対真空を基準にして表した絶対圧があるため、センサの使用にあたってはどちらの圧力を測定するかを理解しておく必要があります。

　温度の計測方法にもいろいろな種類があります。工場などの生産現場幅広く用いられている温度センサには、二種の異なる金属線で閉回路を作り、両端の二つの接点を異なる温度に保つと温度差に対応した電流が流れるゼーベック効果を用いた熱電対や金属の電気抵抗が温度の変化に伴って増減し、この温度と電気抵抗値が一定の関係であることを用いた測温抵抗体（一般的な材質は白金）などがあります。また、非接触式の代表である放射温度計は、赤外線の量によって温度を測定します。

　水や空気、ガス、薬品、蒸気などの流量を測定するための流量センサには、測定流体を羽根車に当てて回転数から流量を求める羽根車式、鉛直方向に設置されたパイプ中の浮きの位置から流量を求める面積式、ファラデーの法則を応用した電磁式などの種類があります。

　容器内にある液体の位置を測定する液位センサも工業的に重要な役割を果たしています。その原理には、浮きを利用したフロート式、液体に接触したときに流れる電流を検知する電極式、超音波パルスの伝搬により液面を検出する超音波式などがあります。

要点BOX
- ●工業計測で重要な役割
- ●気体や液体の圧力を測定する圧力計
- ●工場や生産現場で活躍

圧力センサ

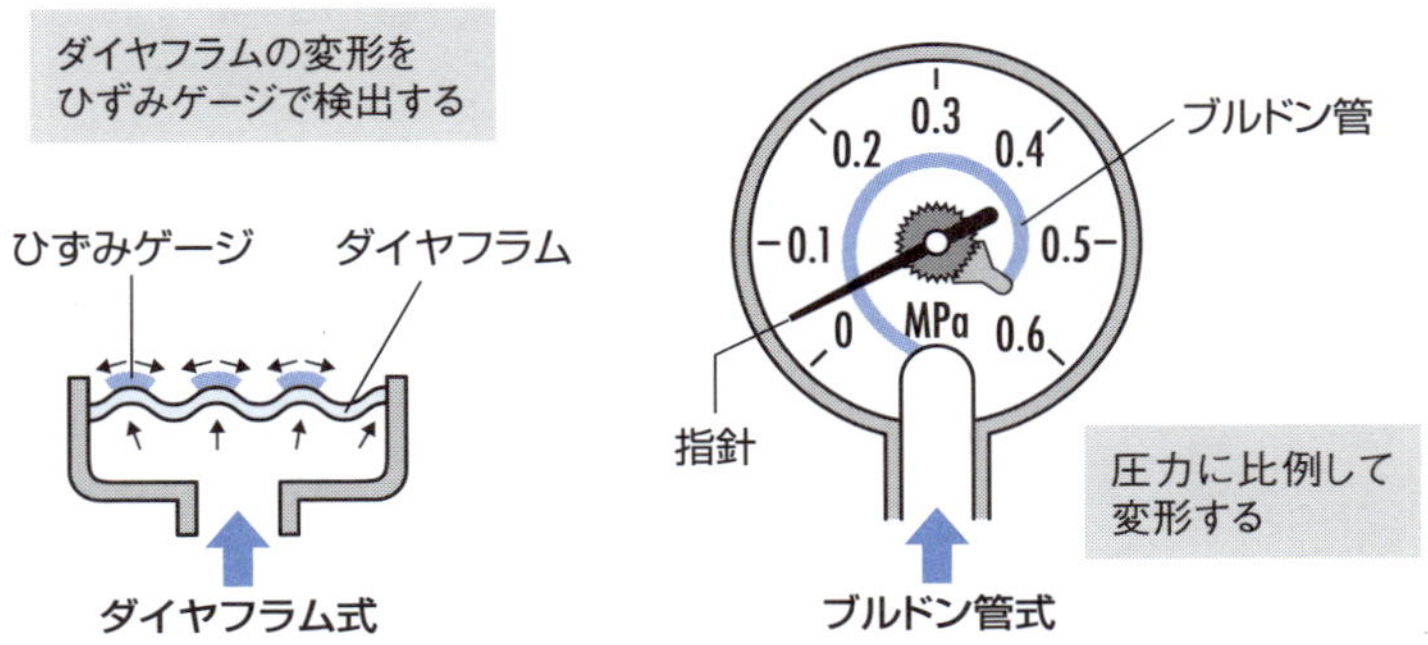

温度センサ

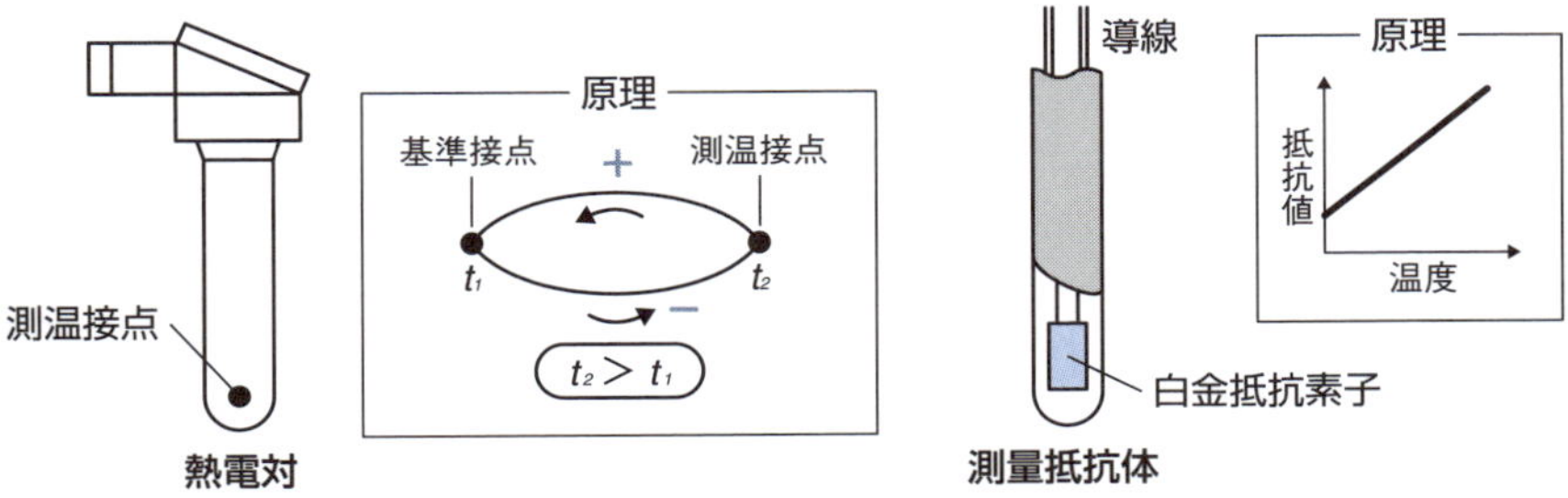

流量センサ

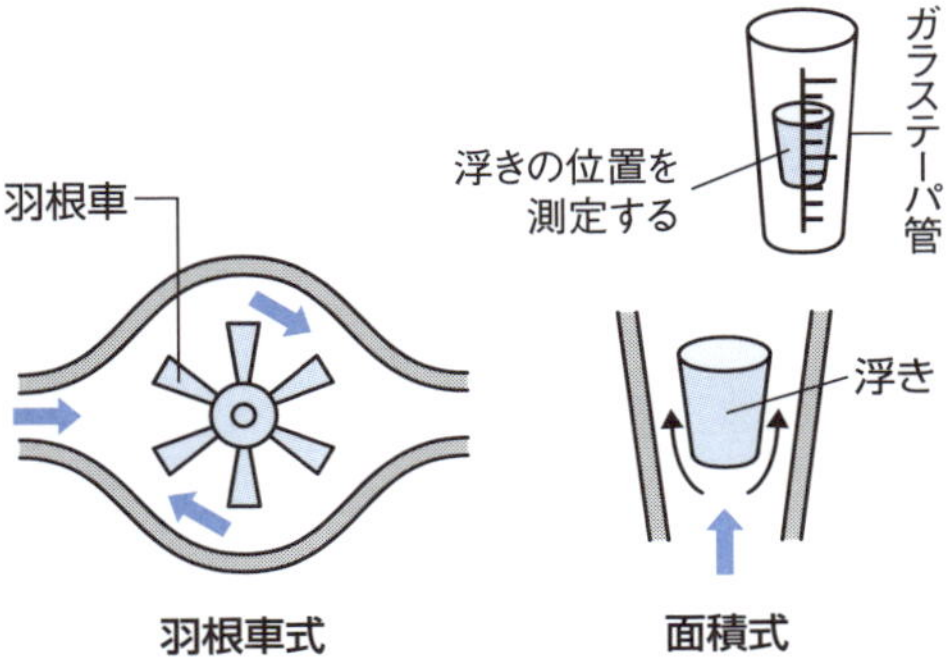

液位センサ

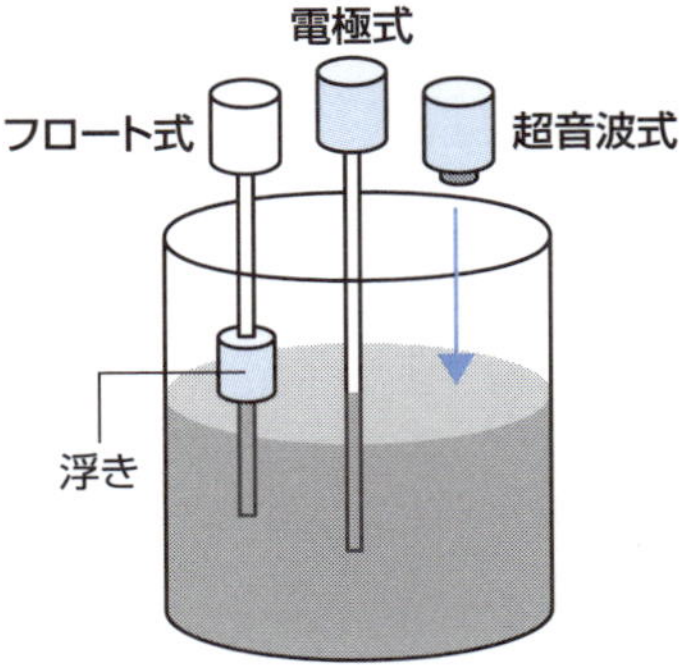

30 力、位置、加速度を検出するセンサ

機械やロボットに使われている

機械やロボットでは、それにはたらく力や位置、角度、速度、加速度などの物理量を測定することが多いため、それらを測定するための各種センサがあります。

代表的な力センサとしてあげられるのは、素子のひずみによる抵抗変化を利用したひずみゲージです。測定したい物体にひずみゲージを貼り、ここに外力が作用したとき、その応力により生じる形状や寸法の変化を電気的に取り出すことができます。ひずみゲージは、単独で用いるとひずみによる抵抗変化がきわめて小さいため、ホイートストンブリッジ回路を組み、抵抗の変化を電圧の変化に変換して測定します。

薄型のひずみゲージを内蔵して、各軸方向の力の3成分、各軸まわりのモーメントの3成分を同時に連続的かつリアルタイムに高精度で検出できる6軸力覚センサは、ヒューマノイドロボットや産業用ロボットなどの力制御用センサとして用いられています。

回転角度や直線上の位置を測定するセンサには、電気抵抗の変化を用いたポテンショメータやパルス信号を測定するエンコーダなどがあります。ロータリーポテンショメータは回転角度を検出するものであり、リニアポテンショメータは直線上の位置を検出するものです。ロータリーエンコーダは回転数または回転位置をデジタルで検出するものであり、リニアエンコーダは直線上の位置を検出するものです。

物体の加速度を検出する加速度センサには、前後左右に上下方向を加えた三次元加速度センサが多く用いられています。近年、量産によって価格が低下したこともあり、ロボットの姿勢制御やエアバッグの衝突検知、また、コンピュータゲームのコントローラなどに広く用いられています。

物体の角度や回転速度を計算するジャイロセンサは、圧電素子に加えられた力を電圧に変換するものなどがあり、カメラの手ぶれ補正やカーナビの位置検出などに用いられています。

要点BOX
- ●抵抗変化を利用するひずみゲージ
- ●産業ロボットなどに使われる
- ●角度や回転速度を検出するジャイロセンサ

力センサ

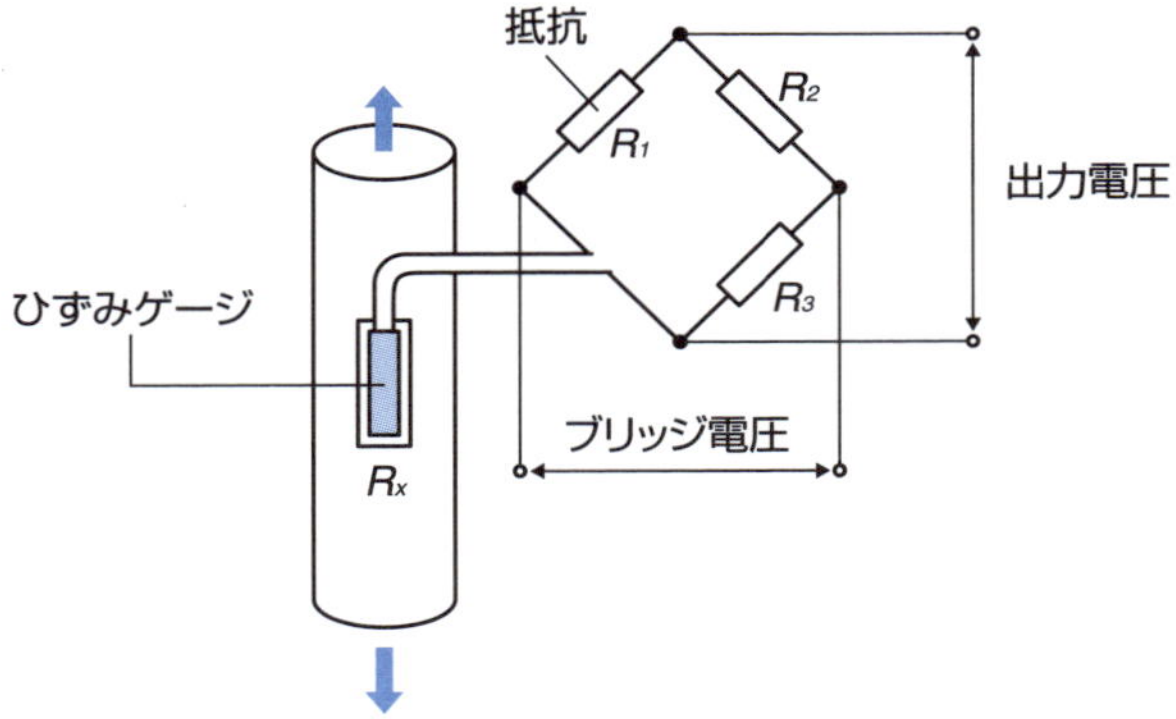

Rx：未知の抵抗

$$\frac{R_x}{R_1} = \frac{R_3}{R_2}$$

$$\therefore \quad R_x = \frac{R_1 R_3}{R_2}$$

位置・角度センサ

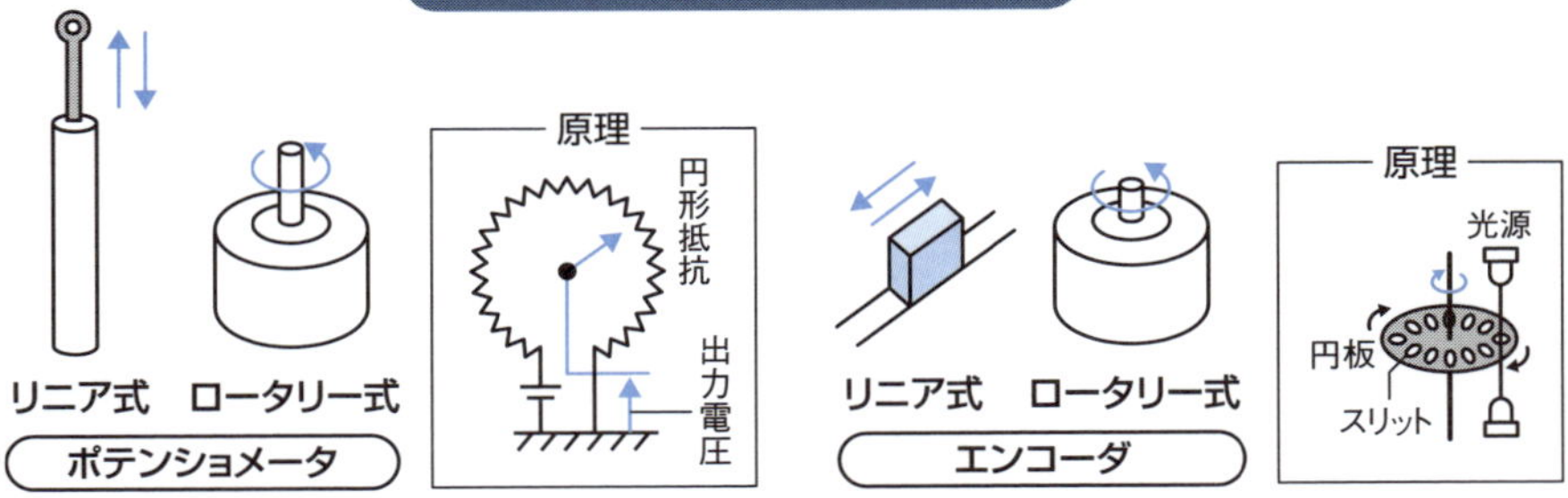

加速度センサ

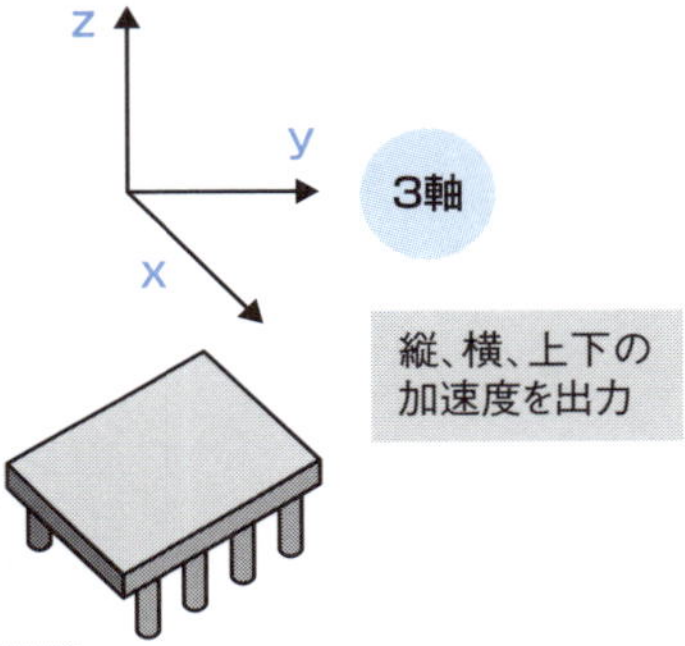

ジャイロセンサ

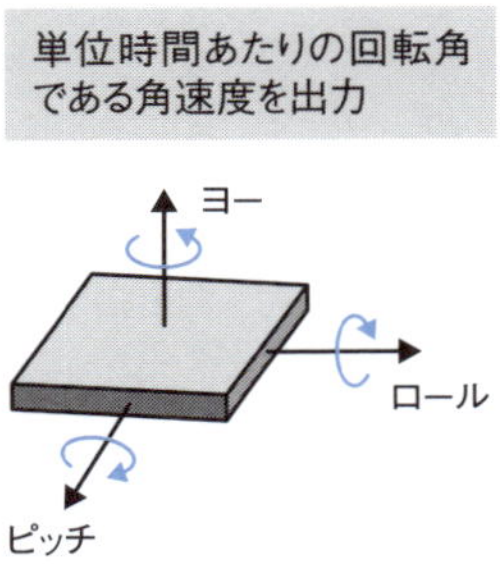

用語解説

ホイーストンブリッジ回路：4つの抵抗をブリッジ状に配置して、未知の抵抗値を測定する回路

31 物理量の電気信号への変換

センサの取込み値を電圧に

各種のセンサから取り込んだ物理量を適切な電気信号に変換する方法には、いくつかの共通事項があります。この基本を覚えておき、どのようなセンサでも測定したいレンジ（測定範囲）のものを適切に選ぶことができれば、その電気信号をコンピュータに取り込んで、制御システムに役立てることができます。

例えば、お湯をわかす程度の温度制御システムならば、0℃〜100℃まで測定できれば十分であるため、使用する温度センサのレンジは、その程度の範囲で作動するものを選定します。そして、温度センサがその温度を何Vに変換して取り出すことができるのかを把握しておきます。

0℃〜100℃までの測定をしたい実験において、0℃〜1000℃まで測定できる温度センサを用いると、そのセンサが読み取ることのできる測定値の最小変化である分解能（感度）が落ちるため、好ましくありません。

また、0.1℃単位で温度の制御をしたい場合には、分解能が1℃単位の温度センサでは適切な測定ができないため、0.1℃単位、もしくはそれ以上の分解能をもつ温度センサを用いる必要があります。このように、センサを用いた計測を行うときには、測定したいレンジに対応したセンサを用いる必要があります。

次に温度を電圧に換算する方法を説明します。一般にセンサにおける測定量とそれを換算する電気量には、0℃〜100℃を1V〜5Vに変換するというように、一定の比例関係にあります。この例では、0℃ならば1V、100℃ならば5Vが出力されます。その間の温度は1V〜5Vの間の電圧で出力され、この出力電圧X[V]と入力温度Y[℃]との間には、Y=25X－25[℃]という関係が成り立ちます。この換算式を求めておけば、例えば3Vの電圧が出力された場合には、50℃であることがわかります。

要点BOX
- ●物理量を電気信号に変換
- ●温度を電圧に換算
- ●換算式をプログラムに読み込む

各種の物理量を電気信号に

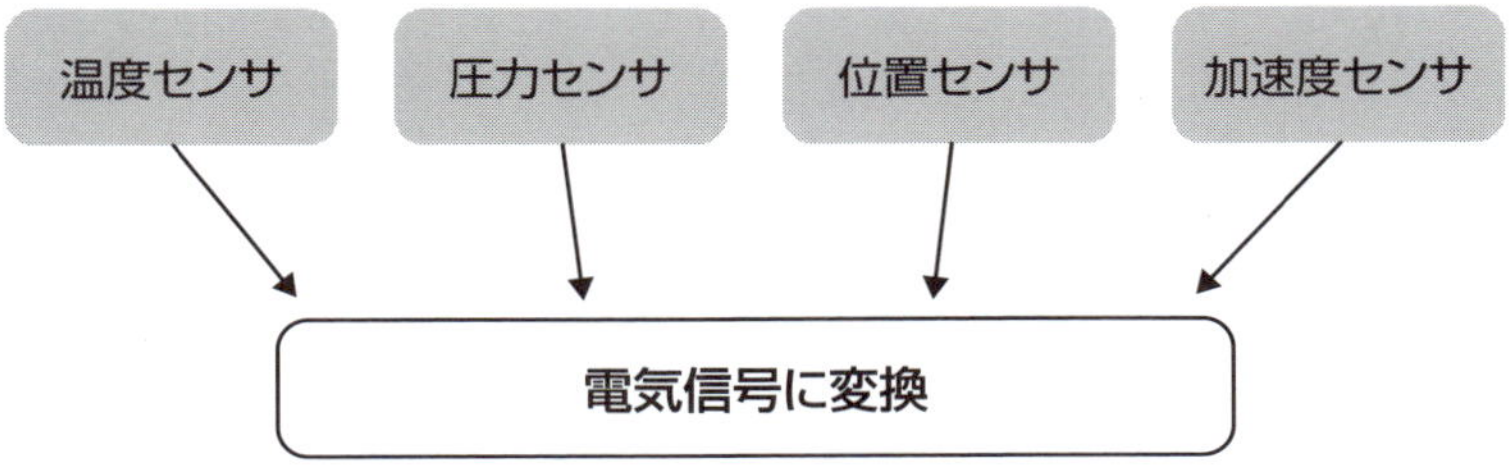

温度センサの換算

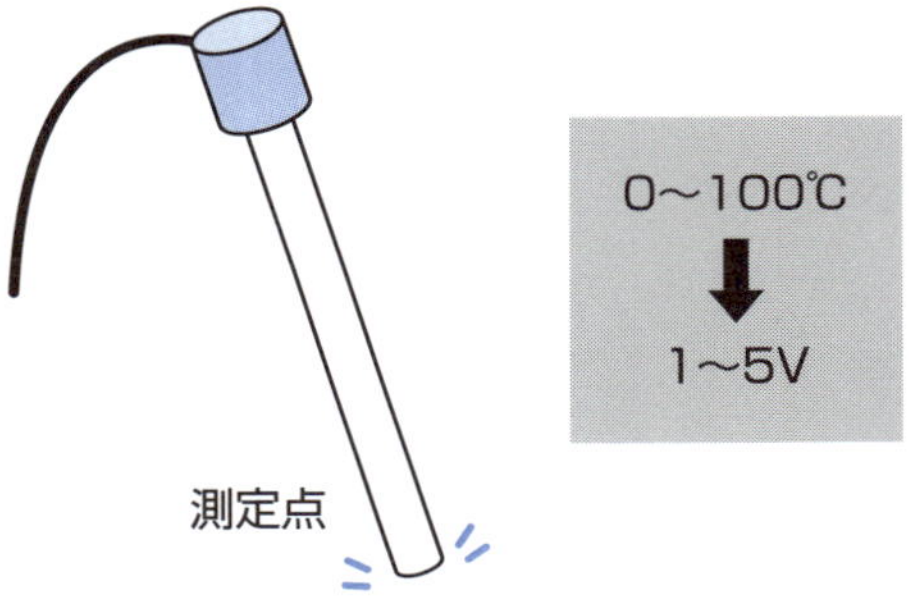

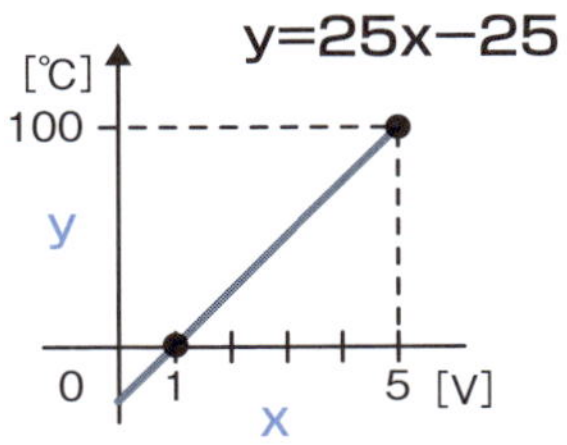

コンピュータを用いた計測･制御では、この換算式をプログラムに埋め込むことで、制御システムを円滑に作動させることができます。

センサの分解能

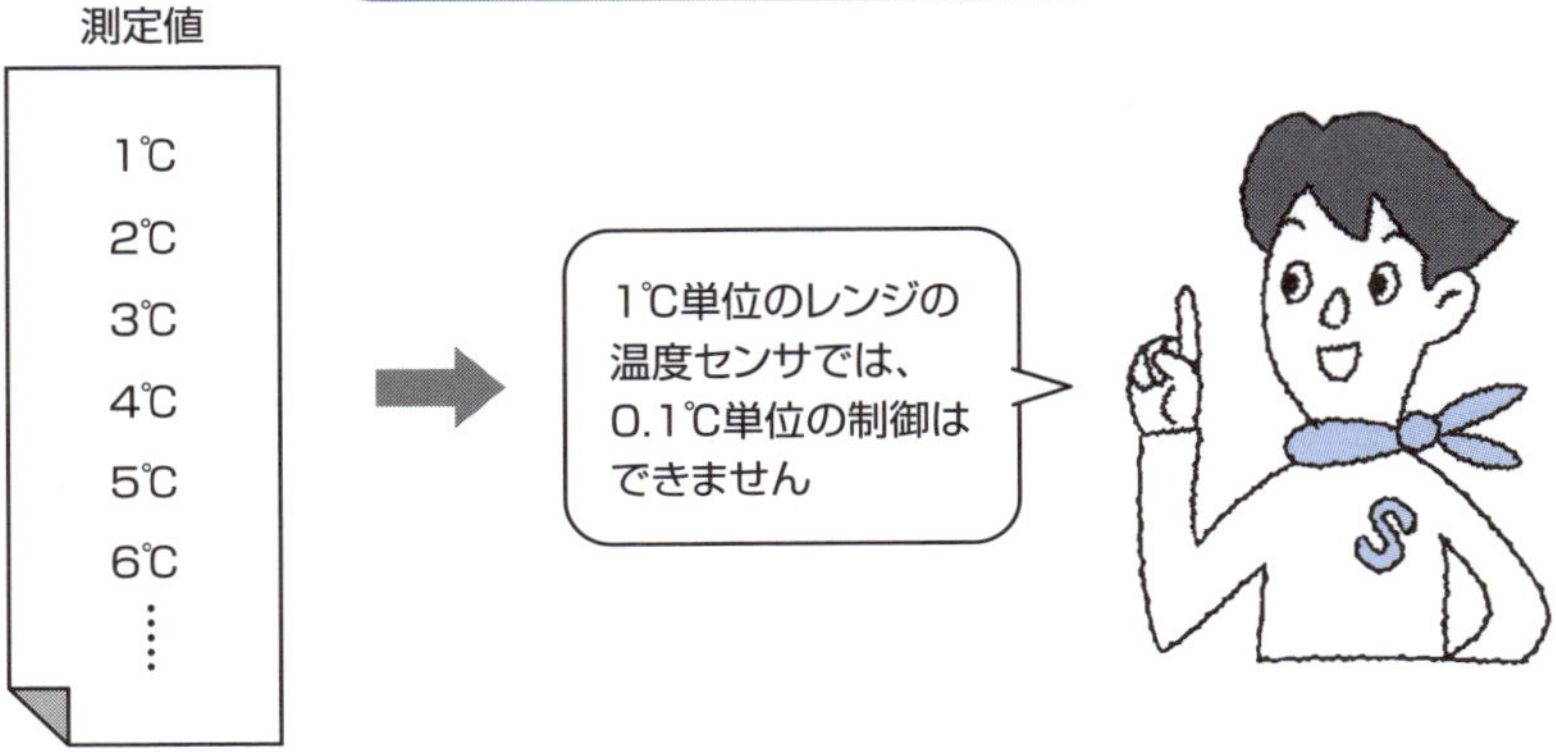

32 ランプの種類（1）

光を発する代表的な出力装置

ランプは光を発する部品の総称のことであり、制御の出力装置には、各種の原理で作動するランプが用いられます。家庭にある一般的な照明器具は、手動でスイッチをオンすることで点灯、オフすることで消灯します。中には明るさを自由に調節できる調光機能をもつランプもあります。調光の方法には、手動でつまみを回転させるものや、光センサや赤外線センサを用いて自動的に行うものなどがあります。

家庭の玄関に赤外線などを用いた人感センサを用いることで、ランプを必要なときだけ自動的に点灯や消灯させることができます。また、夕方になると自動的に点灯する街路灯なども、光センサを入力、ランプを出力とした制御システムです。このようにランプを適切に制御することは、省エネだけでなく、不審者への防犯対策にも役立ちます。

ランプの歴史を振り返ってみると、時代と共にその原理は変化してきたことがわかります。最初のランプは19世紀前半に登場したガス灯であり、日本でも1871年に大阪、1872年に横浜に街路灯として点灯されました。その後、屋内用の照明としても普及が見られましたが、換気の問題などもあり、一般家庭にはあまり普及しませんでした。当時の一般家庭では、ガラスまたは金属製の壺に灯油を入れ、芯に含ませて燃焼させる石油ランプが一般的でした。

その後、19世紀の終わりに白熱電球が登場し、配電システムも普及したため、ガスは調理用や暖房用としての用途にシフトしていきます。白熱電球はガラス球内にあるフィラメントのジュール熱を利用したものであり、約2000℃の高温により白熱化します。初期のフィラメントには炭化された竹が利用されていましたが、その後、金属のタングステンに移行します。しかし、白熱電球はエネルギーの多くが熱として放出され、照明としての効率が悪かったため、近年多くのメーカーが製造中止を発表しています。

要点BOX
- ●光を発する部品の総称
- ●赤外線を用いた人感センサ
- ●最初のランプはガス灯

ランプの制御システム

人が近づくと自動的に
点灯、消灯します

玄関の照明

手動スイッチの
オン・オフで点
灯・消灯します

室内の照明

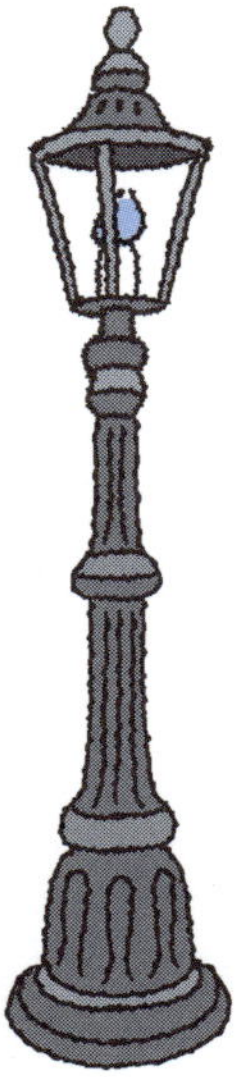

ガス灯

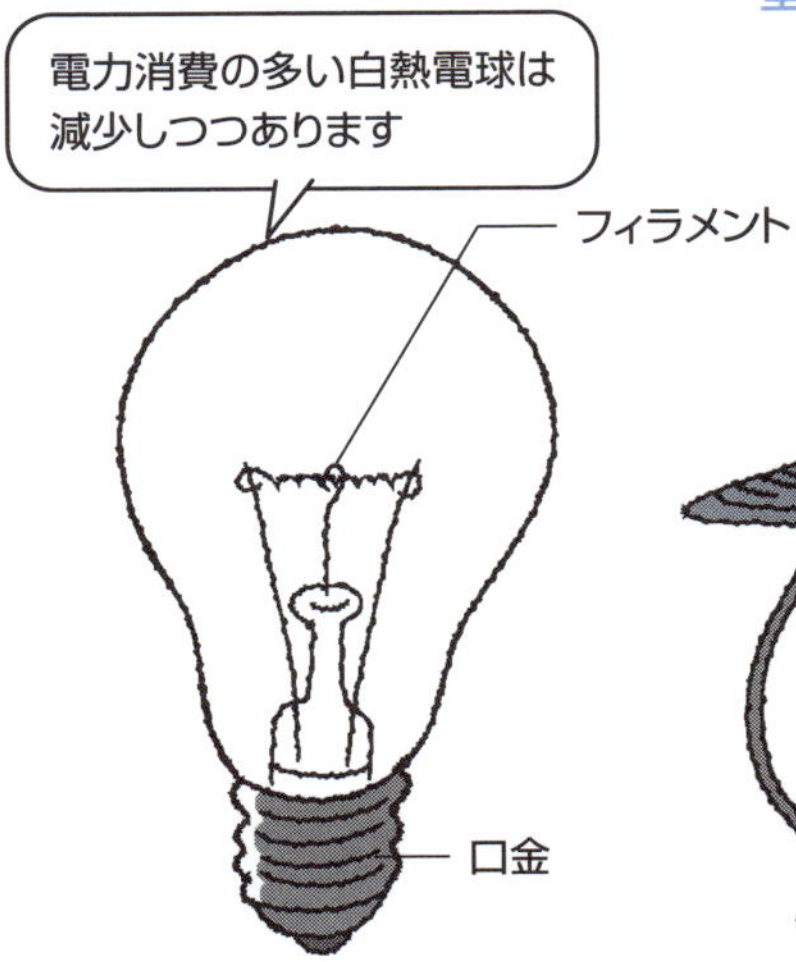
電力消費の多い白熱電球は
減少しつつあります
フィラメント
口金

白熱電球

エネルギーの
多くが光よりも
熱として消費さ
れるのが欠点

石油ランプ

33 ランプの種類(2)

蛍光灯から発光ダイオードへ

白熱電球の次に登場したのが蛍光灯であり、日本では20世紀中頃から製造が開始され普及していきました。蛍光灯の原理は、内部の電極に大きな電流を流したときの放電によって発生する紫外線がガラス管内に塗布されている蛍光体に当たることで、人の目に見える可視光線が発生し、これを照明として用いるものです。蛍光灯は白熱電球より発熱が少なく高寿命(種類によって異なるが約1万時間)であるため、現在でも多くの照明器具に用いられています。

次世代のランプとして注目されているのが発光ダイオードです。これは英語でLight Emitting Diodeと表記されることから、その頭文字を取ってLEDとも呼ばれます。LED自体は以前から家電製品やパソコンなどに赤や黄緑のランプとして用いられていましたが、近年は照明用としても注目されています。その大きな要因として、白熱電球・蛍光灯と比べて消費電力が非常に少ないこと、寿命がとても長いこと、さらに発熱の少ないことなどがあげられます。

光の三原色には、赤、緑、青があり、これらを組み合わせることでフルカラー表示が可能になります。白色もこれらの三色の強弱の組み合わせによって実現できるため、これにより白色照明も可能になります。

LEDの色は赤と黄緑が1980年代までに実用化されていたものの、純緑と青の実用化は遅れていました。しかし、1990年代に日亜化学工業の中村修二により青色LEDの量産技術が発明され、実用化が加速しました。近年、LEDは各種のカラーディスプレイにも用いられるようになりましたが、この背景には青色LEDの発明があったのです。壁面やスタジアムなどに映像を表示する大型ビジョンが登場したのもこの技術が実現されたためです。この発明はエジソンの電球に匹敵するともいわれており、将来的にすべての電球がLEDに置き換えられるという予想もあります。

要点BOX
- ●発熱電球の次は蛍光灯
- ●発光ダイオードは次世代ランプ
- ●エジソンの電球に匹敵する発明

蛍光灯

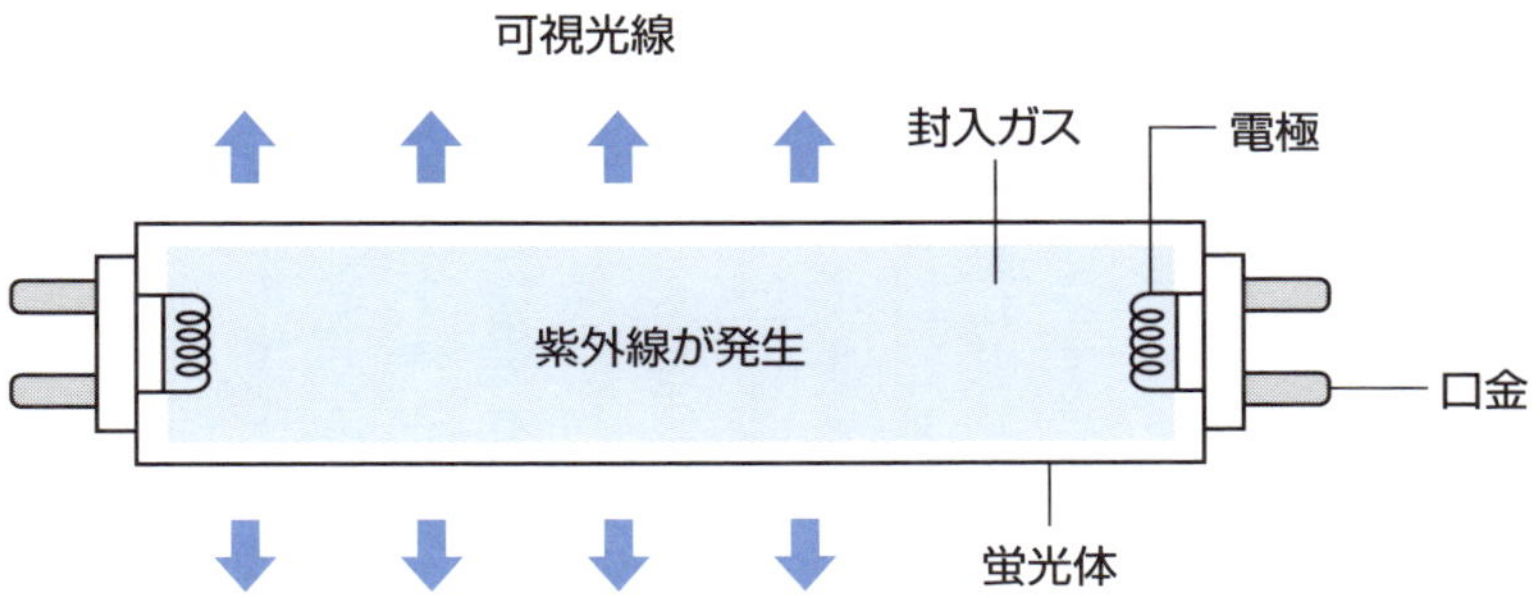

発光ダイオード(LED)の色

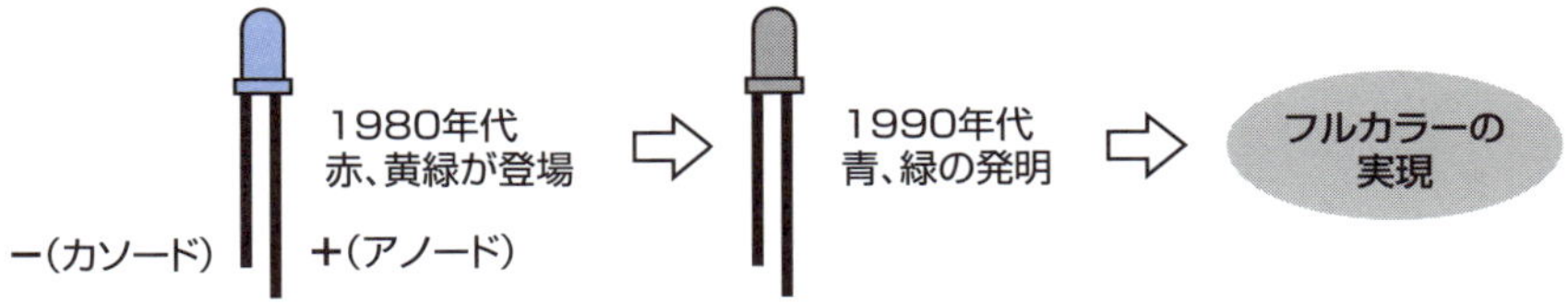

光の三原色(RGB)

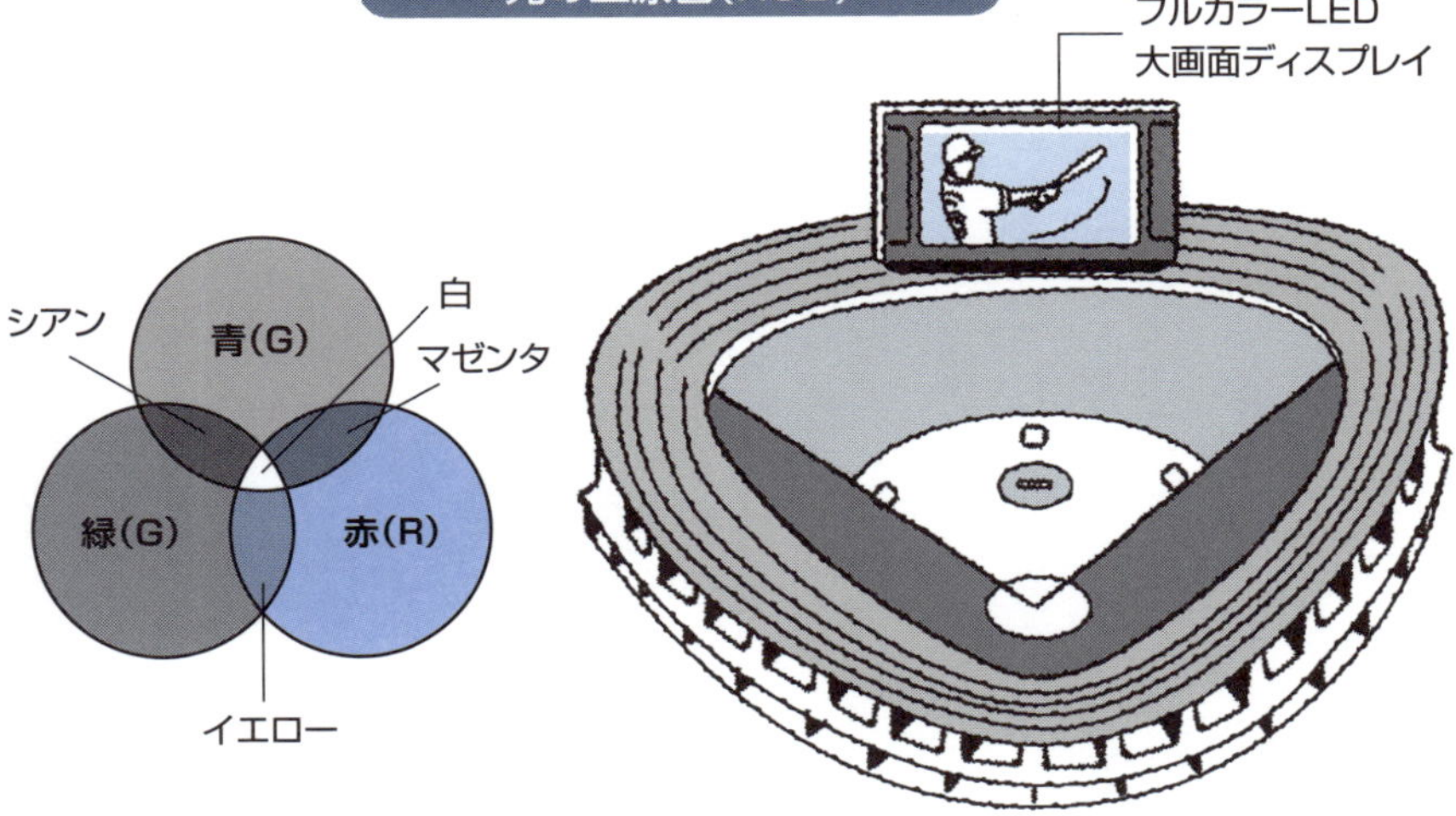

34 発光ダイオードの使い方

デジタルでもアナログでも

ここではLEDの使い方の基礎を説明します。LEDは発光ダイオードという名前のとおり、ダイオードの一種です。ダイオードとは、電流を一定方向にしか流さない整流作用をもつ素子のことであるため、LEDも同様に一方向にしか電流を流しません。そのため、LEDの二本の足には長短があり、プラス側に接続する長い足をアノード（A）、マイナス側に接続する短い足をカソード（K）として区別しています。この接続を順方向といい、この方向にある一定の電圧を加えると電流が流れ出します。

なお、LEDが発光する順方向電圧は、赤が約1・6〜1・8V、緑が約2・5V、青が約3・6Vと色によって異なります。

そのため、LEDを発光させるためには最低限、順方向電圧以上の電圧が必要になります。ただし、一般に電気回路の電源電圧は5Vや12Vなど、区切りのよい値が用いられることが多いため、電流を制限するための抵抗を直列に接続して回路に流れる電圧を調整します。

3色LEDは、赤・緑・青の3色のLEDを一つのパッケージに収めたものであり、それぞれの単色をディジタル信号で発光させることだけでなく、それぞれの色の強弱を組み合わせたアナログ信号により、光の三原色を応用して自然界の全ての色を表現できます。

7セグメントディスプレイは、七つのLEDを組み合わせて、数値を表示するものです。一般的には0から9までの数値を表示しますが、16進数表示用の文字（A〜F）の表示もできます。ここに必要な英数字を表示させるためには、どのLEDを点灯・消灯させるのかということを表したプログラムを作成し、タイマなどを用いて一定の順序に動くようにします。また、7セグメントディスプレイには複数の桁数が表示できるものもあり、これらを用いるとディジタル時計を作成することもできます。

要点BOX
- ●LEDはダイオードの一種
- ●自然界のすべての色を表現できる
- ●7セグメントディスプレイによる数値表示

LEDと順方向電圧

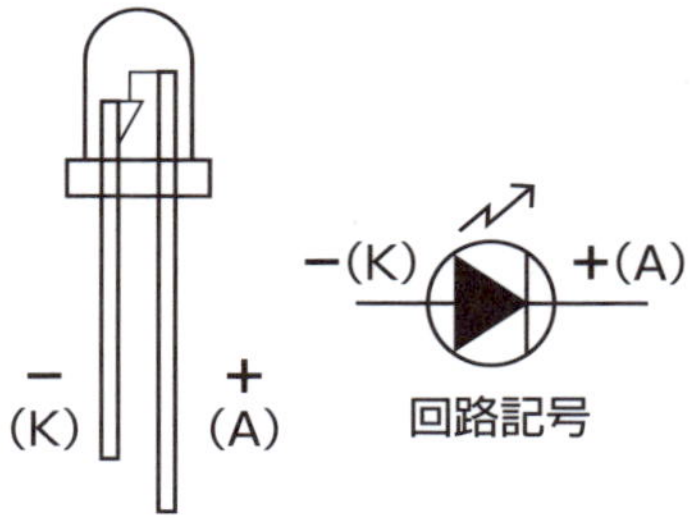

色	順方向電圧
赤	約1.6〜1.8V
緑	約2.5V
青	約3.6V

3色LED

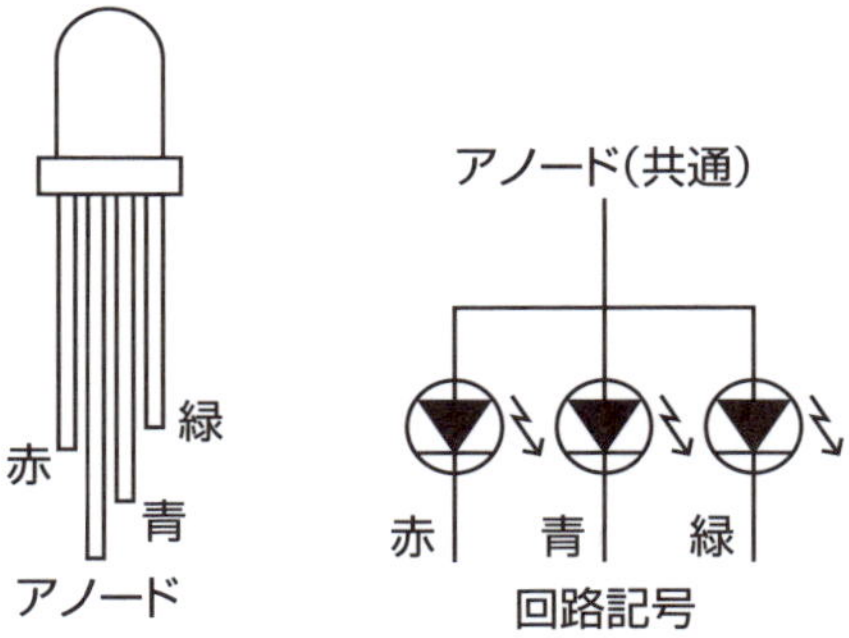

7セグメントディスプレイ

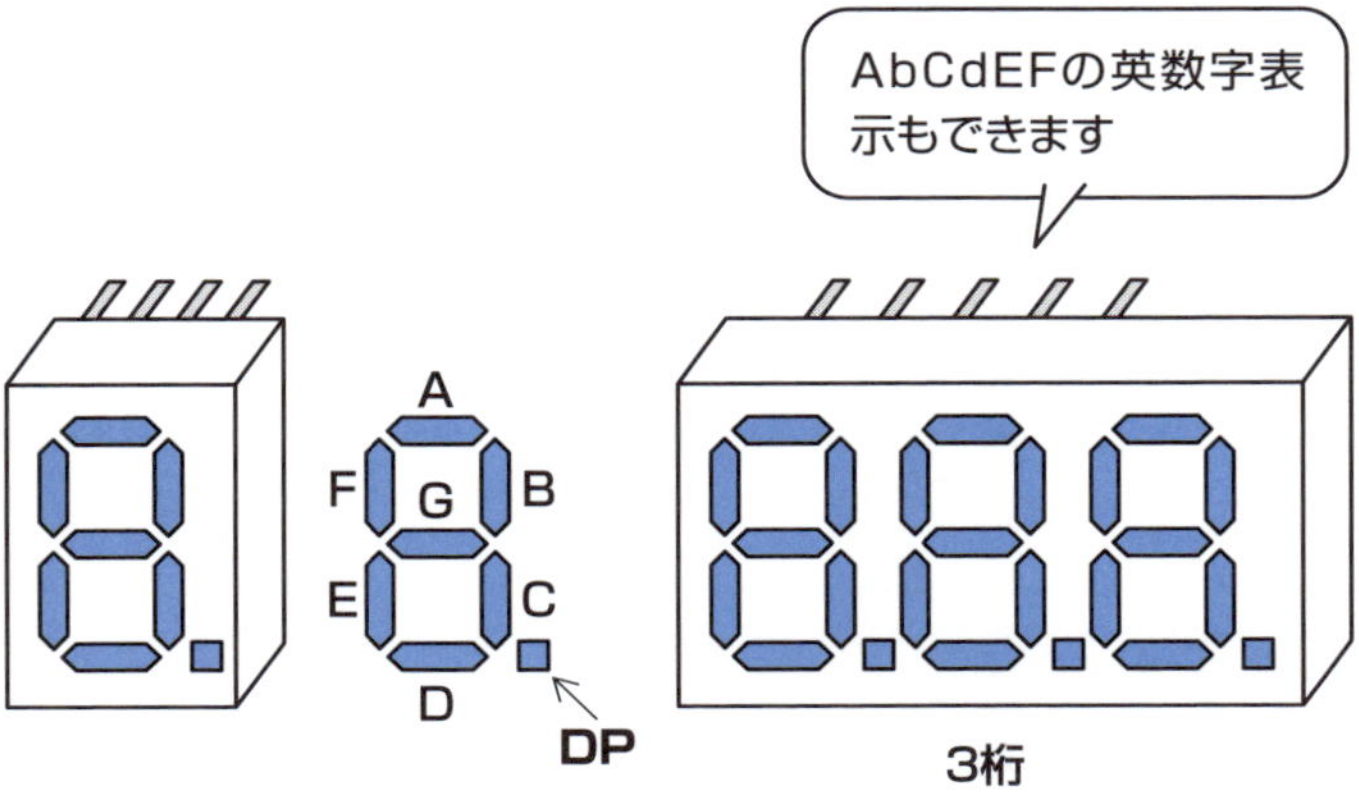

35 直流モータと交流モータ

回転運動を取り出す代表的なアクチュエータ

　制御の出力装置として用いられることが多い機器として、各種の電気モータがあげられます。機械やロボットなどの動く部分には、さまざまな原理や大きさの電気モータが用いられており、このように入力されたエネルギーを物理的な運動へと変換するものを「アクチュエータ」といいます。電気モータは回転運動を取り出すことができる代表的なアクチュエータです。

　電気モータの種類として、まず時間によって電気の流れる方向が変化しない直流(DC)で作動する直流モータと、時間によって電気の流れる方向が変化する交流(AC)で作動する交流モータがあります。

　直流モータは、交流モータと比較して小型で高出力が可能となるため、PC周辺機器やAV機器などの駆動部分などのほか、自動車や産業機械などに幅広く用いられています。また、模型製作や科学実験などに用いられるものも直流モータです。一般的にはDC5V、6V、12V、24Vなどの区切りのよい数値が定格電圧となります。

　交流モータは、家庭で使われている扇風機や洗濯機、冷蔵庫、エレベータや鉄道、電気自動車など、直流モータよりも大きな動力が必要な用途に用いられることが多いです。使用電圧は一般家庭用ではAC100V、工場などの三相交流ではAC200Vが用いられます。なお、一般的なAC100Vの波形において、最大値はAC141Vです。AC100Vは実効値といい、直流の場合と同じ電力を発生する交流電圧の値を表します。

　交流モータは電源電圧を変化させることが難しいため、その回転速度やトルクを変化させることが困難でした。しかし、近年は直流と交流を変換する電源回路であるインバータ技術が高性能になったこともあり、エレベータや鉄道などに用いられている交流モータの制御性も向上しています。

要点BOX
- ●直流で作動するDCモータ
- ●交流で作動するACモータ
- ●自動車から扇風機まで幅広い応用

直流(DC)モータ

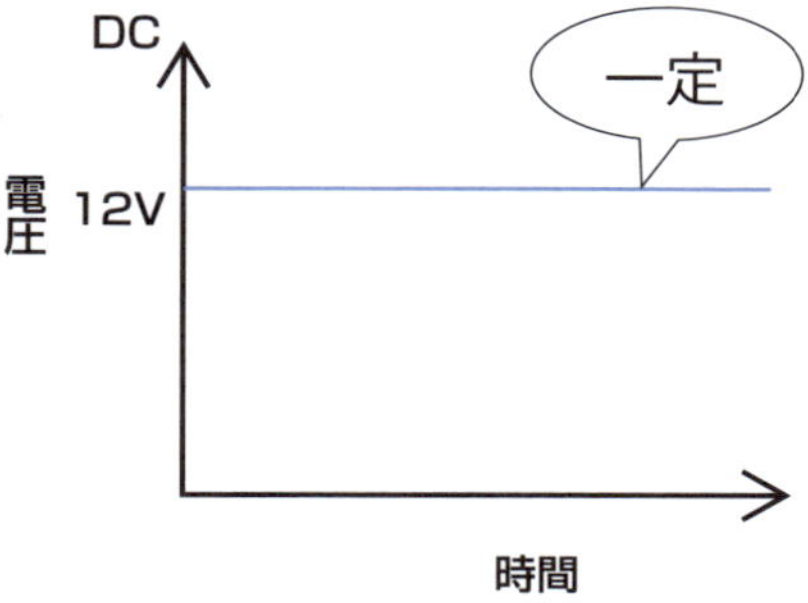

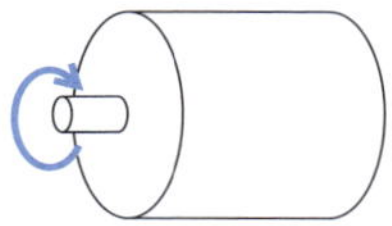

小型で高出力が可能です

AV機器やPC周辺機器などの駆動部分や模型用などに用いられています

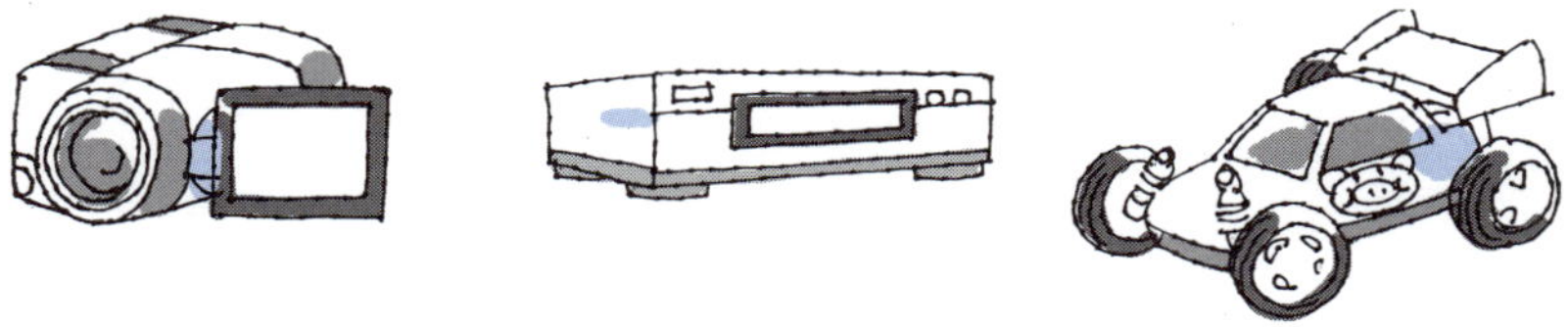

交流(AC)モータ

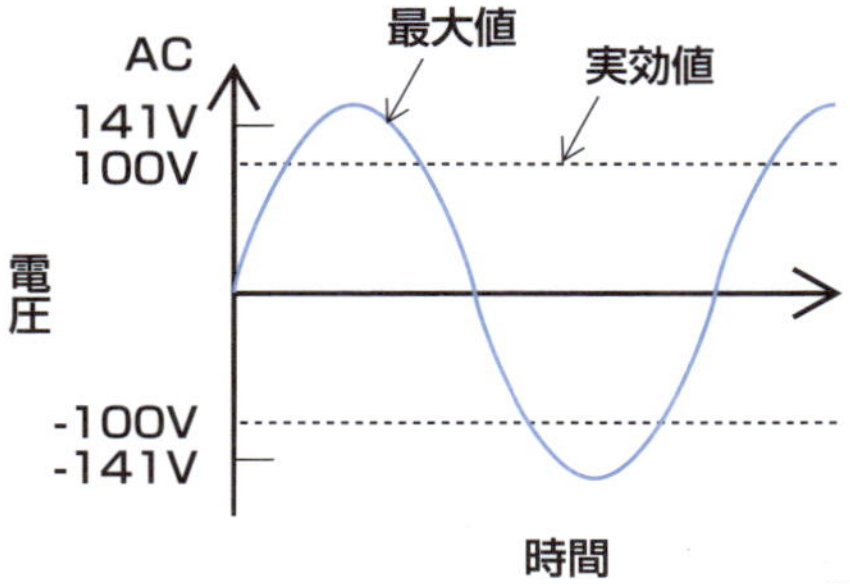

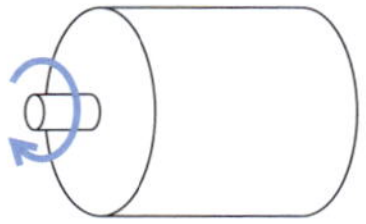

大きな動力が出力できます

洗濯機、鉄道、エレベータなどに用いられています

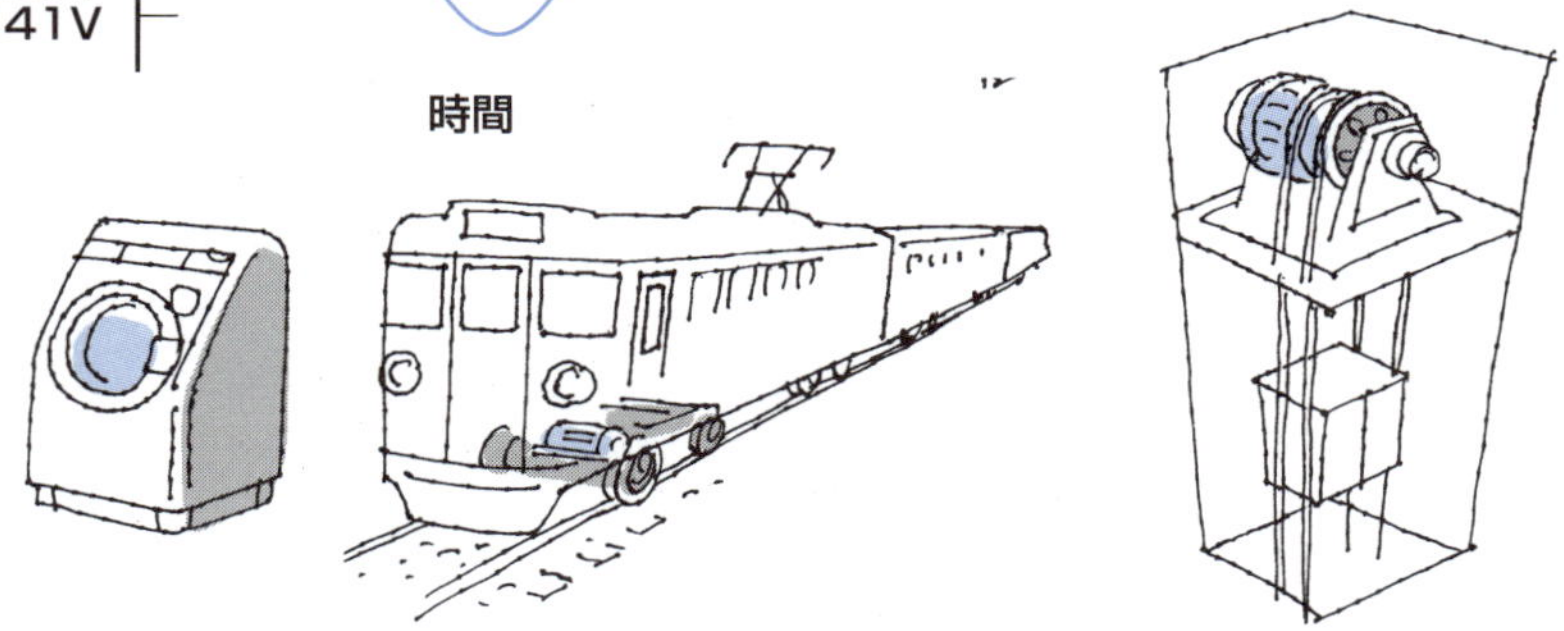

用語解説

三相交流：電圧の位相を120°ずつずらした三つの単数交流を組み合わせた交流

36 ステッピングモータとサーボモータ

精密な制御に欠かせないモータ

ステッピングモータは、パルス信号を与えることによって一定角度を回転させるという原理で作動するモータであり、パルス信号が1回送られるたびに一定の角度（基本ステップ角）だけ回転します。標準的な5相ステッピングモータの場合、基本ステップ角は0・72°です。回転角度は、デジタル入力によるパルス信号の数に比例するという特徴があるため、このモータに125ステップのパルス信号を加えると、モータは90°回転することになります。

ステッピングモータは位置決め精度に優れており、プリンターやコピー機、FAX機などの紙送り部分をはじめ、幅広く産業用に用いられています。一方、ステッピングモータの短所としては、トルクがあまり大きくないこと、安定して高速で回転することが苦手なことなどがあげられます。

サーボモータは、サーボ機構に用いられるモータであり、モータに組み込まれたエンコーダでモータの回転角度を検出しながら、フィードバック制御を行います。ステッピングモータがパルス信号に応じて回転するのに対して、サーボモータは現在の値を検知しながら作動するため、より高精度な制御を行うことができ、各種の産業ロボットや産業用機械の高精度な位置決め制御に用いられています。なお、サーボモータの制御には、サーボアンプやシーケンサなどの制御装置が必要です。

なお、ホビー用の自動車や飛行機、二足歩行ロボットなどに用いられるラジコン用のサーボモータは、産業用のものとはやや形態が異なり、直方体のケースの中に直流モータと減速歯車機構や角度検出センサ、サーボ制御のための回路などが内蔵されています。このモータは基準の位置から左右に90°程度回転するものが多く、その回転速度はサーボモータに与えるPWM波のパルス幅を変更することで設定できます。

要点BOX
- ●パルス信号を使うパルスモータ
- ●プリンタやコピー機に応用
- ●フィードバック制御を行うサーボモータ

ステッピングモータ

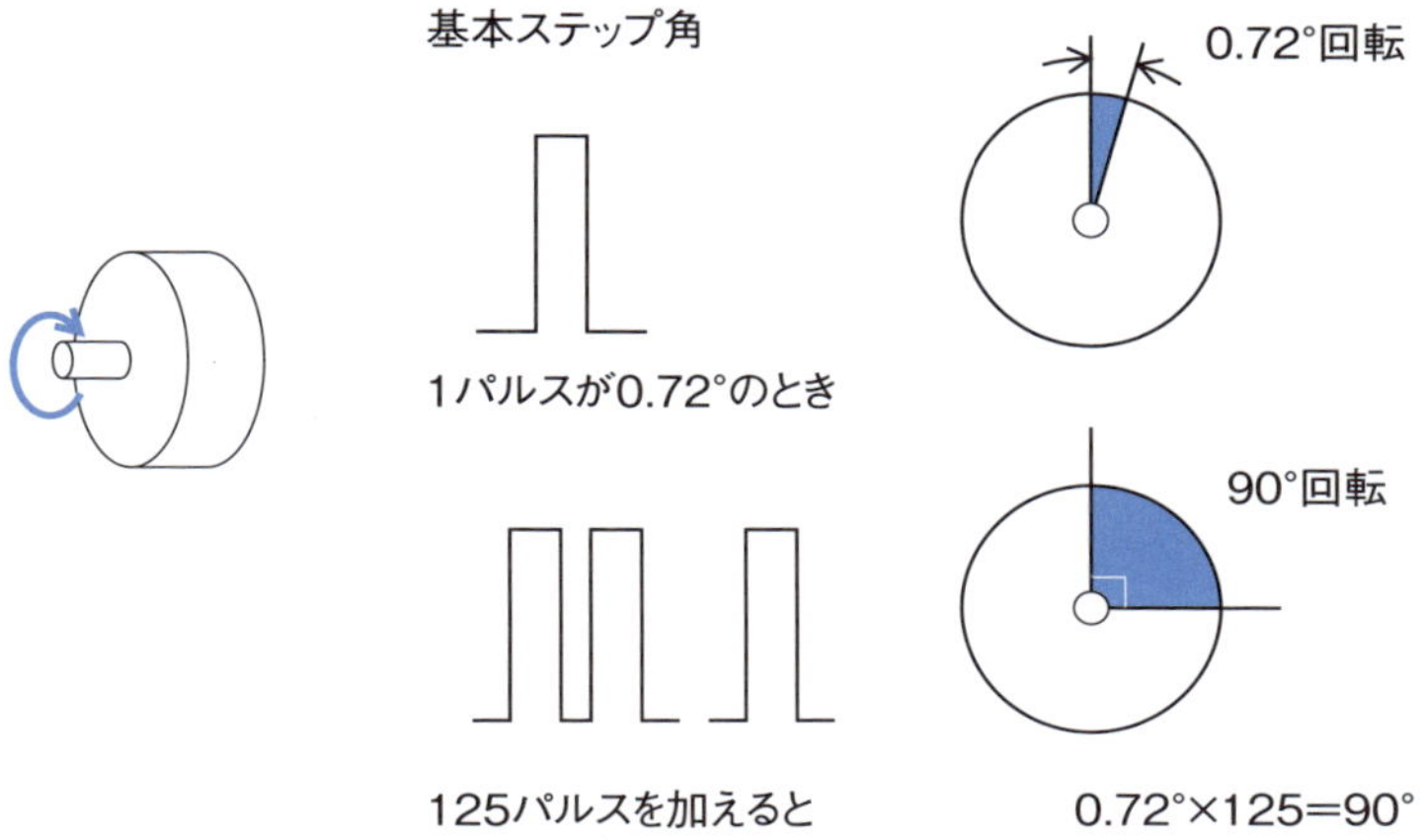

サーボモータ

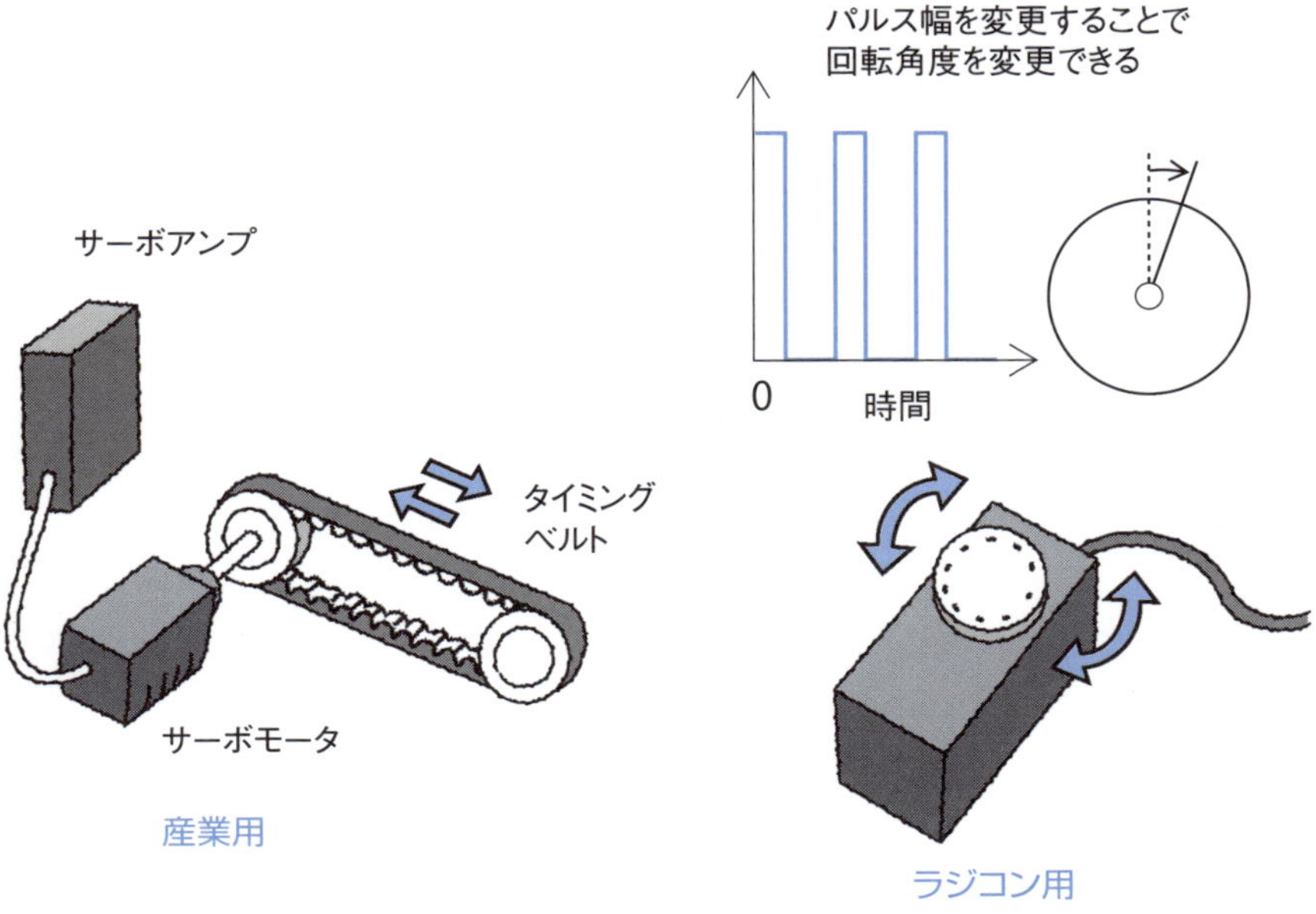

37 空気圧シリンダ

小型軽量で高出力の往復直線運動

空気圧シリンダは圧縮空気がもつ空気圧エネルギーを直線運動に変換する代表的な空気圧アクチュエータであり、小型軽量で高出力の往復直線運動を取り出すことができるという長所があります。一方、空気には圧縮性があるため、電気モータと比べて正確な速度制御や位置制御がやや困難であるという短所もあります。

空気圧シリンダを動かすためには、まず圧縮空気をつくり出す機械である空気圧縮機が必要となります。空気圧縮機でつくられた圧縮空気は空気圧調整ユニットへ送られ、ここで適当な圧力に減圧された後、圧縮空気の流れを切り換える電磁弁に送られます。電磁弁はDC24Vなどの電圧でオン・オフを切り換えるはたらきがあり、空気圧シリンダの往復方向はここで定まります。なお、複数の空気圧シリンダを一定の順序で作動させるためには、ここに後述するPLCを取り付けてシーケンス制御を行います。

なお、空気圧シリンダから取り出すことができる力は、シリンダの断面積と圧縮空気の圧力、負荷率の積として計算できます。このとき、空気圧シリンダを引いて用いるときの断面積の方が、押して用いるときの断面積よりもロッドの断面積分だけ小さくなるため、圧縮空気の圧力が同じ場合には、押し側の方が引き側よりも大きな力を取り出すことができます。

また、空気圧シリンダに速度制御弁を取り付ければ、この部分のつまみを回転させることで、シリンダの速度を容易に変換することができます。このことにより、空気圧シリンダを「ゆっくり押し出して、素早く戻す」動作なども可能となります。

空気圧シリンダは「つかむ」「持ち上げる」などの動作を容易に実現できるため、工場の生産ラインなどで多く用いられています。身近なところでは、鉄道やバスの扉の開閉装置にも空気圧シリンダが用いられています。

要点BOX
- ●小型軽量で高出力
- ●位置制御が電気モータに比べて苦手
- ●「つかむ」「持ち上げる」は得意技

空気圧システム

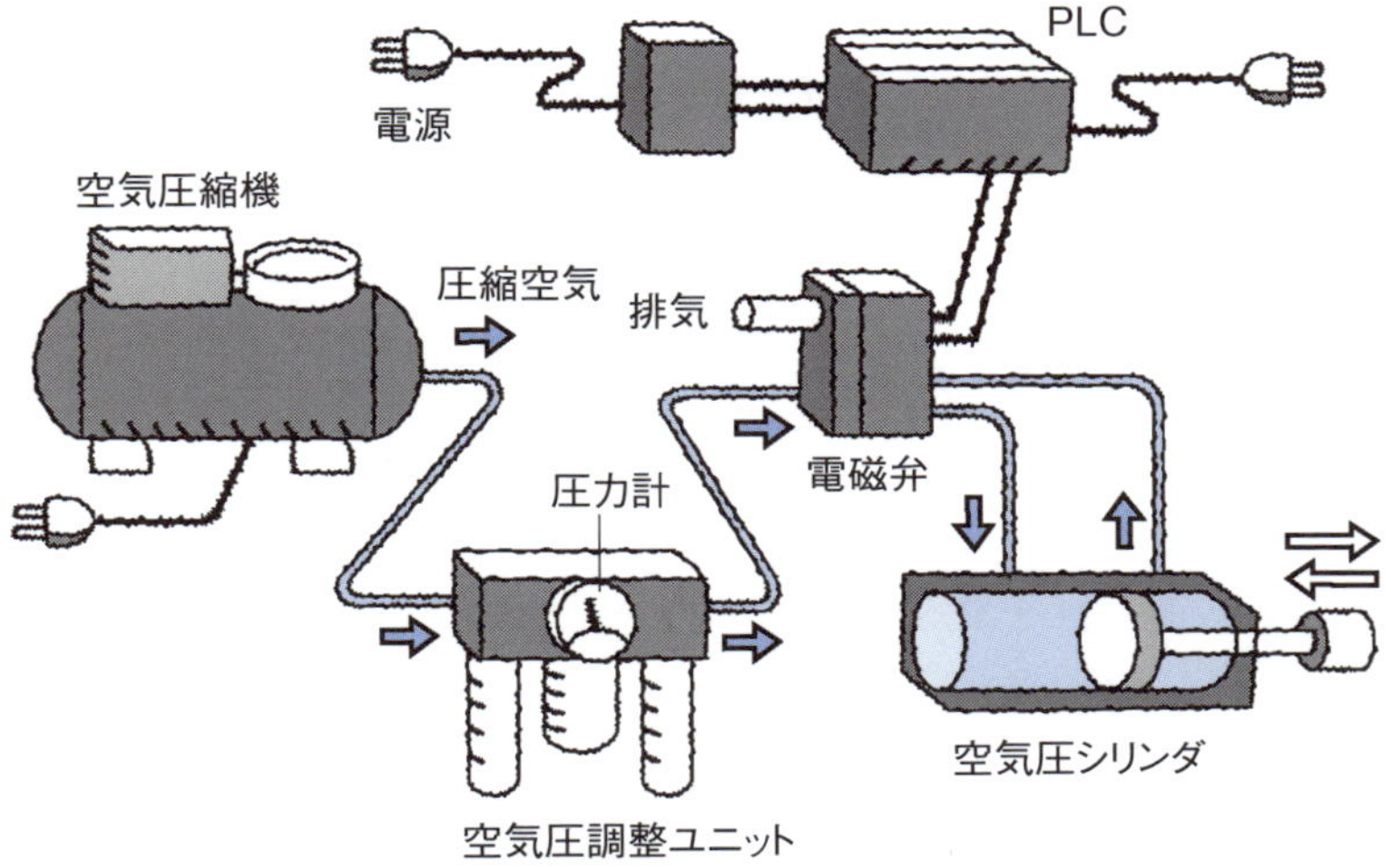

空気圧シリンダ

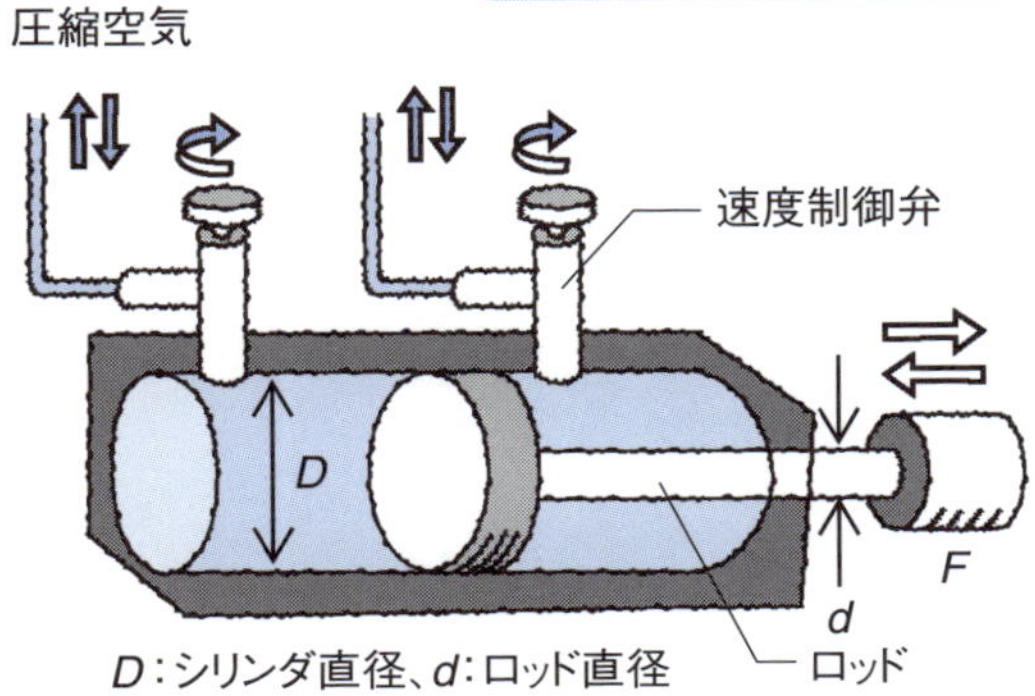

D：シリンダ直径、d：ロッド直径

圧力：P、負荷率：η

押し側

$$F_1=\frac{\pi D^2}{4}\times P\times\eta$$

引き側

$$F_2=\frac{\pi(D^2-d^2)}{4}\times P\times\eta$$

押し側の方が、大きな力を取り出すことができます

空気圧システムの用途

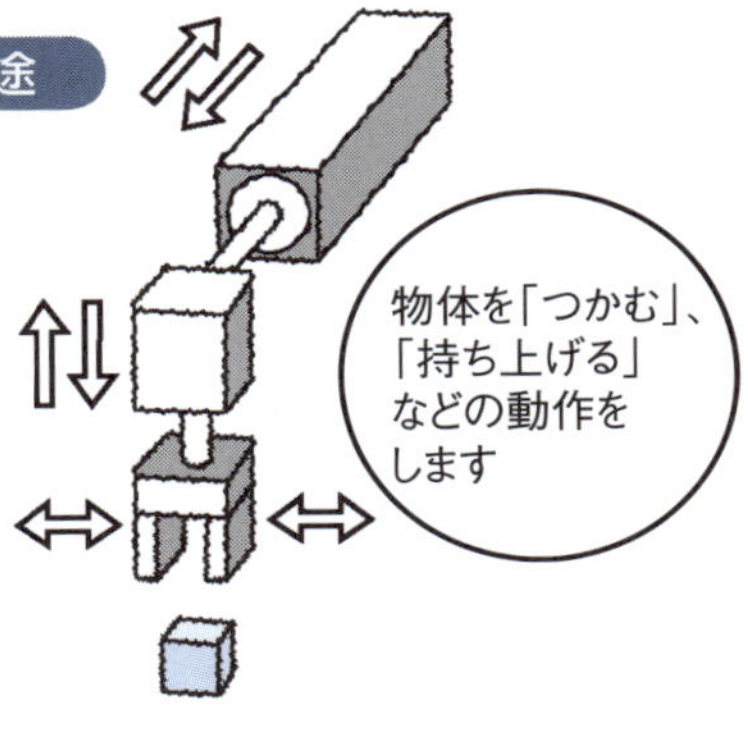

38 油圧シリンダ

空気圧より大きな油圧パワー

油圧シリンダは油圧エネルギーを往復直線運動に変換する油圧アクチュエータであり、空気圧シリンダの数十倍もある高出力の往復直線運動を取り出すことができます。空気圧システムの場合には仕事に用いた圧縮空気は大気に放出されましたが、油圧システムの場合にはこれができないため、油圧ポンプを用いて油を循環させて用います。

また、作動油の圧力のエネルギーを蓄えるアキュムレータなどもあるため、空気圧システムより複雑になります。一方、温度変化に伴い油の粘度が変化するため、特に低温における粘度の影響によるエネルギーロスが大きく、正確な速度制御や位置制御が困難になるという短所があります。また、高圧になるほど配管の継ぎ目などから油が漏れが生じやすくなり、これにより引火する危険性もあるため、安全対策がより必要になります。

油圧シリンダは供給する作動油の圧力を制御することで、往復直線運動を取り出す力の制御ができます。作動油の圧力や方向を調整する圧力制御弁には、単なるオン・オフの動作だけではなく、入力された電気信号の大きさに応じて作動油の流量を調整できる油圧サーボ弁が用いられます。油圧シリンダから出力される力の計算方法は、空気圧シリンダと同様な方法で行うことができます。

また、油圧システムには回転運動を取り出す油圧モータもあり、供給する作動油の流量を制御することで、軸の回転速度を制御することができます。

油圧システムは工場内で大きな圧力が必要となるプレス機をはじめとするさまざまな機械の動力源として用いられています。また、ショベルカーやブルドーザ、フォークリフトなどの建設機械は、油圧シリンダや油圧モータなど、多くの油圧機器で動いています。また、遊園地にある大観覧車やメリーゴーランドなどの遊戯機械にも、油圧アクチュエータが用いられています。

要点BOX
- ●油圧は空気圧より力が強い
- ●安全対策が必要
- ●建設機械などでは油圧は不可欠

油圧システム

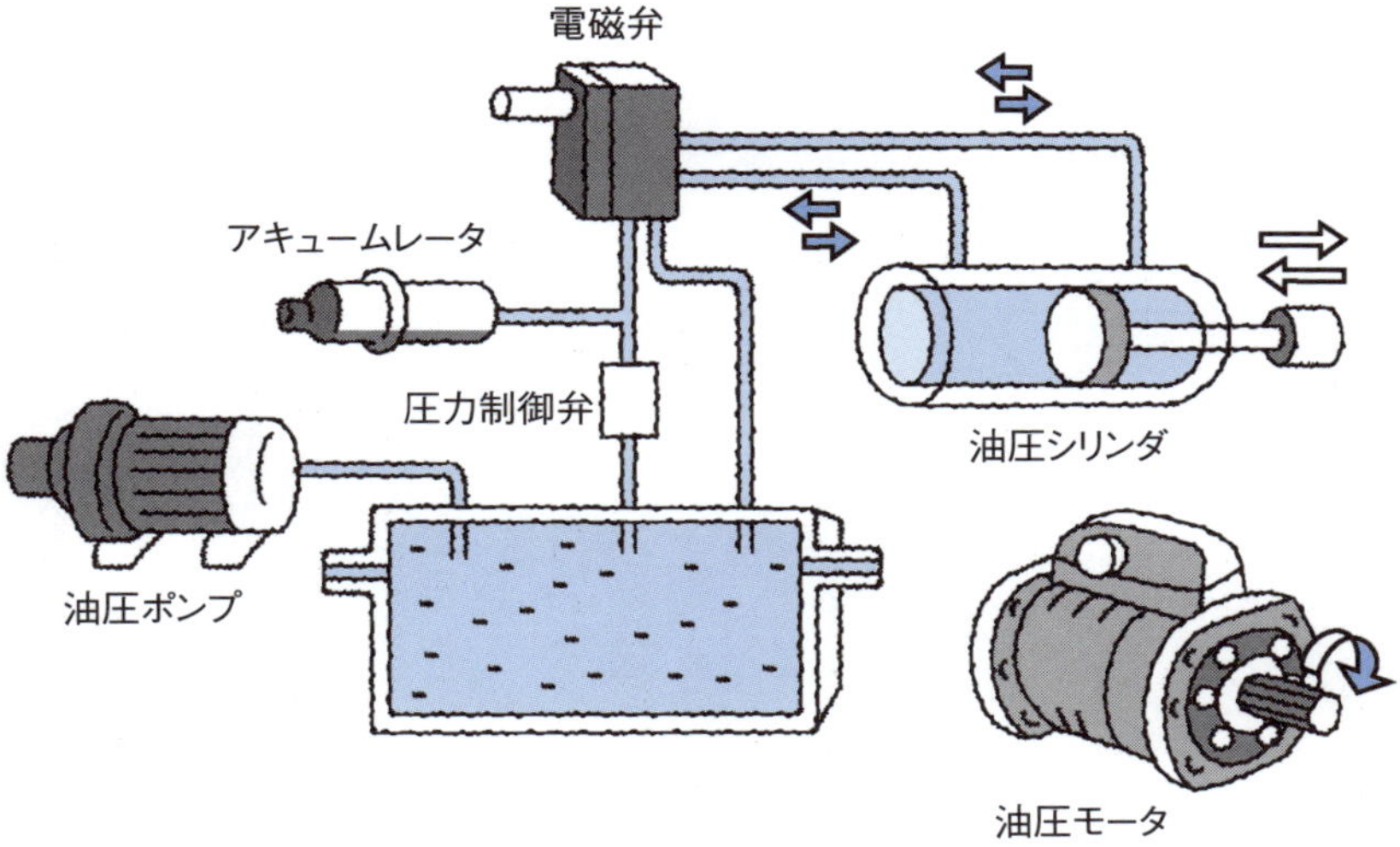

油圧システムの用途

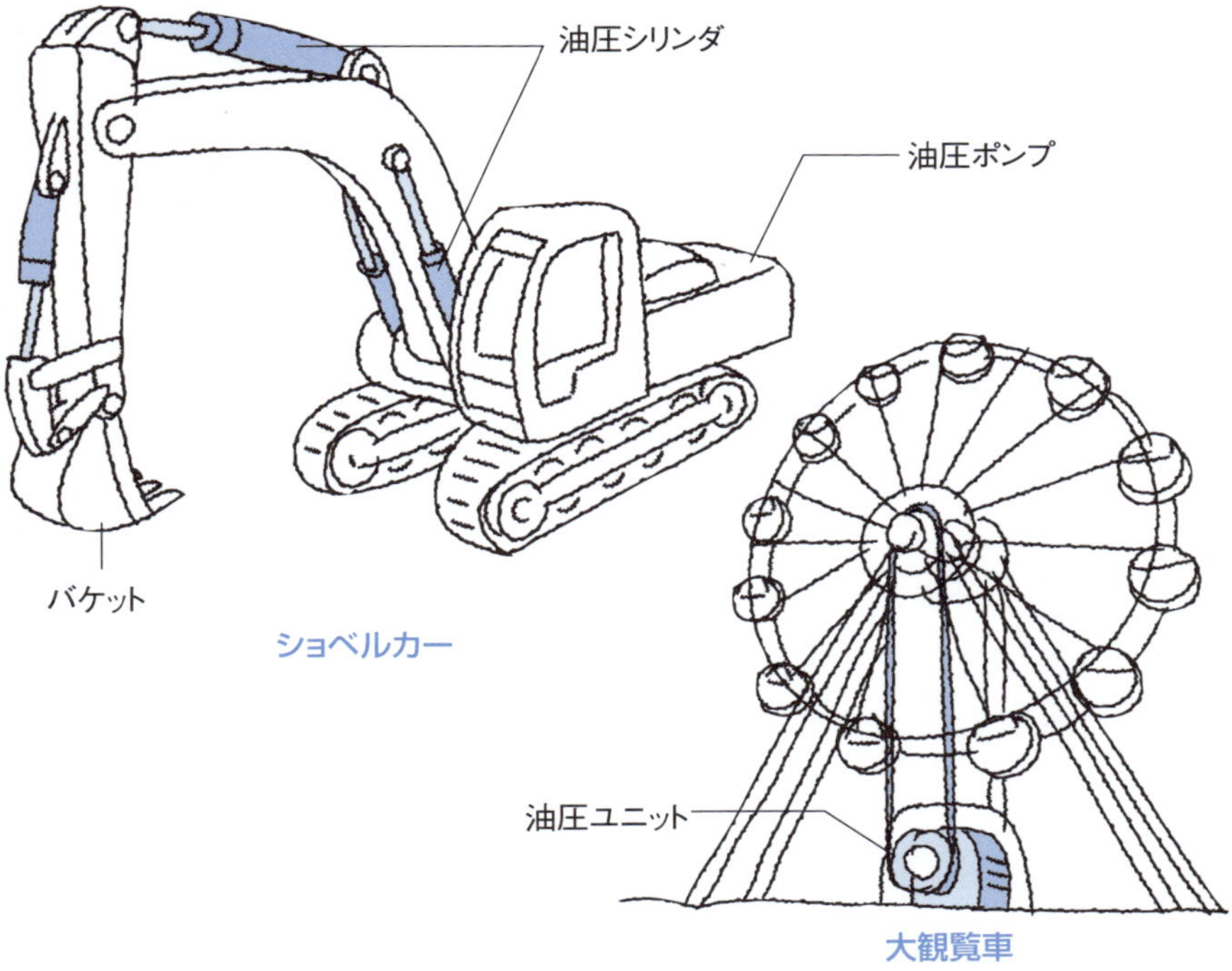

Column

倒立振子

手のひらの上で棒を立てて遊ぶ棒立てをしたことがあるでしょうか。棒が倒れないようにするためには、手を動かして、常に棒をまっすぐな状態にしておく必要があります。すなわち、この制御系では人間の目で棒の位置、手のひらで棒の圧力を感知して、腕の位置を調整しています。

制御システムの例として、この棒立てをモデルとした倒立振子がよく登場します。これは手のひらの代わりに台車を動かすことで、台車の上にある棒が倒れないようにするものです。シンプルに考えると、棒が右に倒れそうになったときには台車を右側に動かし、左に倒れそうになったときには台車を左側に動かせばよいということになります。このとき、棒がどのくらい動いたのかについて何らかのセンサで感知し、この大きさに応じて何らかのアクチュエータに信号を送り、台車を動かす必要があります。どのようなセンサとアクチュエータを用いればよいのか考えてみてください。

入力
目で棒の位置を、
手のひらで棒の圧力を
感知して、
出力
腕の位置を調整します

棒立て

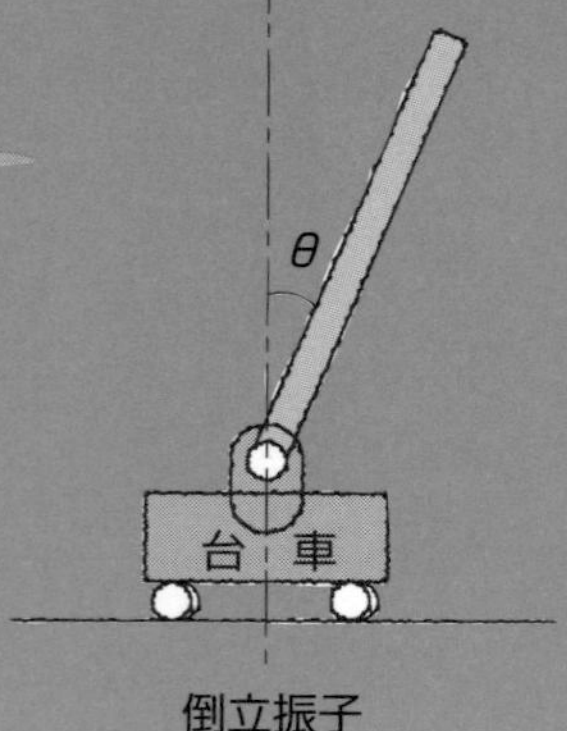

倒立振子

第4章
シーケンス制御

39 シーケンス制御系の設計

順序と時間と論理でやりたいことを明確に

シーケンス制御が「あらかじめ定められた順序または手続きに従って制御の各段階を逐次進めていく制御」のことであり、交通信号機や自動販売機がその身近な例であるということは2章でも述べました。

シーケンス制御を行う場合には、あらかじめ定められた順序通りに物事を進めていくことが必要であり、これを「順序制御」といいます。また、この他にAという動作が終了してから10秒後にBという動作を開始するなどというように、あらかじめ定められた時間どおりに物事を進めていくことがあり、これを「時間制御」といいます。さらに、あらかじめ定められた一定の論理規則に従って物事を進めていくことを「条件制御」といいます。

シーケンス制御を行おうとする場合には、どのような機器をどのような順序、時間、条件で制御し、その動作を通して何をさせたいのかと明確にしておく必要があります。最初にこれらを明確にしておかないと、途中で何をやりたかったのかがわからなくなることがあるので、制御系の設計はとても重要です。

順序、時間、条件という言葉からは、何だか硬くて融通が利かないというようなイメージを連想するかもしれませんしかし、これがシーケンス制御というものなのです。よりイメージしやすい例をあげると、将棋倒しやドミノ倒しのようなものがあげられます。すなわち、一度動かしたら止まることなく、その間は確実に黙々と仕事をこなします。もちろん、何らかのトラブルにより次の駒が倒せないということがあったときに修正は効かないため、時々刻々変化する事象に対していちいち修正を加えるフィードバック制御のような賢さには欠けるところがあります。

それでも、決められたことを確実にこなしていくシーケンス制御は、縁の下の力持ちとして、さまざまな機械やロボットを円滑に作動させることを支えているのです。

要点BOX
- ●シーケンス制御は順序制御
- ●一定の論理規則にしたがう条件制御
- ●将棋倒しやドミノ倒し

シーケンス制御の設計

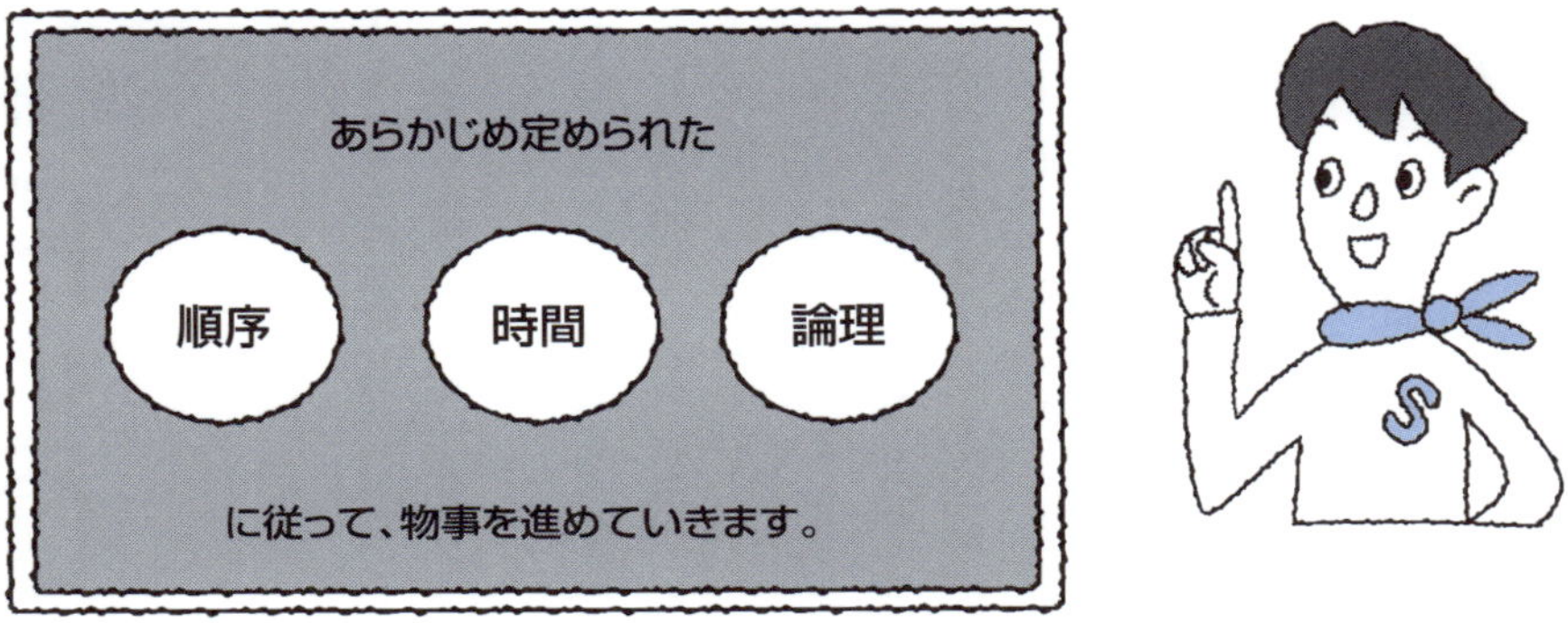

あらかじめ定められた
順序
時間
論理
に従って、物事を進めていきます。

将棋倒しはシーケンス制御

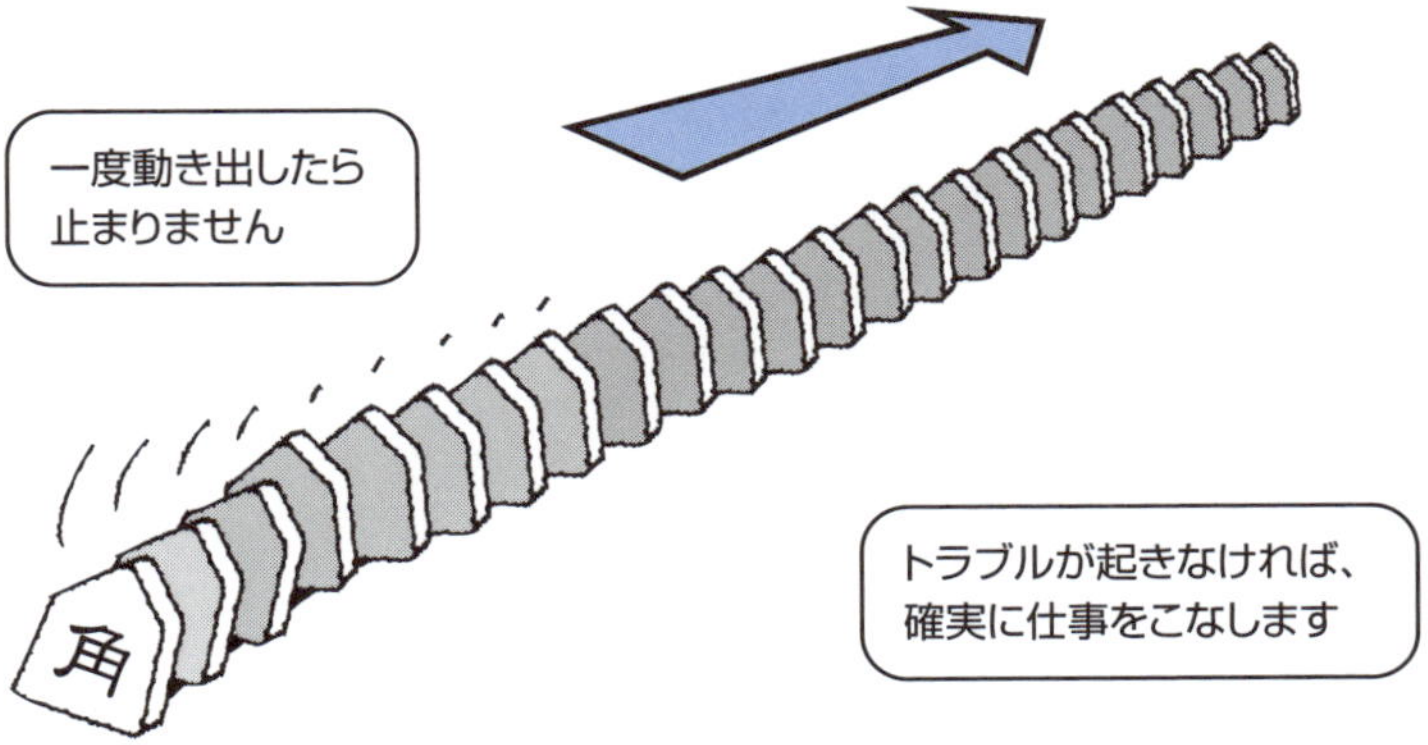

一度動き出したら止まりません
角
トラブルが起きなければ、確実に仕事をこなします

シーケンス制御の概念図

命令されたことは、確実にこなします
ただし、変化する事象に対する修正は苦手です
命令はあらかじめ、すべてを伝えておいてください
シーケンス制御

40 PLCの活用

何を入力して何を出力するのかを考える

シーケンス制御を専門に扱うマイクロコンピュータを利用した制御装置をPLC（Programmable Logic Controller）といいます。

これらのうち、事物の間にある法則的な連関を意味するロジック（論理）という言葉が、シーケンス制御を表すキーワードになります。PLCの内部には演算や記憶などを行うマイクロコンピュータが内蔵されており、これらはソフトウエア上で作成した命令を転送することにより作動します。

一般にPLCはそのままピー・エル・シーと呼びますが、シーケンス制御を行う装置ということで、シーケンサと呼ぶこともあります。ただし、正式にはシーケンサという用語は三菱電機の登録商標であるため、ここではPLCに統一して用いることにします。

PLCのはたらきを簡単にまとめると、論理を用いてデジタル信号の入出力を行うことができるというものです。PLCには、複数の入力装置（X）と出力装置（Y）の接点があり、この接点のねじ部に各種の入出力装置を配線して用いることになります。

入出力の接点数は機種によって異なり、16点程度のものから、24点、32点、64点のものなど、さまざまです。工場内に設置されている複数台の機器をシーケンス制御で作動させるためには、接点が数百点以上あるものも用いられています。

PLCを適切に作動させるためには、まず最初に何を入力して、何を出力したいのかをよく考えます。そして、入力装置としてスイッチやセンサ、出力装置としてランプや電気モータ、空気圧シリンダなどを出力装置として接続します。このとき、それぞれの機器を作動させるための電源装置も必要になります。

入出力装置に必要な動作をさせるための順序、時間、論理については、41のシーケンス図やラダー図を用いてコンピュータ画面上で作成し、PLC本体に転送します。

要点BOX
- ●シーケンス制御を専門に扱う
- ●シーケンサは三菱電機の登録商標
- ●デジタル信号の入出力を行う

PLCの外観

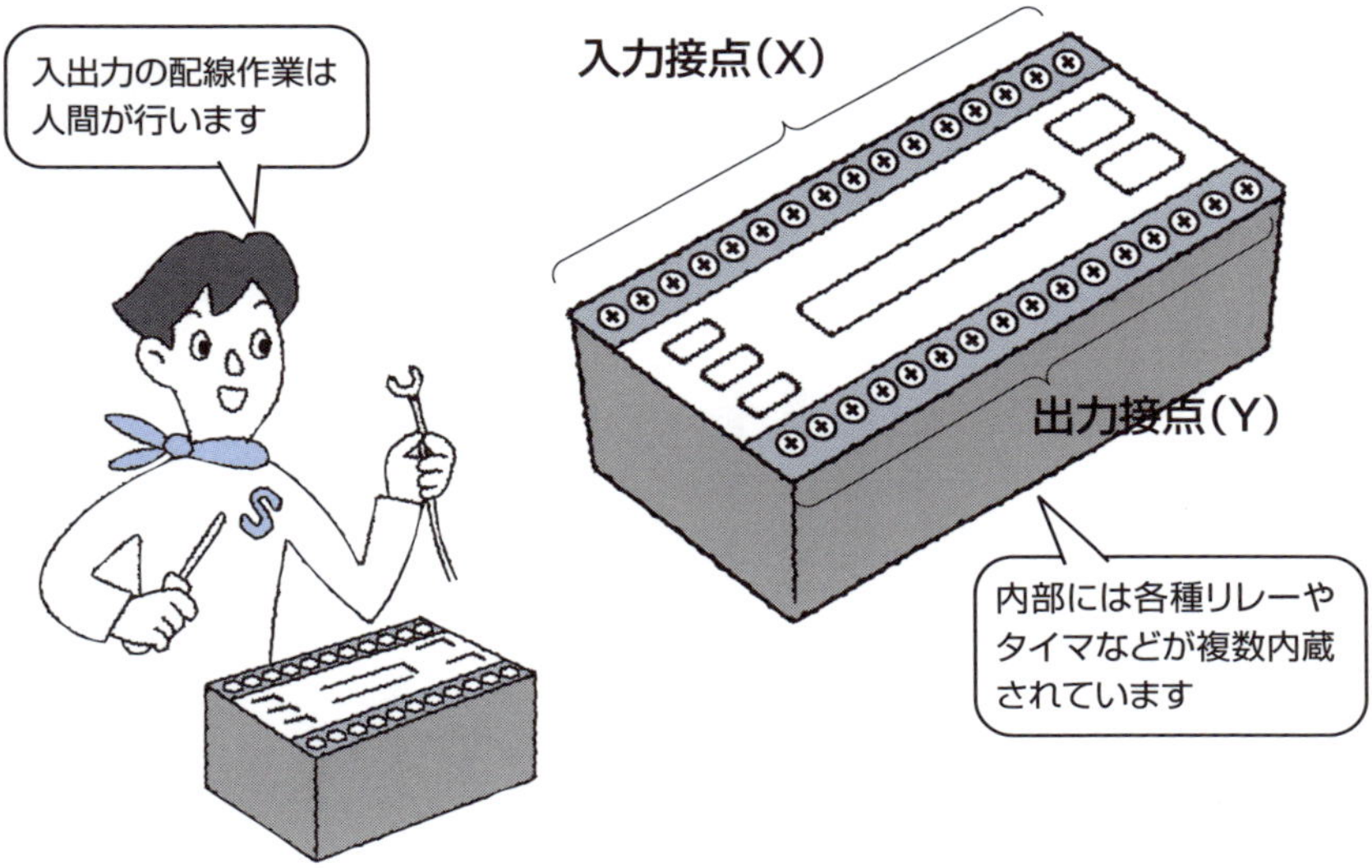
入出力の配線作業は
人間が行います
入力接点(X)
出力接点(Y)
内部には各種リレーや
タイマなどが複数内蔵
されています

PLCの構成

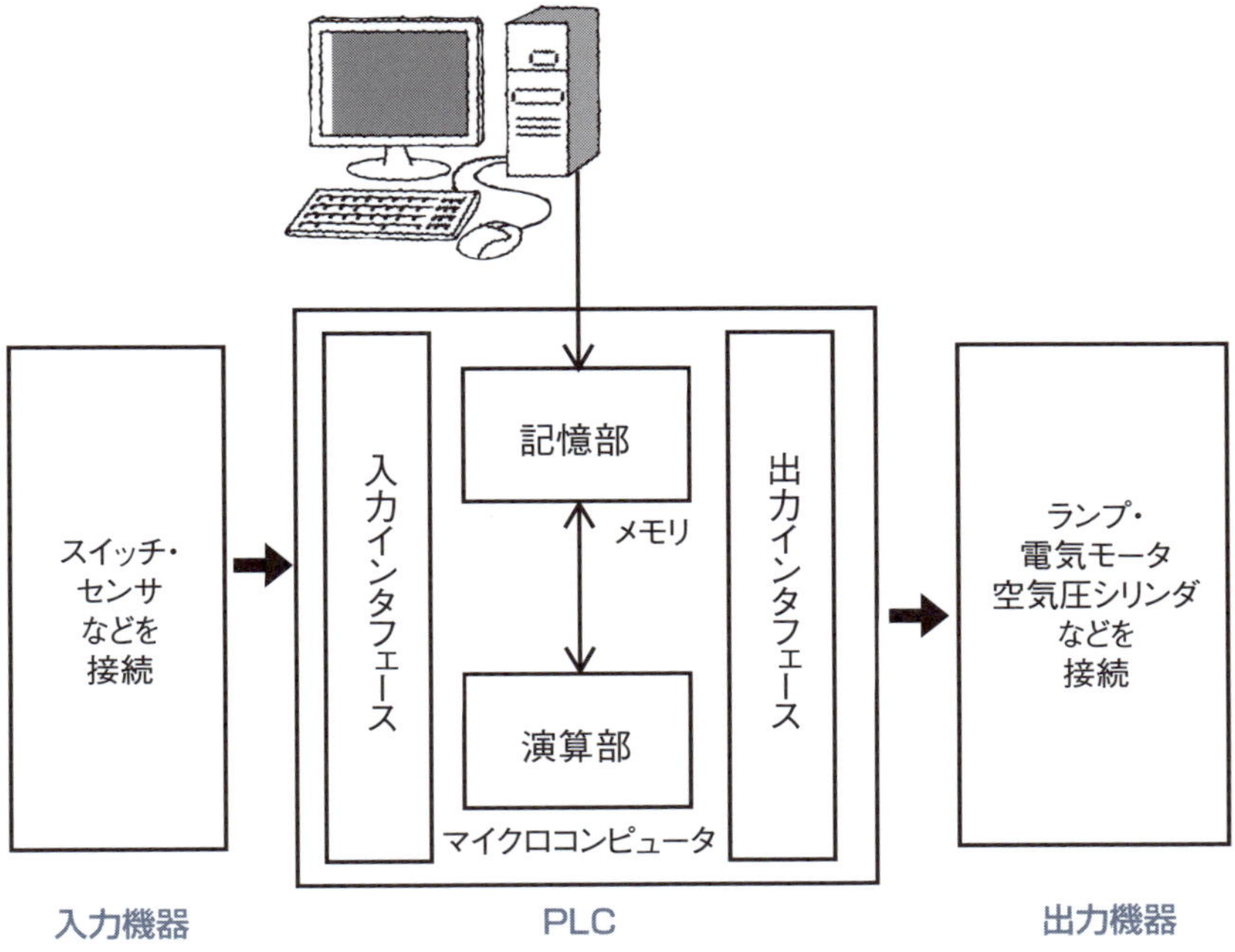
スイッチ・
センサ
などを
接続
入力インタフェース
記憶部
メモリ
演算部
マイクロコンピュータ
出力インタフェース
ランプ・
電気モータ
空気圧シリンダ
などを
接続
入力機器
PLC
出力機器

41 シーケンス図とラダー図

シーケンス制御の表記法

シーケンス制御のはたらきを表記するものの一つに、シーケンス図があり、ここには各種スイッチを表す記号などが規定されています。シーケンス図では、上下または左右に2本の電源ラインを引き、この間に制御に用いるモータなどを書き込んで回路の構成を示します。ここで、上下に電源ラインを引いたものを縦書きシーケンス図、左右に電源ラインを引いたものを横書きシーケンス図といいます。なお、上下または左右に引いた電源ラインを制御母線といい、単相交流はR、Tで、直流はP、Nの記号で表します。また、機器を表す図記号は操作が加えられていない状態を書くこととし、図記号には文字記号を添えます。

ラダー図はシーケンス図で表した内容を論理回路をベースとして記述したものです。一見、見慣れない図に感じるかも知れませんが、並行する2本の母線の間に、接点、コイル、各種命令を母線を繋ぐように配置していくもので、慣れてしまえばわかりやすくて便利な記述方法です。電流が左上から右下に向かって流れていくというイメージをもつと理解しやすいでしょう。なお、ラダーとは梯子のことであり、この図が2本の母線の間で梯子のように見えることに由来しています。

一昔前のPLCでは、シーケンス図やラダー図を手書きで作成してから、これを各種命令に相当する記号に置き換えてプログラミングを行っていました。そのため、このコーディング作業に多くの時間を取られるとともに、ここでミスをすることもありました。しかも、プログラムを打ち込むのはプログラミングコンソールと呼ばれる、液晶表示がわずか2行程度のハンディプログラミングパネルでした。

近年では、技術の進歩によって、パソコンのディスプレイ画面に簡単にラダー図を書けるようになり、それをそのままPLCに転送できるようになったので、プログラミングの作業がとても楽になりました。

要点BOX
- ●縦書きシーケンス図と横書きシーケンス図
- ●論理回路をベースに記述するラダー図
- ●パソコンでラダー図が描ける

シーケンス図

A、Bはa接点、Cはb接点、(R1)、(R2) はリレー、 R_1 、 R_2 はリレーに対応するa接点、Xは出力

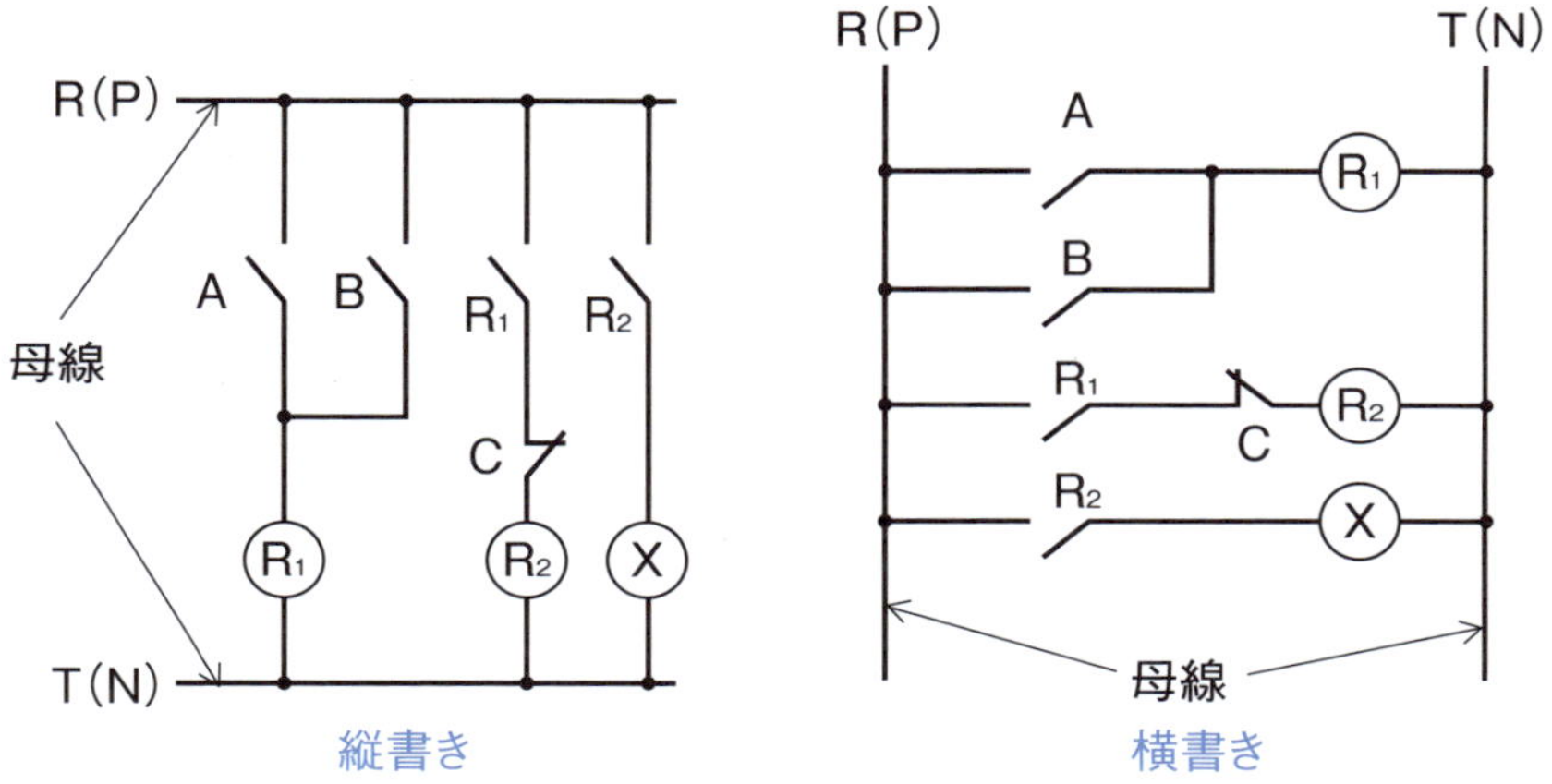

ラダー図

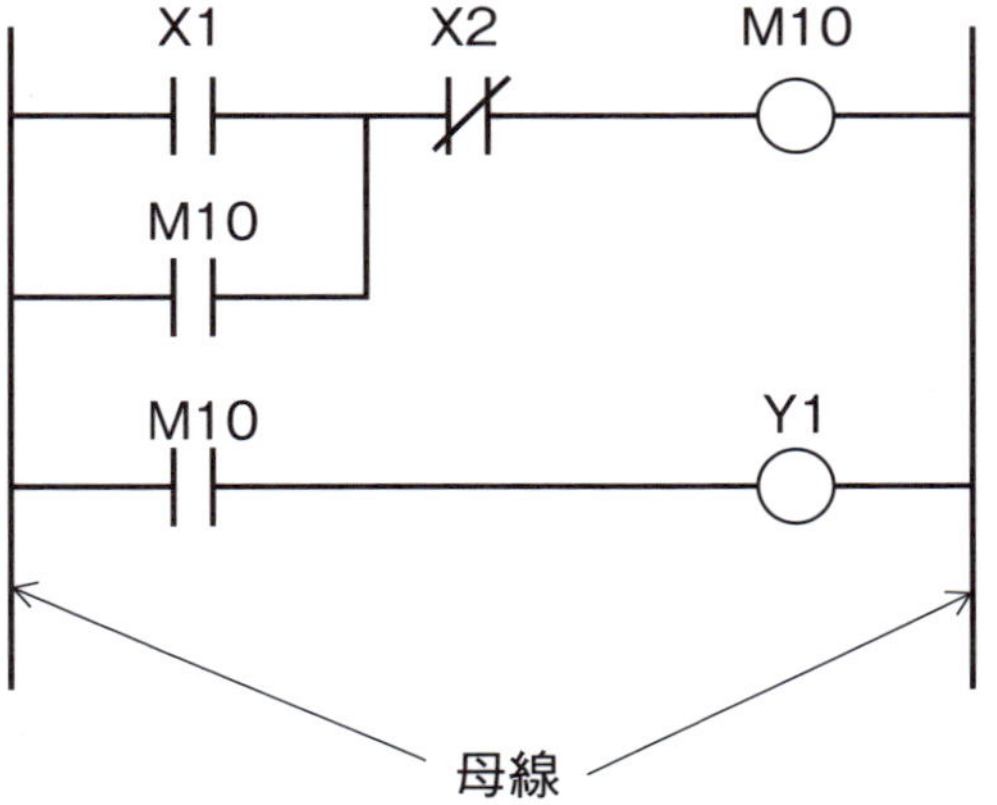

点灯ボタンX1を押すと、消灯ボタンX2が押されるまでY1が作動する回路です

42 論理回路のはたらき

AND、OR、NOTなど

ここでは、PLCによるプログラミングの基本となる「論理回路」を説明します。スイッチのところでも説明したように、入力する接点にはオンすると回路がオンするa接点とオンすると回路がオフするb接点があります。そして、この接点を直列に接続したものがAND回路、並列に接続したものがOR回路です。

二つの入力接点をX1、X2、一つの出力接点をY1として、AND回路とOR回路を適用したラダー図を作成します。AND回路はX1とX2の両方がオンしたときだけ、Y1がオンします。一方、OR回路ではX1とX2のどちらか一方がオンしたときにY1がオンします。

また、シーケンス制御には「自己保持回路」とよばれる回路がよく用いられます。これは入力接点Xを一度オンして、出力接点Yをオンした後、入力接点をオフにしても出力接点Yの動作が継続するというものです。ここには電磁リレーのはたらきがあり、リレーがオンの状態を「励磁」といいます。なお、この自己保持回路において、Y1をオフにするには、X1に対して直列に置かれたX2のb接点をオンします。このようなb接点の使い方は、機械を安全のために緊急停止させるためのボタンスイッチなどに活用されています。

このようにb接点を用いて入力がオンならば出力をオフ、入力がオフならば出力をオンにする回路のことをNOTといいます。

さらに、X1とX2のb接点を直列に接続することで、OR回路と反対の出力が出ます。これはOR回路とNOT回路が合成されているという意味でNOR回路と呼ばれます。

また、X1とX2のb接点を並列に接続することで、AND回路と反対の出力が出ます。これはAND回路とNOT回路が合成されているという意味でNAND回路と呼ばれます。

要点BOX
- ●接点を直列に接続したのがAND回路
- ●並列に接続したものがOR回路
- ●AND回路+NOT回路でNAND回路

接点の種類

スイッチをONにしたときに、回線がONする

a接点

スイッチをONにしたときに、回路がOFFする

b接点

論理回路のいろいろ

入力		出力
X1	X2	Y1
0	0	0
1	0	0
0	1	0
1	1	1

AND回路

入力		出力
X1	X2	Y1
0	0	0
1	0	1
0	1	1
1	1	1

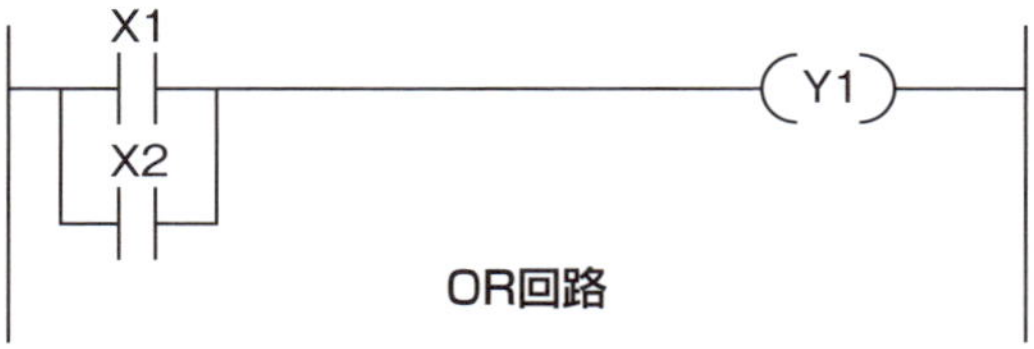

OR回路

自己保持回路

X1をオフにしても Y1のオンが続きます

Y1をオフにするには X2のb接点をオンにします

入力		出力
X1	X2	Y1
0	0	1
1	0	0
0	1	0
1	1	0

NOR 回路

入力		出力
X1	X2	Y1
0	0	1
1	0	1
0	1	1
1	1	0

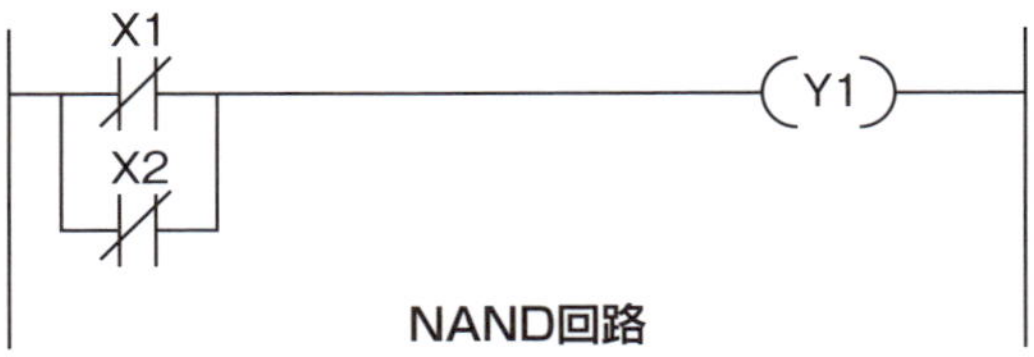

NAND回路

43 タイマとカウンタ

時間や計数のはたらき

ここまでの回路は主に論理を中心としたものでしたが、実際に何らかの機械を動かす場合には、それぞれの機器を何秒作動させるのかという時間軸が必要となることが多くあります。ここで用いるのがタイマです。PLCには数多くのタイマが仮想的に内蔵されているため、一般には記号Tとタイマ番号を記述することで使用できます。なお、タイマには命令を加えて一定時間経ってから接点が開くまたは閉じるオンディレイタイマと、命令を加えるとすぐに接点が閉じるまたは開くオフディレイタイマがあります。

タイマの動作をラダー図に表すためには、横軸に時間、縦軸に各機器の動作を図示したタイムチャートが用いられます。例えば「X1がオンすると同時にY1がオン、これと同時にタイマT1がオンディレイ作動して5秒後にオン、これと同時にY2がオン」という動作をさせようと思ったら、このタイムチャートを作成し、これに基づいてラダー図を完成させます。なお、このラダー図において、Kはタイマが作動するまでの時間です。ここではKの1が0・1秒であるため、K50は5秒となります。

タイマと並んで、PLCにおいてよく用いられる命令にカウンタがあります。これは名前のとおり計数機能のことであり、立ち上がりのパルスをカウントし、このカウント値が設定値に到達するとオンします。例えば「入力スイッチが5回押されたら、出力信号がオンする」という動作をさせようと思ったら、タイマの場合と同じく、このタイムチャートを作成し、これに基づいてラダー図を完成させます。なお、このラダー図において、Cはカウンタの記号であり、これをC1とします。また、Kはカウンタが作動するまでの回数です。ここでは、5回のカウンタ動作を行いたいので、K5とします。AND回路やOR回路などの論理回路の命令に加えて、タイマとカウンタを覚えることで、シーケンス制御に幅をもたせることができます。

要点BOX
- ●オンディレイタイマ
- ●オフディレイタイマ
- ●計数機能をもつカウンタ

タイマの種類

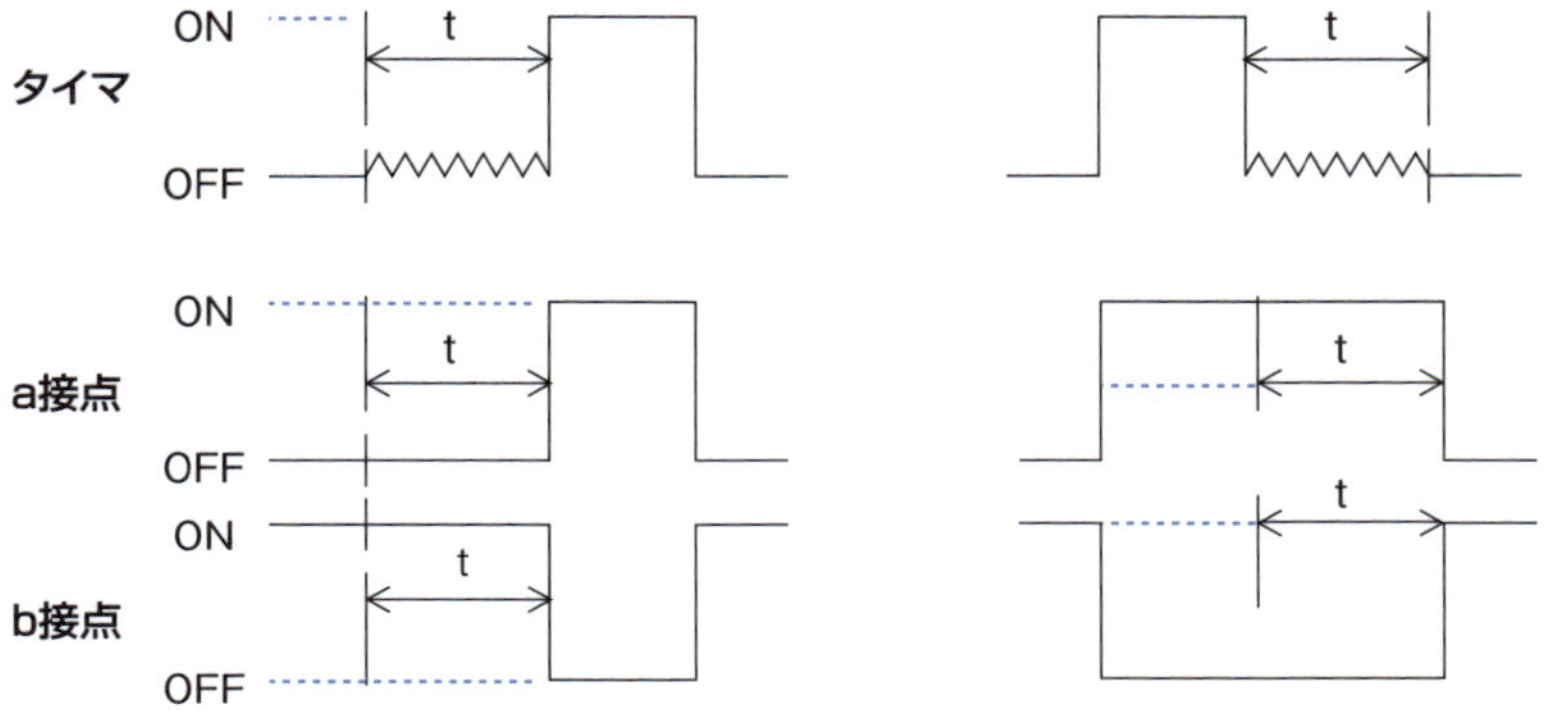

オンディレイタイマ　　オフディレイタイマ

タイマを用いたラダー図とタイムチャート

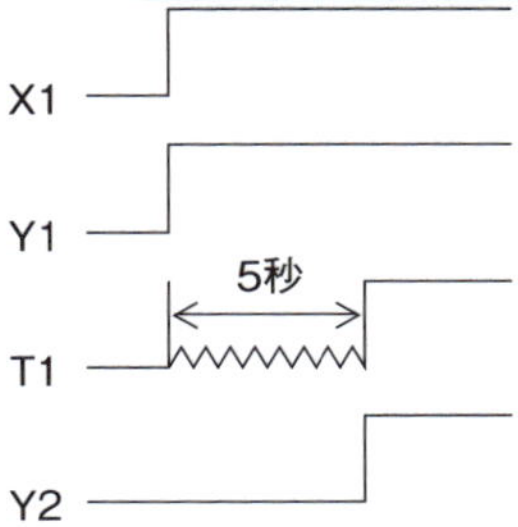

タイムチャート

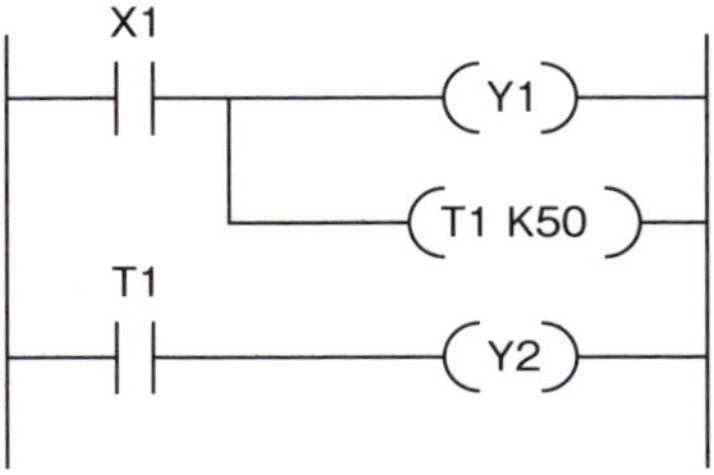

ラダー図

カウンタを用いたラダー図とタイムチャート

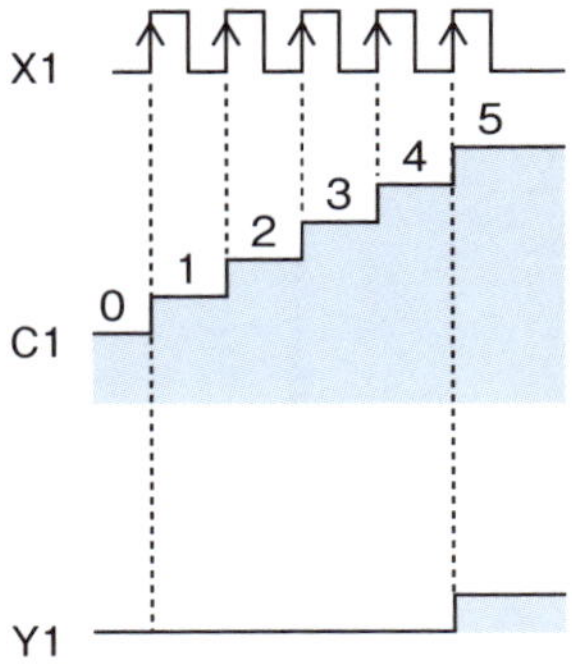

タイムチャート

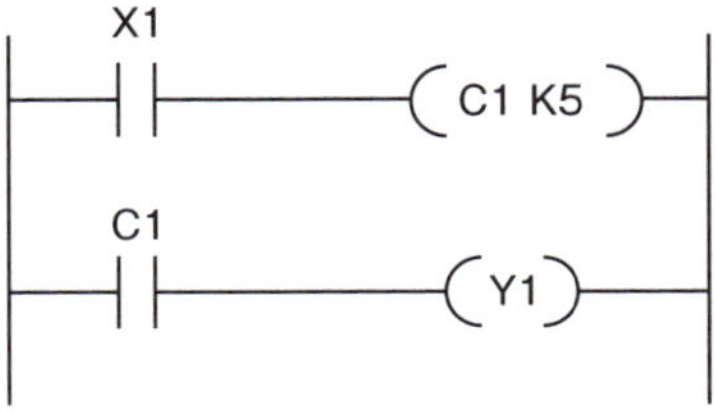

ラダー図

44 ラダー図のプログラミング

タイマで順番に複数の出力を

論理回路とタイマを組み合わせた応用例として、次のような課題を考えましょう。

「X1を入力すると同時にY1が作動し、5秒後にY2が作動、さらに5秒後にY3が作動する回路を作成しなさい。ただし、Y2が作動したときにはY1は停止、Y3が作動したときにはY2が停止、Y3は5秒作動してから停止します」

このように行わせたい動作が決まったら、横軸に時間をとり、タイムチャートを作成します。タイマを3個（T1、T2、T3）用いて、5秒ごとに三つの出力Yをオンします。ただし、これだけでは出力Y1、Y2、Y3は5秒ごとにオンするものの、一度オンした出力はオフになりません。そこで、タイマのb接点を出力Yと同じ行に挿入することで、次の出力Yが作動したときに先に作動した出力Yはオフになります。b接点の挿入位置がきちんと理解できれば、ラダー図の基本は理解できたといえます。なお、ここではタイマT1に関するa接点とb接点が同時に作動していますが、接点は複数を同時に使うことができます。また、Tの記号は入力の接点にも出力の接点にもつけられています。

シーケンス制御はあらかじめ定められた順序どおりに制御を進めていくため、一度作動させた出力の接点を再び作動させることは苦手です。次のような課題を考えてみましょう。

「入力X1を与えることで、出力Y1が点滅を繰り返す回路を作成しなさい。なお、点滅の間隔は2秒のオフと1秒のオンをくり返すものとします」

この例では、X1がオンすると同時にT1がオンディレイ作動し、1秒後にY1がONします。これと同時にT2がオンディレイ作動し、1秒後に1行目のT2のb接点が作動して、T1が一瞬切れることで、再び同じ動作が繰り返されます。これにより、出力Y1は1秒ごとに点滅し続けることになります。

要点BOX
- ●タイムチャートを作成
- ●タイマの動作を利用する
- ●点滅回路も作成可能

5秒ごとに三つが出力する回路

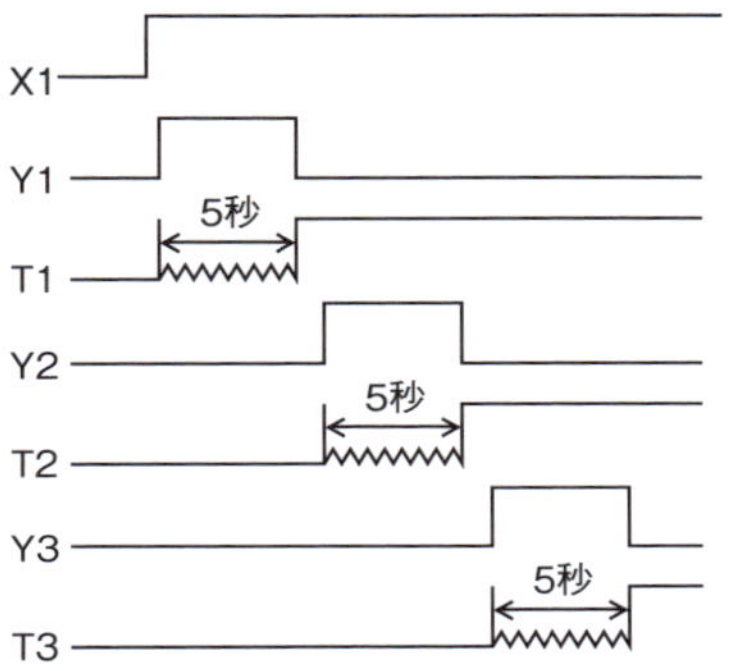

タイムチャート

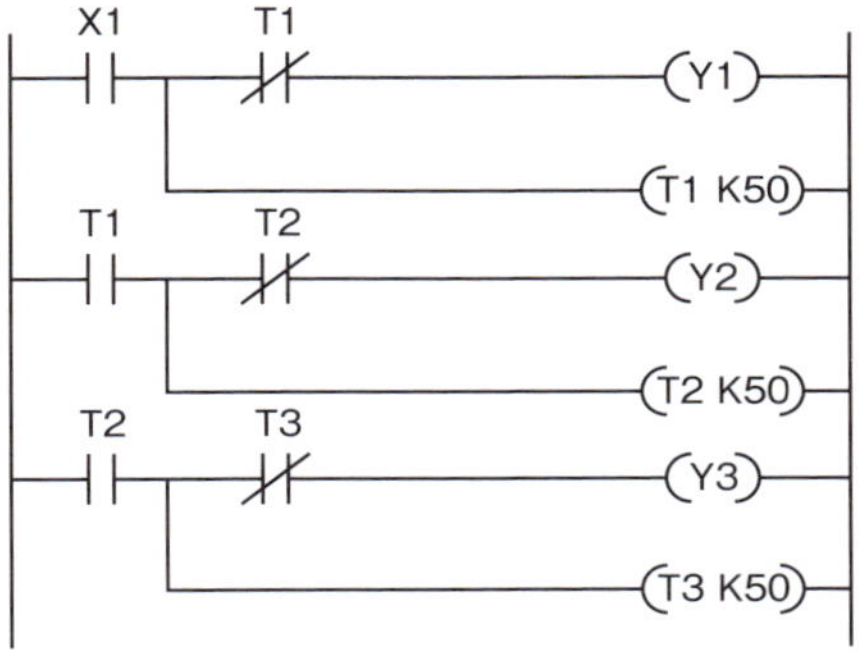

ラダー図

一つの出力が点滅する回路

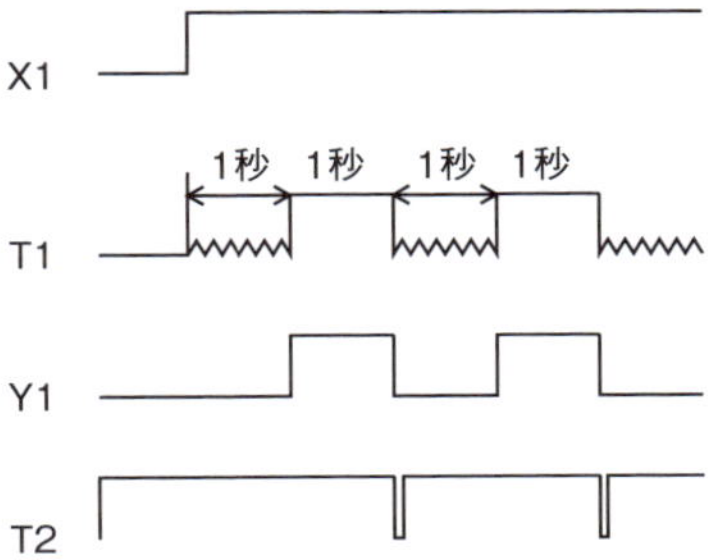

タイムチャート

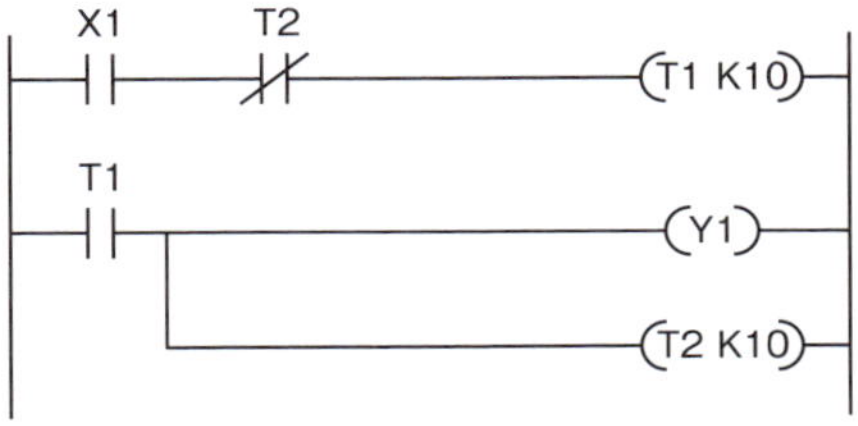

ラダー図

タイマをうまく使うことで、
いろいろな回路を
作成できます

45 PLCの配線作業（入力編）

入力機器の配線について

ディスプレイ画面上にラダー図を作成して、PLCにプログラムを転送できたら、入力部分に取り付けられたスイッチを作動させることにより、PLCに取り付けられたランプ（LED）の点灯でその動作を確認できます。この確認ができたら、いよいよ入出力機器を接続するための配線作業に入ります。

PLCの内部では、仮想的に複数のリレーやタイマが作動しているため、その部分の配線作業は必要ありませんが、入出力接点から先の外部回路については自身で配線を行う必要があります。ただし、必要な機器を必要な手順で配線していくだけの比較的単純な作業であるため、それほど心配することはありません。各端子部のねじを緩めてドライバで締め付ければよく、基本的にはんだ付けなどの作業は不要です。

入力に用いる機器には、各種のスイッチやセンサなどさまざまです。ただし、機器としての特性はどれも似ていることが多いため、基本をマスターすれば、どのような機器も似たような要領で動かすことができます。

PLCの入力側の端子には、X0、X1、X2などの入力端子とCOM端子があり、接続したいスイッチやセンサなどから出ている二つの配線を入力端子XとCOM端子に接続します。

このときスイッチは、押しボタンスイッチを用いた場合でも、リミットスイッチを用いた場合でも、接続方法は同じです。そのため、用途に応じて操作がしやすい種類のスイッチを選定します。一方、入力機器としてセンサを用いる場合には、センサ自身を作動させるための電気を供給する必要となる場合があります。そのような場合には別途、電源を用意します。

また、通常のPLCには入力側に電源を取り付ける端子があります。ここには、対応するコンセントを用意して、交流100Vを供給できるようにしておく必要があります。

要点BOX
- ●複数の入力端子がある
- ●はんだ付けなどの作業は不要
- ●用途に応じ操作がしやすいスイッチを選定

PLCの配線作業編（入力編）

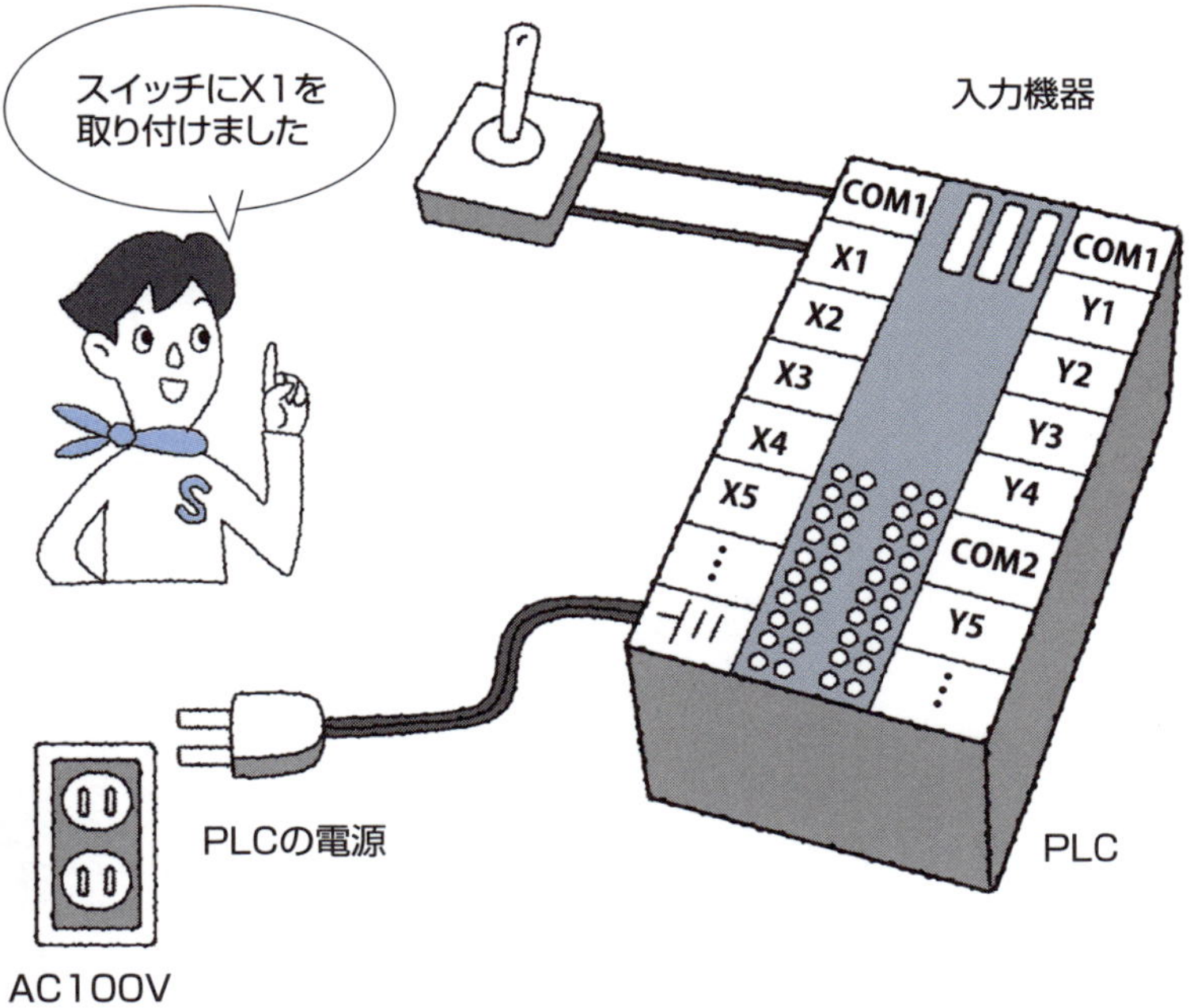

配線作業の実際

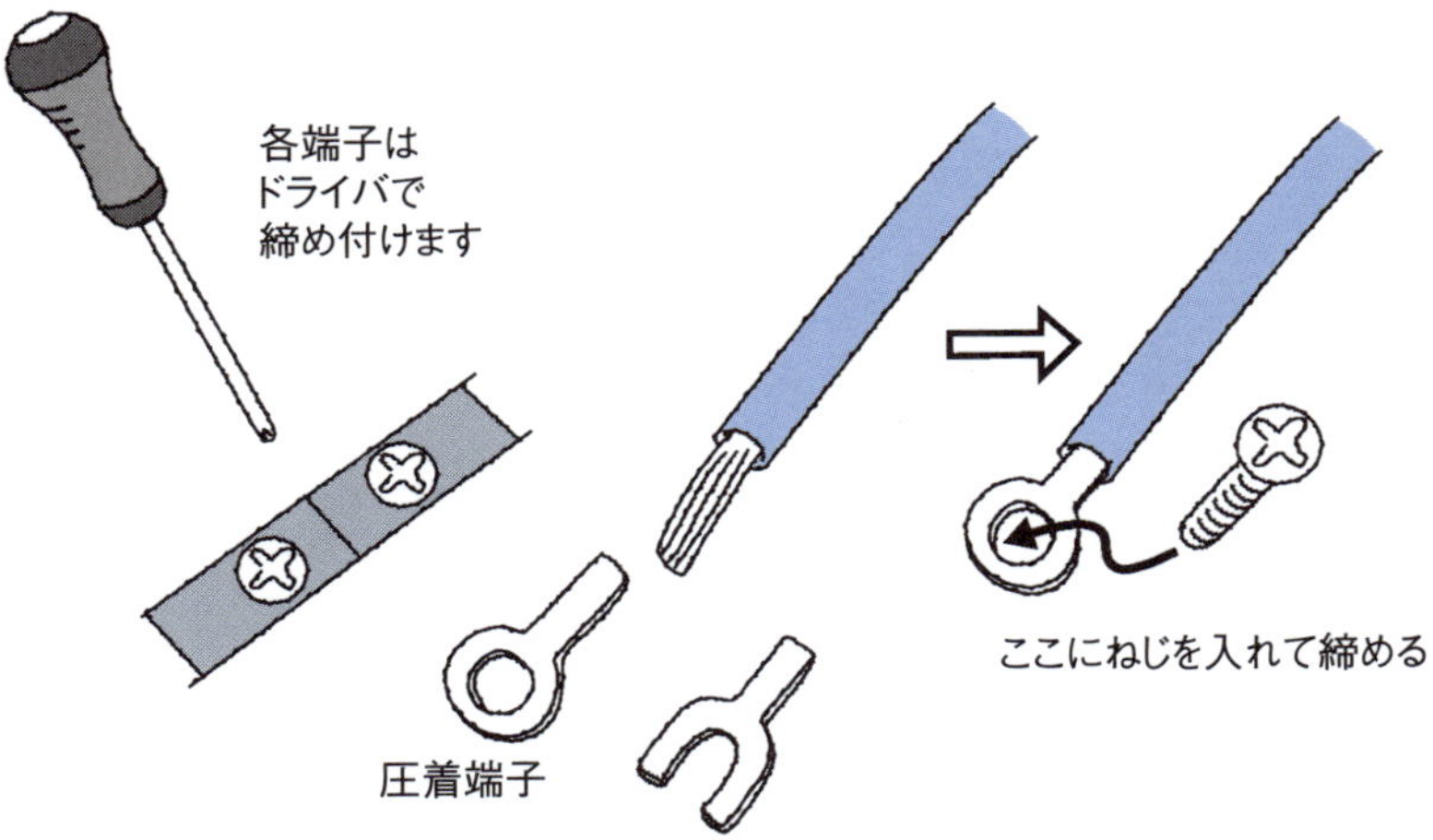

導線の先には圧着端子を用いると便利です

46 PLCの配線作業（出力編）

出力機器を配線しての制御

PLCの出力側の端子には、Y1、Y2、Y3などの出力端子と複数のCOM端子があります。そのため、出力機器の配線も基本的には入力機器と同じく、共通端子であるCOM端子と使いたい出力端子Yを接続すればよいのですが、出力機器の配線には、入力機器の配線と異なる部分がいくつかあります。

入力機器の端子にはCOM端子は通常一つしかありません。一方、出力機器の端子にはCOM1やCOM2のように複数のCOM端子があります。そして、例えばCOM1はY1からY4までの出力端子、COM2はY5からY8までの出力端子というように、対応する範囲が決められています。

出力機器として直流モータを接続する場合には、プラスとマイナスの端子をCOM1とY1に接続するだけでなく、直流モータを動かすための電源が必要となります。一般的に直流電圧で作動する機器は、5V、6V、9V、12V、24Vなどの電圧が定格電圧として用いられます。そのため、例えば定格電圧が12Vの電気モータを出力端子に取り付けて作動させる場合には、出力端子YとCOM端子の間に直流モータと電源を直列に接続します。

このとき、COM端子が一つしかないと、出力機器に供給できる電圧値は一つの値に固定されてしまい、これでは同じ電圧で作動する機器しか接続できません。そのため、COM端子を別々にすることにより、例えば12Vで作動する直流モータと24Vで作動する電磁弁を一つのPLCで作動させることが可能になるのです。

多くの電気機器に用いられる直流電圧は12Vや24Vであり、これらの電圧を与えるためには電池ではなく、交流100Vを直流電圧12Vや24Vに変換するスイッチング電源と呼ばれる電源装置が用いられます。これも配線作業が必要ですが、安定した直流電源にすることができます。

要点BOX
- ●複数の出力端子がある
- ●出力機器には外部から電圧を供給
- ●スイッチング電源が便利

PLCの配線作業(出力編)

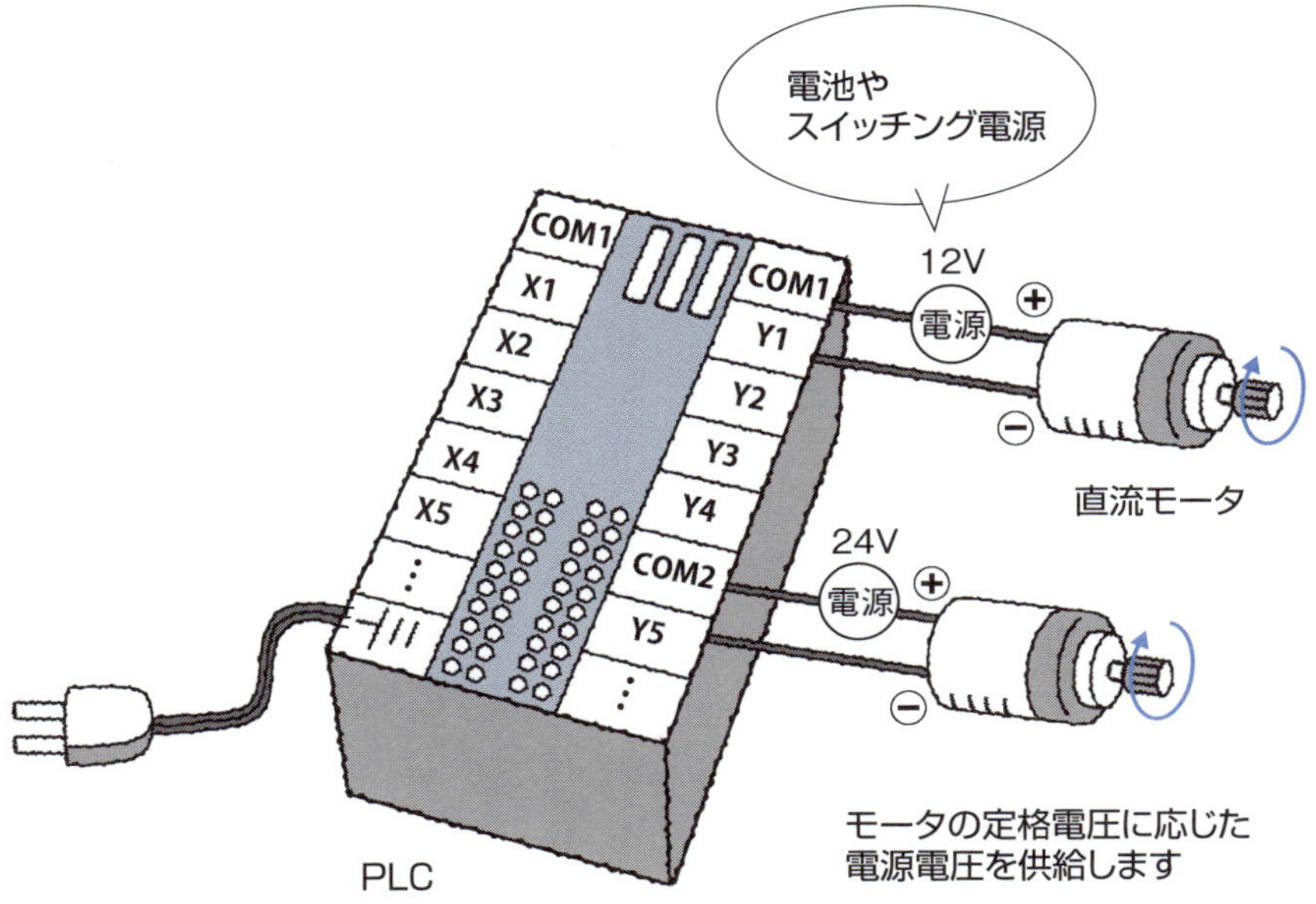

スイッチング電源

12Vや24Vなど、
決められた直流電圧を
取り出すことができます
AC100V

47 空気圧システムのシーケンス制御

空気圧シリンダを制御する

PLCはシーケンス制御を行う代表的な機器として、電気モータなどの電気機器だけでなく、空気圧シリンダなどの空気圧システムと合わせて用いられることが多く、コンピュータ制御技術を用いて工場を自動化するFAの分野でも幅広く用いられています。

ここでは空気圧システムに用いられる空気圧機器の概要および、PLCを用いた空気圧システムのシーケンス制御の実際についてまとめます。

空気圧システムは、空気圧縮機でつくられた圧縮空気を動力源として各種の空気圧機器を作動させるシステムであり、空気圧縮機のほか、空気圧調整ユニット、方向制御弁、空気圧シリンダなどから構成されます。空気圧シリンダは強力な直線運動を直接取り出すことができるアクチュエータであり、出力調整も容易であること、温度などによる影響が少なく、爆発や引火の心配もないことなどの特徴があるため、回転運動を主とする電気モータとは異なるアクチュエータとして、幅広く用いられています。

空気圧シリンダは、圧縮空気を利用して直線運動を作り出し、機械的な仕事をする代表的なアクチュエータであり、必要な力の大きさやストロークなどを取りだせるような、さまざまな種類の製品があります。

空気圧システムのシーケンス制御を行うためには、まず入力装置であるスイッチ、また出力装置である空気圧シリンダを用意してPLCに接続します。空気圧シリンダに加える圧力とシリンダの断面積がわかれば、発生する力を求めることができます。また、複数の空気圧シリンダを順番に動かしたいときには、その動作順序をパソコン画面上でラダー図に表し、動作の確認ができたら、PLCに転送します。

空気圧シリンダからは往復運動を取り出すことができます。回転運動が必要な場合には、他の出力接点に電気モータを接続することで、一つのPLCから往復運動と回転運動を取り出すことができます。

要点BOX
- ●FAの分野でも幅広い用途
- ●空気圧シリンダは代表的なアクチュエータ
- ●空気圧シリンダから往復運動を取り出す

空気圧システムのシーケンス制御

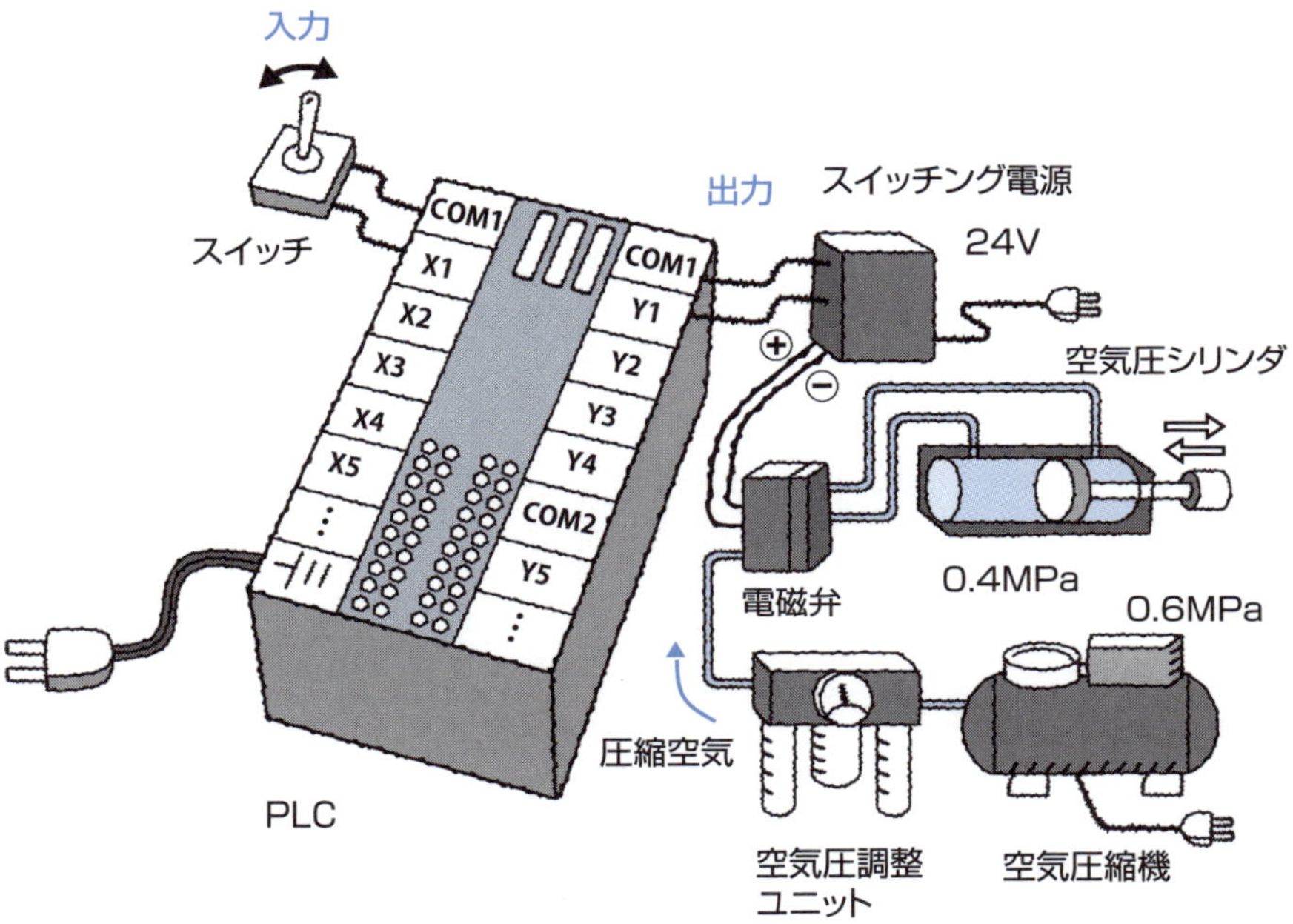

プログラム転送の流れ

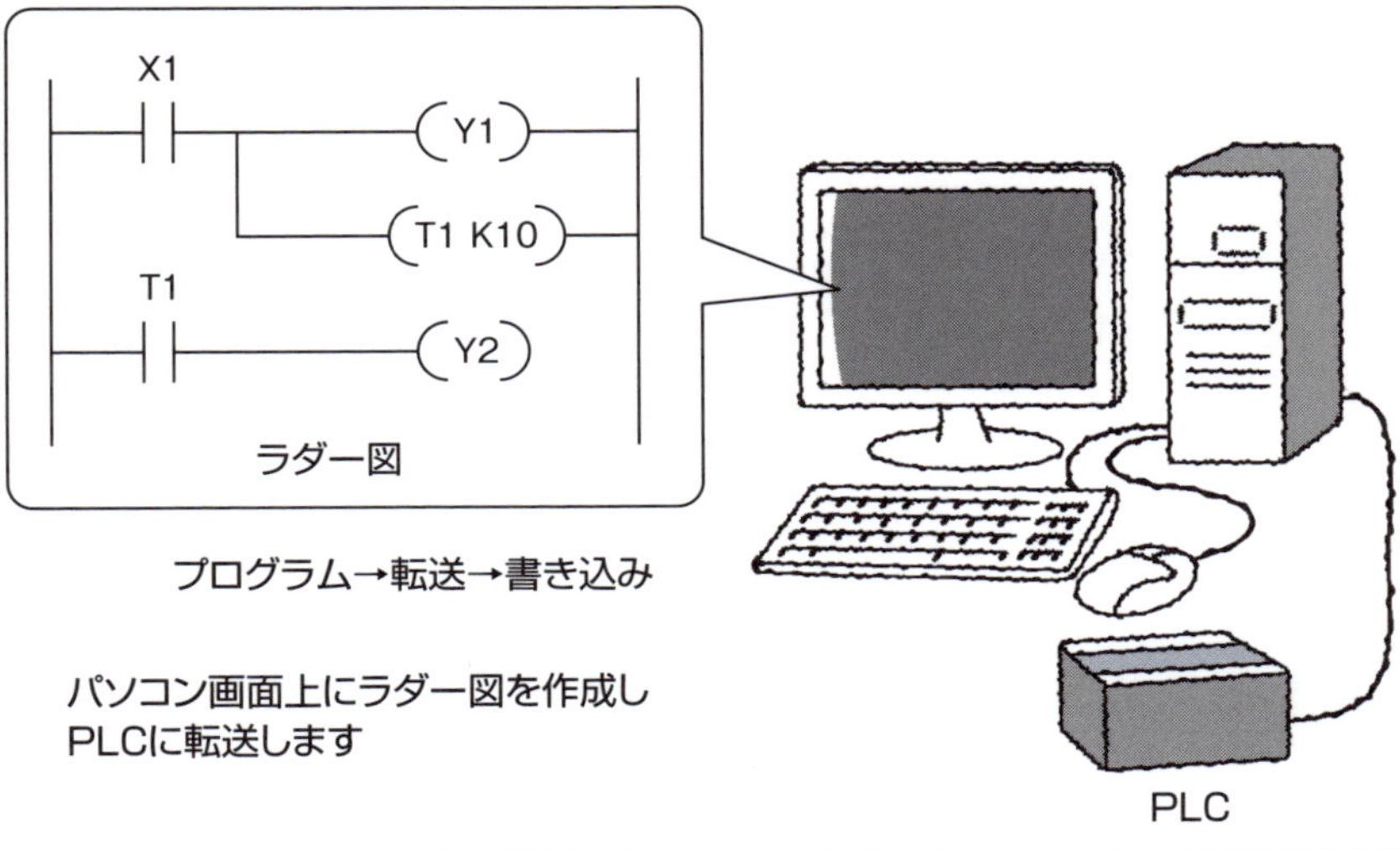

48 シーケンス制御の用途

食品機械などの応用例

PLCを用いたシーケンス制御で空気圧シリンダや電気モータを作動させることで、さまざまな自動機械をつくることができます。

複数の空気圧シリンダをPLCによるシーケンス制御で作動するものは、産業機械に幅広く用いられており、自動組立などのさまざまな作業を担っています。また、空気には衛生的であるという特長もあるため、空気圧システムを用いたさまざまな食品機械も存在しています。

日常では、なかなかこれらの食品機械を見る機会はありませんが、世の中には大量に調理が必要な場面もあり、これらのすべてを人手で行うことはできません。コンビニエンスストアで販売されている食品は、おにぎりや海苔巻きなどはもちろん、パスタやうどんなどの麺類、また餃子やおでんの具なども、ほとんどが食品機械で製造されていると思ってよいでしょう。毎年6月に東京ビッグサイトで開催されている国際食品工業展(日本食品機械工業会主催)では、さまざまな食品機械の展示・実演が行われています。

また、私たちの身の回りに不可欠な各種の自動販売機にもシーケンス制御が用いられています。自動販売機では、PLCの計数機能を用いて硬貨をカウントして計数することで入金された金額を算出し、必要なボタンが押されることにより、商品を排出するとともにおつりを計数して排出します。

身の回りにシーケンス制御で動いていると思われる自動機械を見つけたら、その入力装置と出力装置にどのようなものが用いられているかを探し、内部の動作に関する論理やタイマ、カウンタなどを想像してラダー図を考えてみてください。制御系を理解するよいトレーニングになるはずです。

もちろん自ら食品機械や自動販売機などを簡単なものでもよいので、実際に設計・製作してみると理解が深まると思います。

要点BOX
- ●さまざまな自動機械をつくれる
- ●自動販売機もシーケンス制御を応用
- ●入力装置と出力装置

シーケンス制御が応用されている食品機械

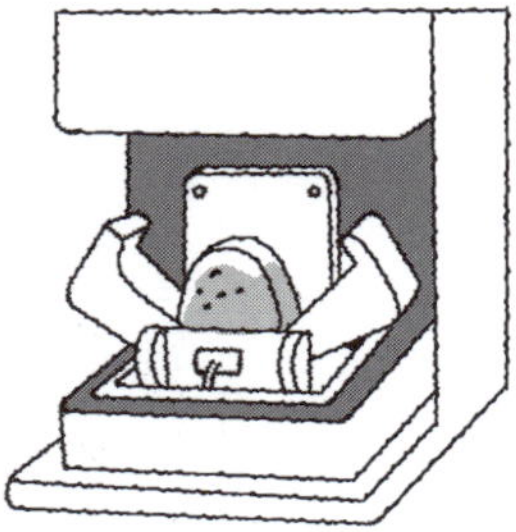

おにぎり製造機

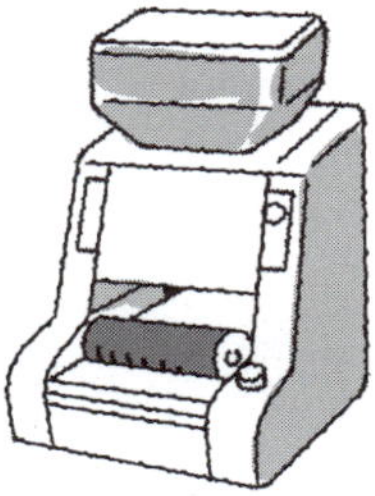

巻き寿司製造機

どのようなメカニズムが
どのような順序で
動いているのかを
考えてみよう

パスタ製造機

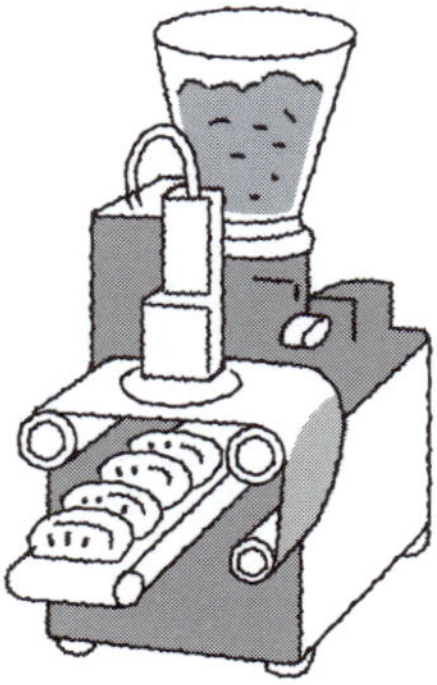

餃子製造機

自動販売機

入力…ボタン、硬貨の計数
出力…商品の排出、おつりの計数

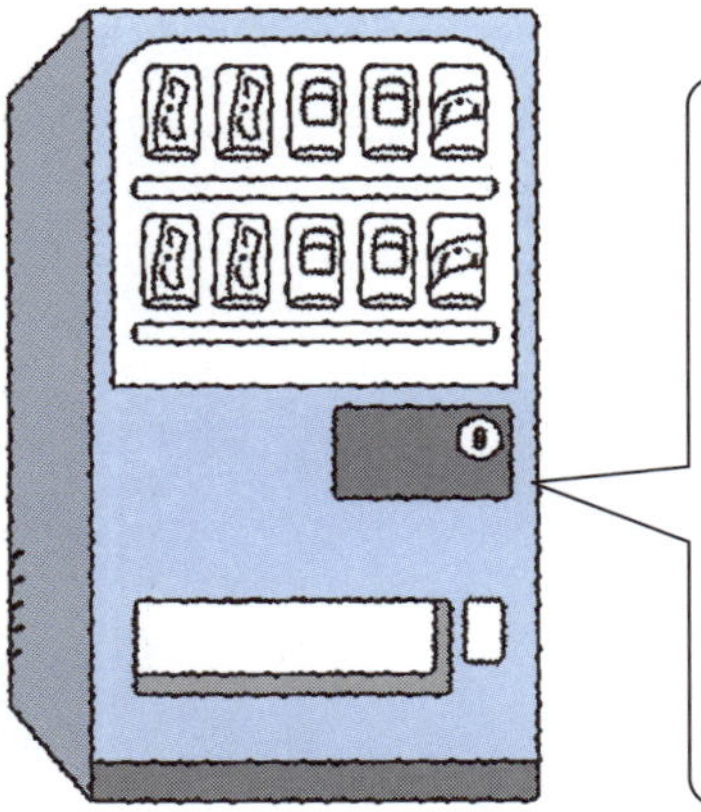

どのような論理で制御が
行なわれているのかを考えてみよう

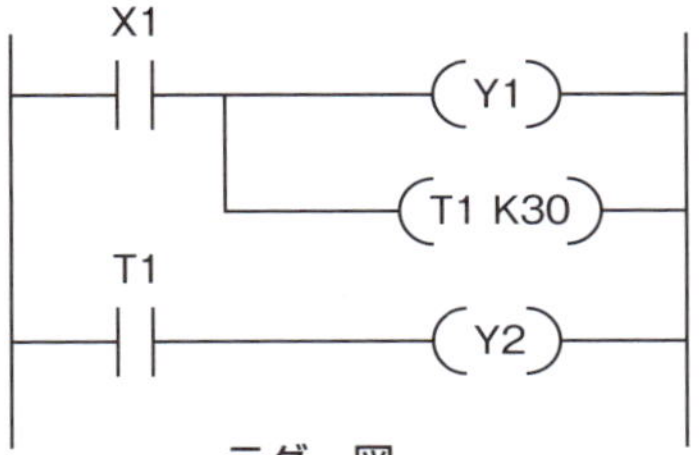
X1
Y1
T1 K30
T1
Y2

ラダー図

Column

制御盤と配線

制御盤とは、制御用のスイッチ・計器類をまとめて備え付けてある金属製の箱に遮断機、開閉器、保護装置、継電器、リレー、PLCなどの機器類を収納・配線したものであり、工場の設備やロボット、コンベアなどに用いられます。

PLCなどを用いた自作の実験装置などにおいても、配線する機器が多くなると、それらを整理するための制御盤があると役に立ちます。こちらは箱ではなく、多くの場合、平面の板に各種の機器類を取り付けて用います。

制御機器に用いる各種機器からはそれぞれプラスとマイナスの2本の端子、また信号線などを合わせると、すぐに10本以上の配線が出てきます。これらの複数の配線をそれぞれバラバラに接続していくと配線が乱雑になり、途中でどこかが一本外れた場合などに困ることが多くあります。そこで、制御盤を用いて、それぞれの機器をわかりやすく端子に接続することで制御を円滑に行うことができるようにするのです。

制御盤は、PLCなど中心となる機器からの電線を保護、整理、収容するために用いられる樹脂製の配線ダクトや回路全体を見やすくするための中継端子台などから構成されます。制御盤を用いた配線の整理整頓は、制御機器を円滑に動かすためにとても重要です。

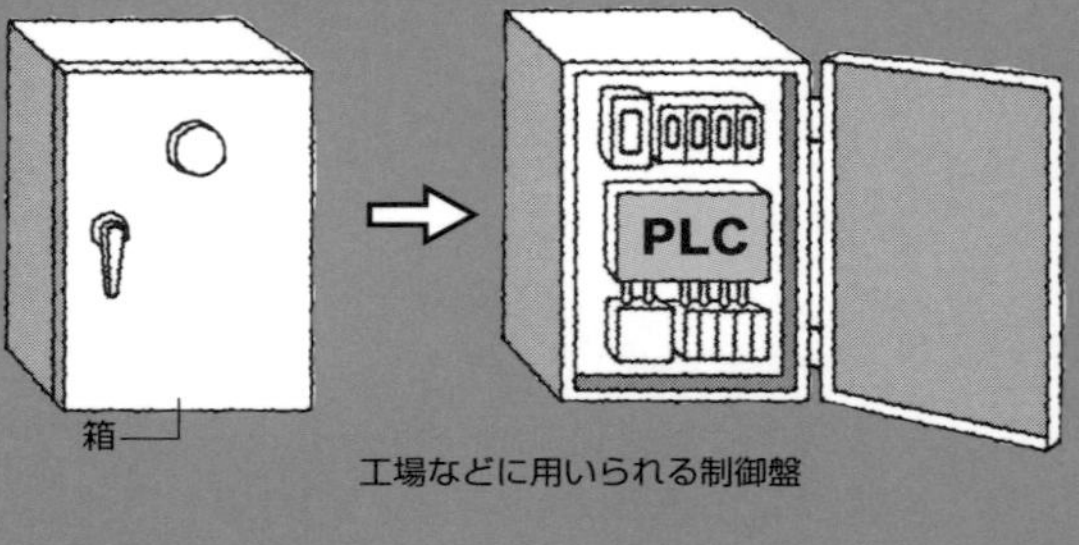

工場などに用いられる制御盤

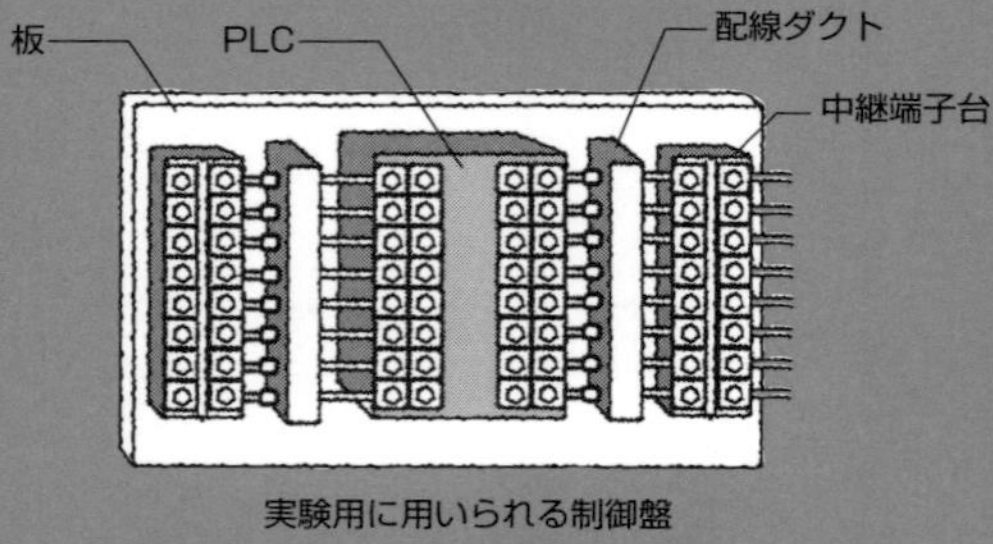

実験用に用いられる制御盤

第5章

フィードバック制御

49 フィードバック制御系の設計

制御系の構成要素と制御信号

フィードバック制御が「制御量の値を目標値と比較し、両者を一致させるような訂正動作を行う制御」のことであることは、エアコンの温度制御の例をあげて2章でも述べました。ここではフィードバック制御の実際について、もう少し詳しく見ていくことにします。

フィードバック制御を行う場合には、制御系の設計を行う必要があります。フィードバック制御系には次のような構成要素があり、制御信号が流れます。

制御系にはまず目標として外部から目標値が入力されます。コントローラは調整部ともいい、フィードバック制御系の中心部分です。この部分には、単純なオン・オフ制御から、PID制御、現代制御など、必要な制御則が組み込まれます。アクチュエータは操作部ともいい、コントローラから送られた信号を操作量に変換し、電気モータや電磁弁などを操作します。制御対象とは、制御の対象となるものであり、機械や装置の一部または全体のことです。なお、ここには制御対象の状態を変化させる外的要素である外乱が入ってくることがあります。センサは検出部ともいい、制御対象から必要な信号を取り出し、フィードバック量として比較部に戻します。

また、フィードバック制御は、目標値の時間的性質によっていくつかに大別できます。目標値が常に一定値となる定値制御は、外乱などの影響を受けても制御量が常に一定値に保たれるものであり、プロセス制御などに用いられます。

また、目標値が時間的に変化する追値制御は、外乱の影響を受けても制御量を目標値に対して敏感に正確に従わせることができるものであり、サーボ機構などに用いられます。また、目標値があらかじめ定められた時間的変化をするプログラム制御は、エレベータの速度制御や化学プラントの温度制御などに用いられます。

要点BOX
- ●コントローラに制御則を組み込む
- ●定値制御と追値制御
- ●プロセス制御とサーボ機構

フィードバック制御の構成

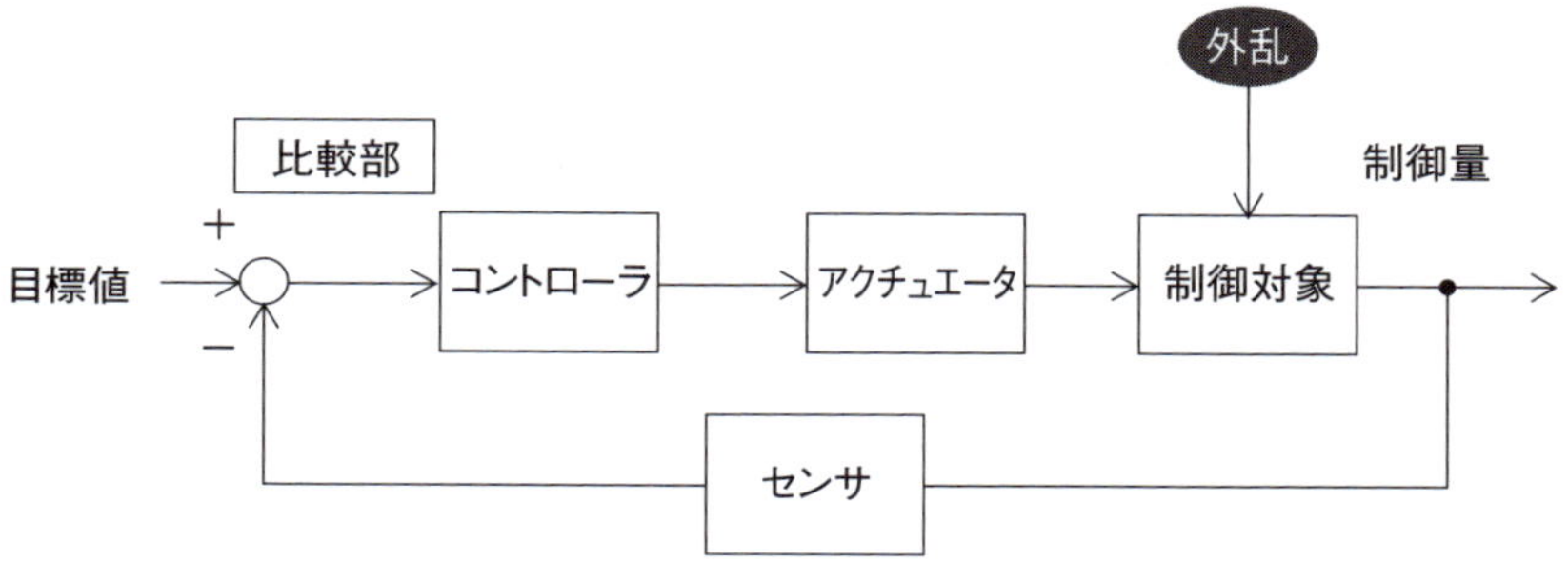

フィードバック制御の種類

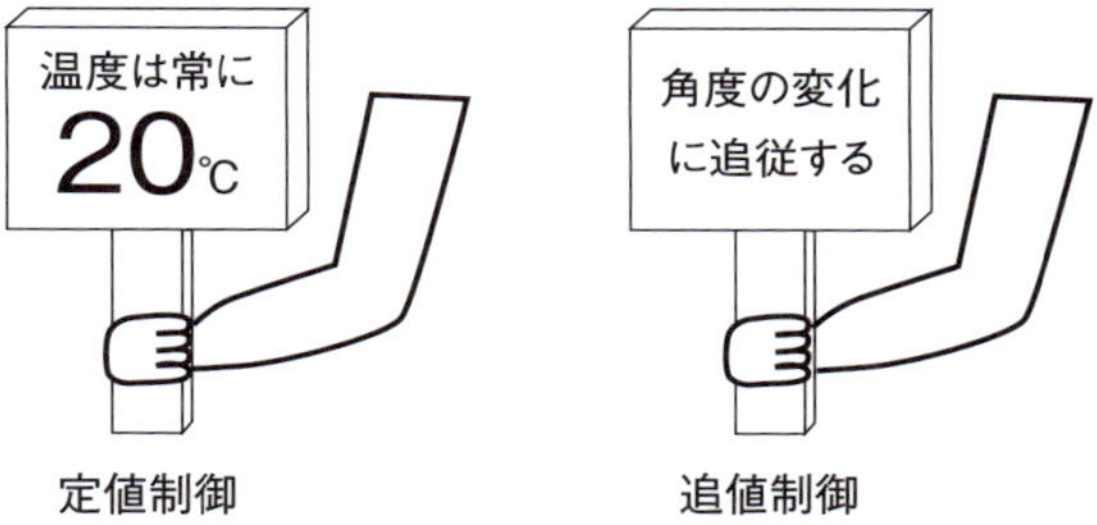

プロセス制御

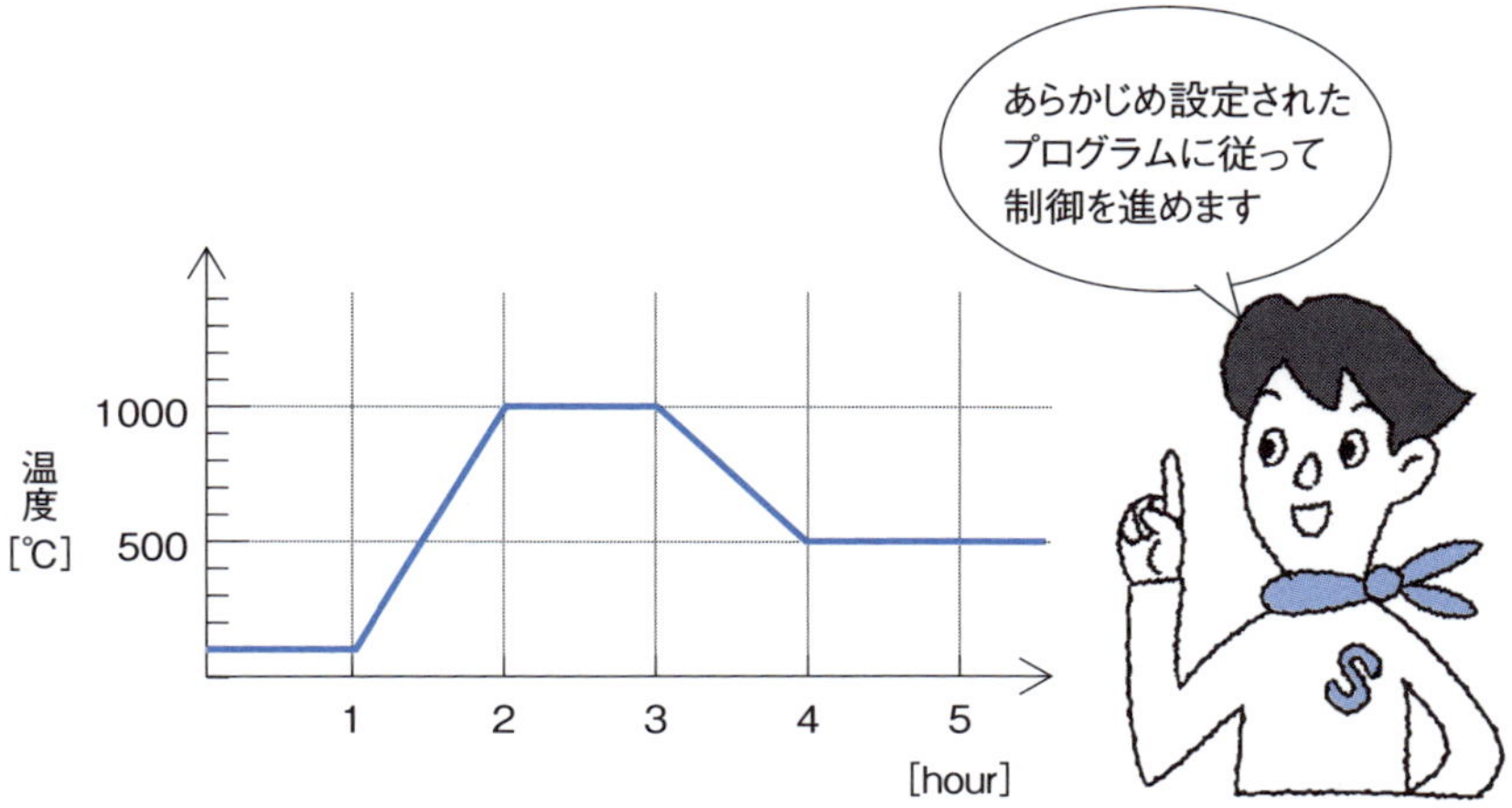

50 フィードバック制御系の応答

安定な制御系と不安定な制御系

フィードバック制御系では、制御システムに入力される信号に応じて出力される信号が時間的に変化します。そして、この両者の関係を制御系の応答といいます。ここでは、どのような種類の入力信号によってどのような出力信号が出るのかを知ることが重要になります。

シンプルな例として、制御システムにステップ状の入力波形による電圧が入力され、目標値が5Vの出力である場合を考えます。この場合、入力信号が入った瞬間的に5Vの出力信号が出力されるのがもっともよい制御ということになりますが、実際には瞬時に目標値に達するようなことは起こらず、何らかの時間遅れや目標値とのずれが発生します。

このとき、最終的に5Vに落ち着く場合、その制御系は「安定である」といいます。

実際には、ステップ状の入力信号に対して、安定な出力信号とは比較的短時間に目標値に落ち着くものやゆっくりと目標値に落ち着くもの、また振動的になるものの目標値に落ち着くものなどがあります。

一方、ステップ状の入力信号に対して、最終的に目標値である5Vに落ち着かない場合、その制御系は「不安定である」といい、振動が続いて一定値に落ち着かないものや出力値が発散するものなどがあります。

このとき、出力信号が目標値を上回ることをオーバーシュート、目標値を下回ることをアンダーシュートといいます。また、目標値に対して値が一致せず上下に変動する現象をハンティングといいます。

制御系の設計においては、「どのようにして素早く安定した制御を行うか」ということに重点が置かれます。このとき、制御系の目標値は「素早く出力する」や「安定した出力をする」というような曖昧な言葉ではなく、「2秒以内に5Vを出力する」など、目標とする具体的な数値を定量的に掲げて制御を行う必要があります。

要点BOX
- ●入力信号と出力信号の関係
- ●安定と不安定
- ●目標値は定量的にかかげる

フィードバック制御の応答

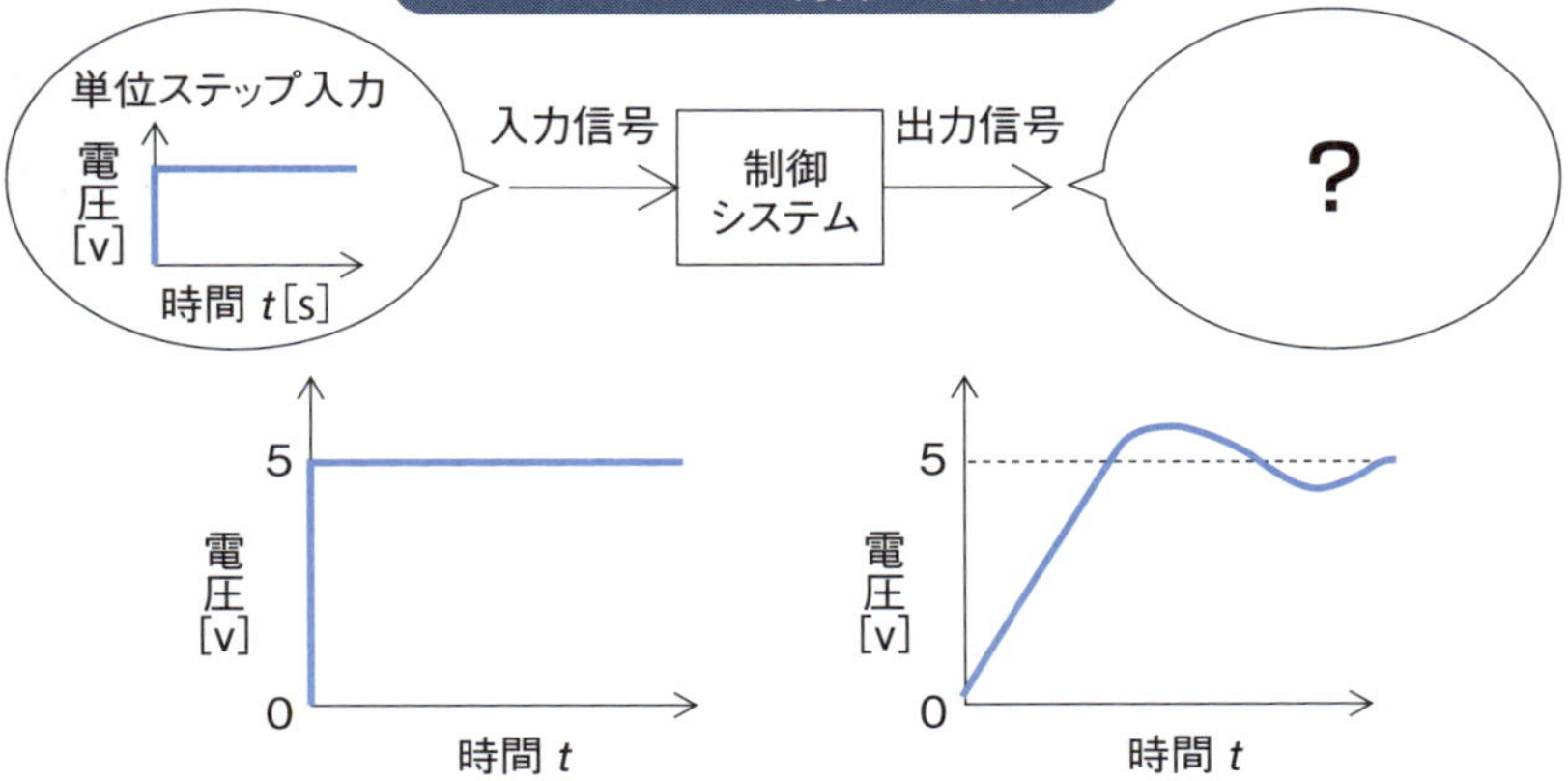

安定な制御系

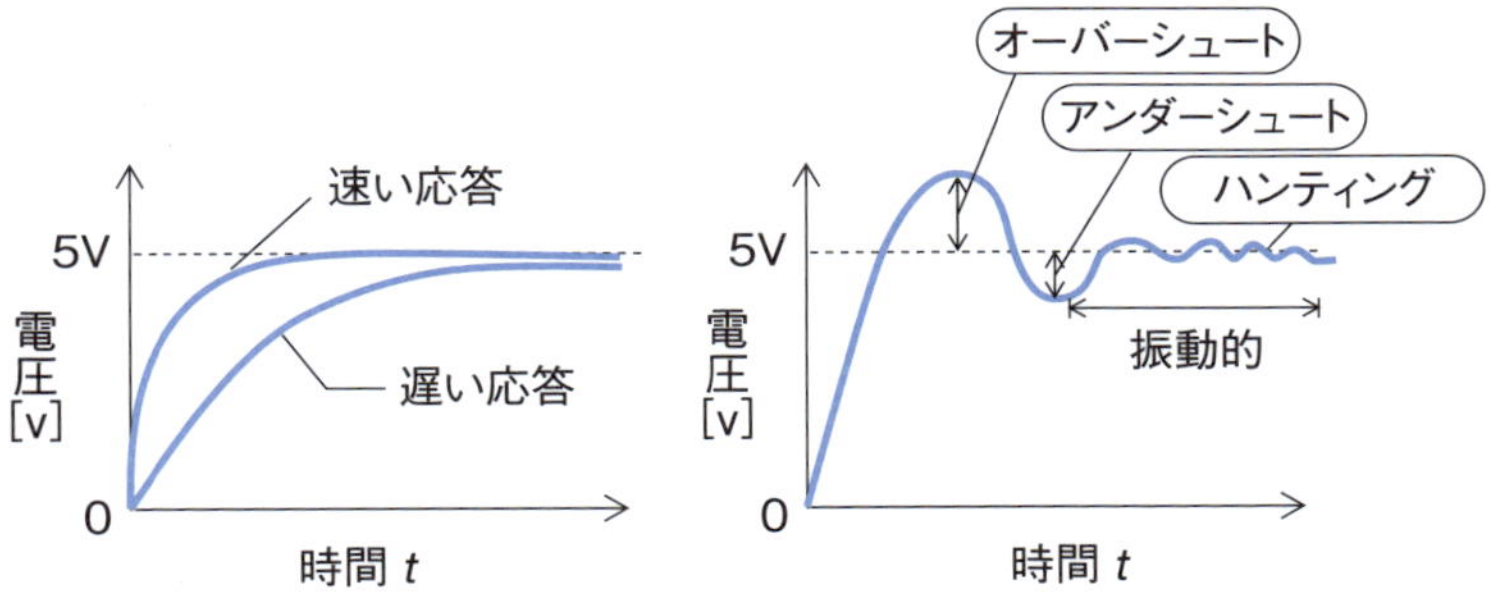

不安定な制御系

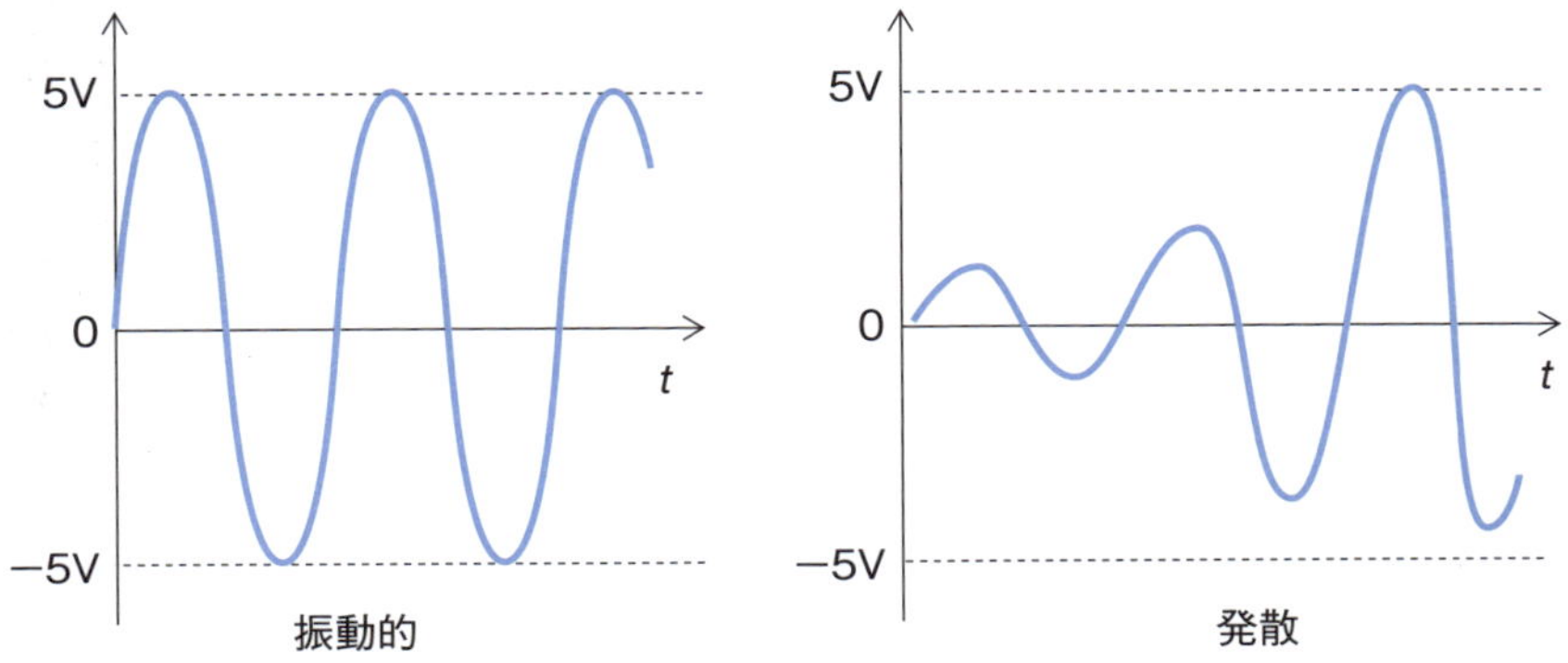

51 フィードバック制御系の特性

さまざまな信号で応答を調べる

フィードバック制御系の特性を調べる場合、制御系に加える信号にはいくつかの種類があります。

単位ステップ信号は、時刻0のときに大きさ1のステップ状の入力信号が加わる信号です。また、単位ランプ信号は、時刻0における入力が0であり、ここから一次関数的に時間に比例した入力信号が加えられ、時刻1における入力が1となる信号です。さらに、単位インパルス信号は、時刻0における大きさが無限大であり、それ以外の時刻における大きさが0である信号です。これは現実的な信号ではありませんが、制御系を理解する場合によく用いられます。

この他にも、指数関数的に入力信号が加えられる指数信号、正弦波が加えられる正弦波信号、余弦波が加えられる余弦波信号など、入力信号の波形にはさまざまな種類があります。

あるフィードバック制御系に単位ステップ信号を加えたときの出力波形をステップ応答といいます。代表的な制御系の特性には、入力信号を与えた直後の過渡特性と入力信号を与えてから時間が経過してからの定常特性とがあります。

また、ステップ応答が目標値となる定常値の10%から90%に達するまでの時間を立ち上がり時間、定常値の50%に達するまでの時間を遅れ時間といい、どちらも制御系の速応性を示す指標となります。また、ステップ応答が定常値を超えた最大値であるオーバーシュートに達するまでの時間を行き過ぎ時間といい、制御系の減衰性を示す指標となります。

定常状態に達したときに、目標値と定常値とのずれである偏差がゼロにならずに、一定の値に落ち着いてしまうことがあります。この定常的に残る偏差のことを、オフセットといいます。

制御系の応答を調べるためには、このような単位ステップ信号をはじめとする各種の信号を与えながら、その特性を検討していきます。

要点BOX

- ●さまざまな入力信号がある
- ●立ち上がり時間と遅れ時間
- ●オーバーシュートは減衰性の指標

フィードバック制御と信号

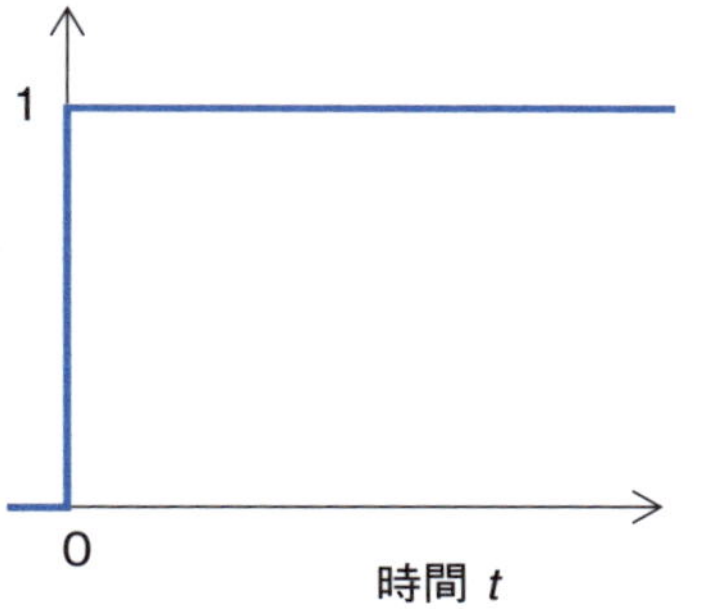

単位ステップ信号

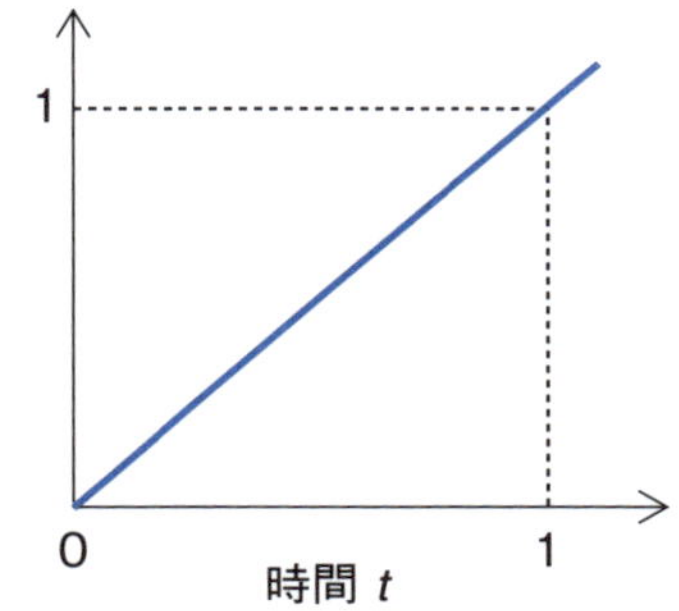

単位ランプ信号

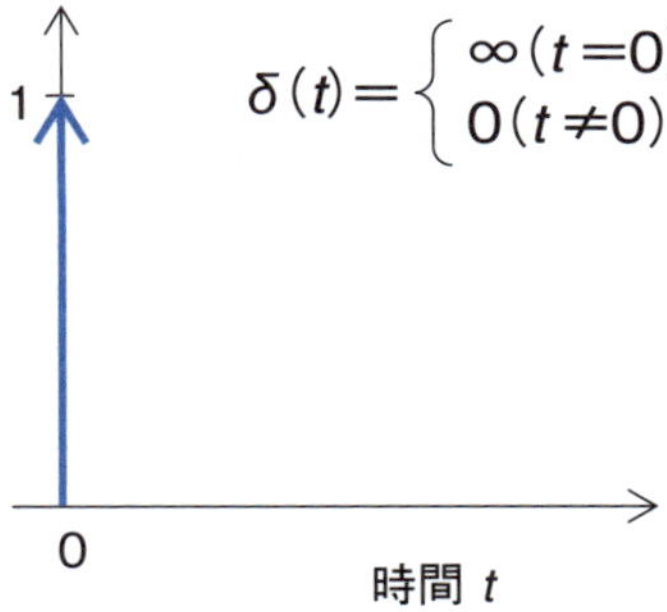

$$\delta(t)=\begin{cases}\infty\,(t=0)\\0\,(t\neq0)\end{cases}$$

単位インパルス信号

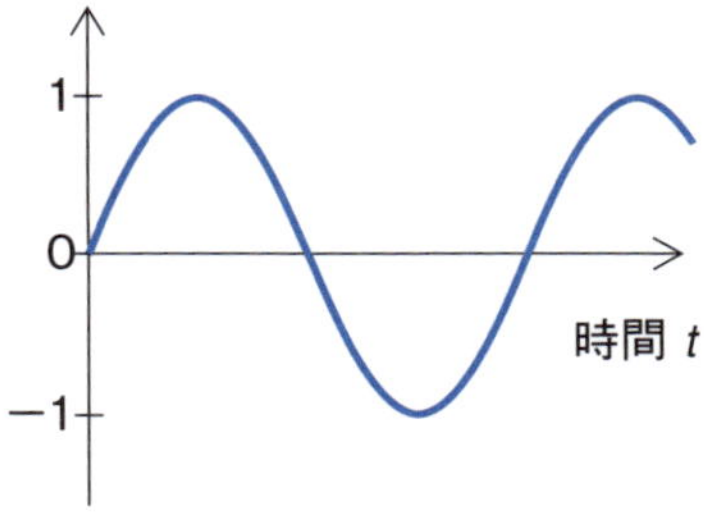

正弦波信号

フィードバック制御の特性

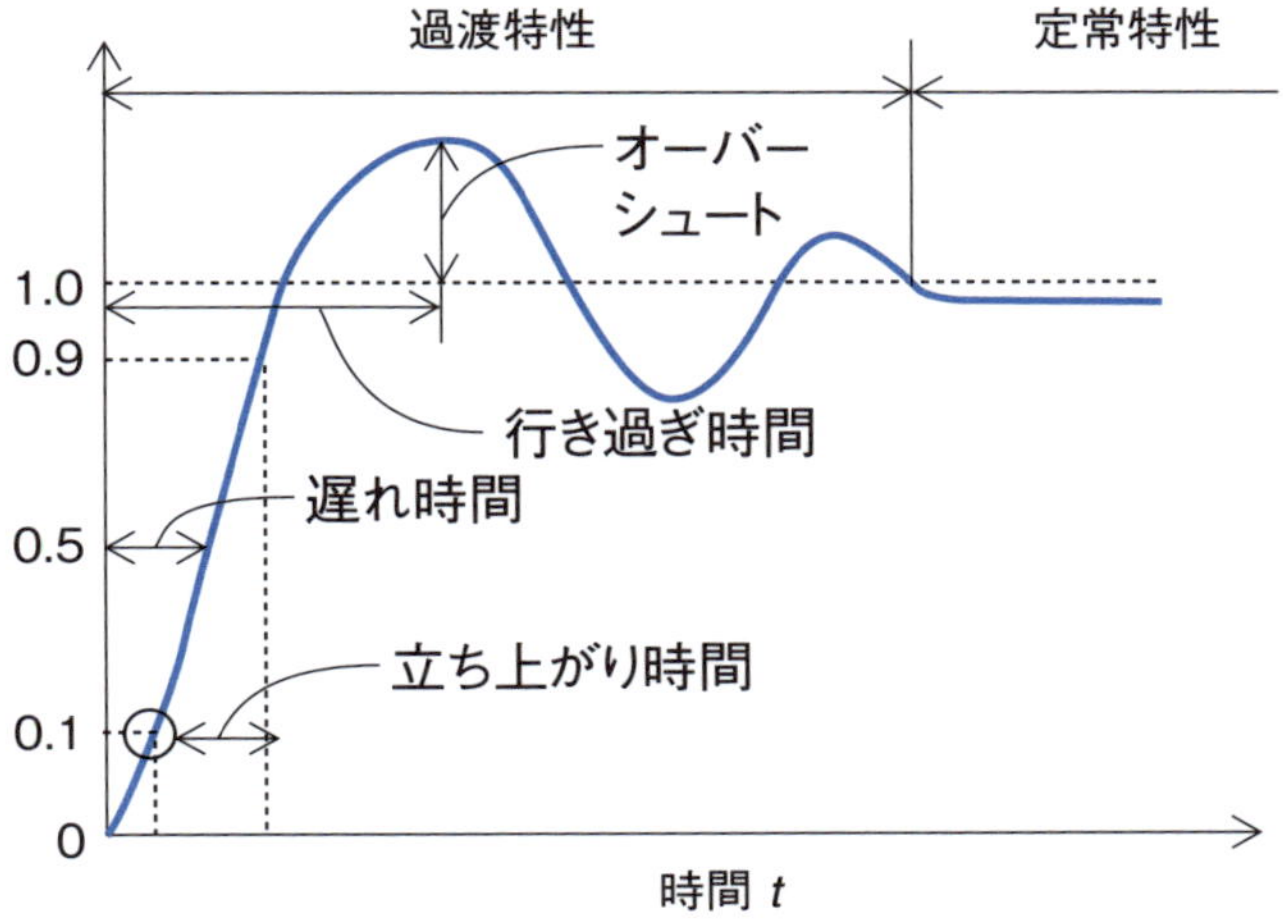

52 制御系の伝達関数（1）

基本要素である比例、積分、微分

制御系における入力信号と出力信号の関係を関数で表したものを伝達関数G（s）といい、これは対象とする制御系における入力x（t）と出力y（t）をラプラス変換という数学的な処理をしたときの入力X（s）と出力Y（s）の比で表したものです。また、伝達関数とその入出力の関係を信号の流れを図示したものをブロック線図といいます。伝達関数の基本要素には、次のものがあります。

比例要素は、入力信号x（t）に比例した出力信号y（t）を出力する要素であり、比例要素の伝達関数G（s）はx $G(s)=Y(s)/X(s)=Kp$で表されます。ここでKpを比例ゲインといいます。例えば、ばね定数kのばねに力f（t）を作用させたときの変位x（t）を表すフックの法則$f(t)=kx(t)$、抵抗Rに電流i（t）を流したの電圧e（t）との関係を表すオームの法則$e(t)=Ri(t)$などがあげられます。

積分要素は、入力信号x（t）を時間で積分した出力信号y（t）を出力する要素であり、積分要素の伝達関数G（s）はx、$G(s)=Y(s)/X(s)=Ki/s$で表されます。ここでKiを積分ゲインといいます。例えば、底面積Aの容器に流量q（t）で水を流すときの水の高さh（t）との関係、コンデンサCに電流i（t）を流したときの電圧e（t）との関係などがあげられます。

微分要素は、入力信号x（t）を時間で微分した出力信号y（t）を出力する要素であり、微分要素の伝達関数G（s）は、$G(s)=Y(s)/X(s)=sKd$で表されます。ここでKdを微分ゲインといいます。例えば、ピストンに開いた穴を油が流れるときに生じる粘性抵抗Dにより発生する力f（x）と変位x（t）との関係でピストンの動きを抑制する緩衝機構であるダンパ、コイルLに電流i（t）を流したときの電圧e（t）との関係などがあげられます。

要点BOX
- ●入力信号と出力信号を表す関数
- ●比例、積分、微分のゲイン
- ●電気回路とのアナロジー

伝達関数のブロック線図

ラプラス変換を用いると、
積分はsで割ること、
微分はsを掛けることに
なります

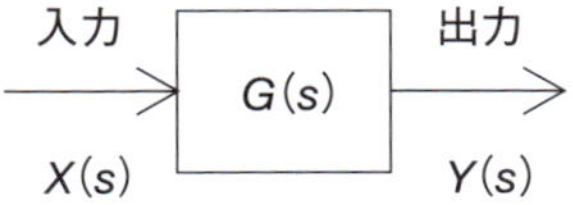

$$G(s) = \frac{Y(s)}{X(s)}$$

伝達関数

比例要素

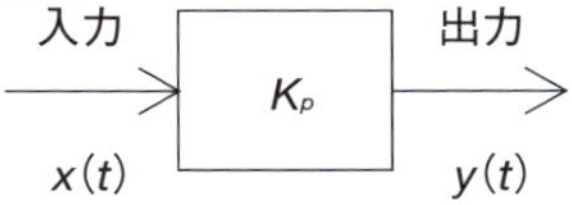

$$y(t) = K_p x(t)$$

$$G(s) = \frac{Y(s)}{X(s)} = K_p$$

フックの法則

$$f(t) = kx(t)$$

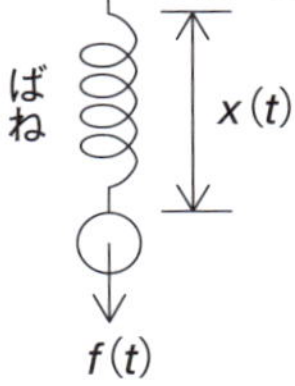

オームの法則

$$e(t) = Ri(t)$$

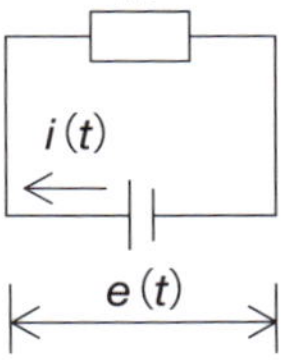

積分要素

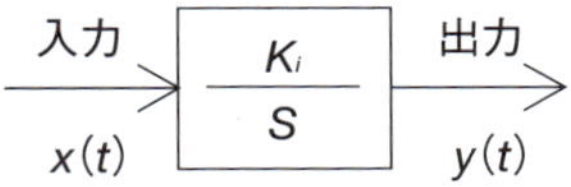

$$y(t) = K_i \int x(t)\,dt$$

$$G(s) = \frac{Y(s)}{X(s)} = \frac{K_i}{S}$$

$$h(t) = \frac{1}{A} \int g(t)$$

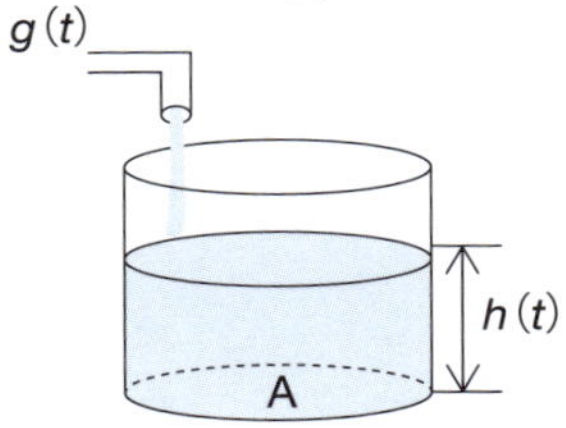

$$e(t) = \frac{1}{C} \int i(t)$$

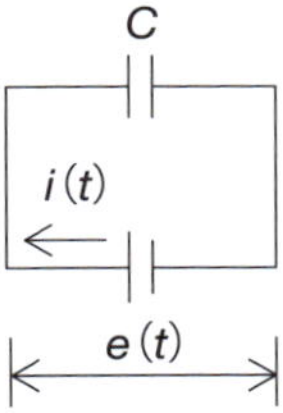

微分要素

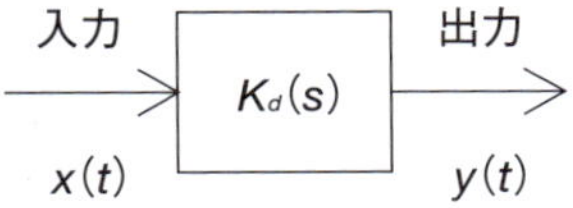

$$y(t) = K_d \frac{dx(t)}{dt}$$

$$G(s) = \frac{Y(s)}{X(s)} = K_d s$$

$$f(t) = D\frac{dx(t)}{dt}$$

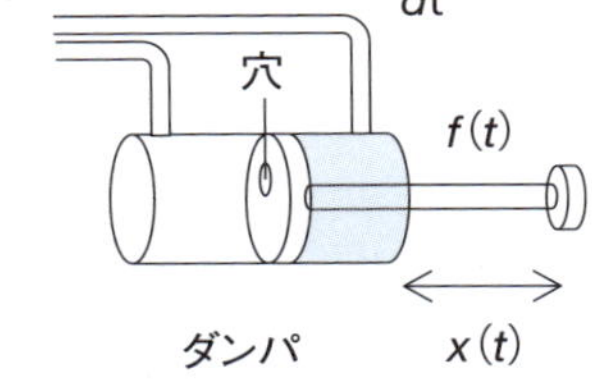

$$e(t) = L\frac{di(t)}{dt}$$

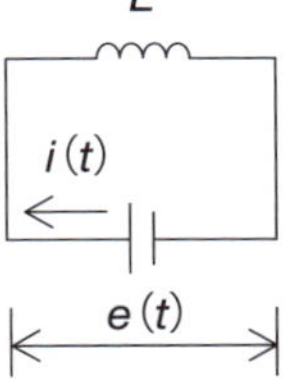

53 制御系の伝達関数(2)

一次遅れ要素と二次遅れ要素

制御系における入力信号と出力信号の関係を表した伝達関数G(s)には、比例、積分、微分の他、微分方程式で表されるものなどがあります。

一次遅れ要素は入力信号x(t)と出力信号y(t)の関係が線形一次微分方程式で表される伝達関数G(s)であり、x(t)とy(t)のラプラス変換をそれぞれX(s)とY(s)として、$G(s)=Y(s)/X(s)=K/(1+Ts)$で表されます。ここでKを比例ゲイン、Tを時定数といいます。

一次遅れ要素は指数関数特性で時間変化する事象であるため、その変化の早さの目安を示す指標として時定数が用いられます。時定数は、立ち上がり時の傾斜のまま最終点まで到達したと仮定した時間で表現され、これが約63%に到達するまでの時間として求められます。例えば、抵抗RとコンデンサCを直列に接続したRC回路では、抵抗Rが比例要素、コンデンサCが積分要素であり、これを直列に接続した回路をラプラス変換することで、伝達関数G(s)が求められます。このとき、CRが時定数Tとなり、一次遅れ要素の式が導かれます。

二次遅れ要素は入力信号x(t)と出力信号y(t)の関係が線形二次微分方程式で表される伝達関数G(s)であり、$G(s)=Y(s)/X(s)=\omega_n^2/(s^2+2\zeta\omega_n s+\omega_n^2)$で表されます。ここで$\omega_n$を固有角周波数、$\zeta$を減衰係数といいます。

例えば、抵抗RとコイルLとコンデンサCを直列に接続したRLC回路では、抵抗Rが比例要素、コイルLが微分要素、コンデンサCが積分要素であり、これらを直列に接続した回路をラプラス変換することで、伝達関数G(s)が求められます。二次遅れ要素は減衰係数ζの値によって異なる出力信号を出します。$0<\zeta<1$の場合、振動的になります。$\zeta=1$の場合、振動しなくなる限界である臨界減衰です。$\zeta>1$の場合、過制動として振動しなくなります。

要点BOX

- 時定数は最終点の約63%までの時間
- RC回路は一次遅れ系
- RLC回路は二次遅れ系

一次遅れ要素

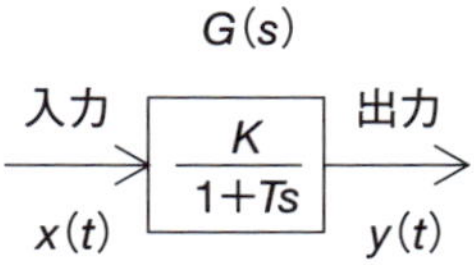

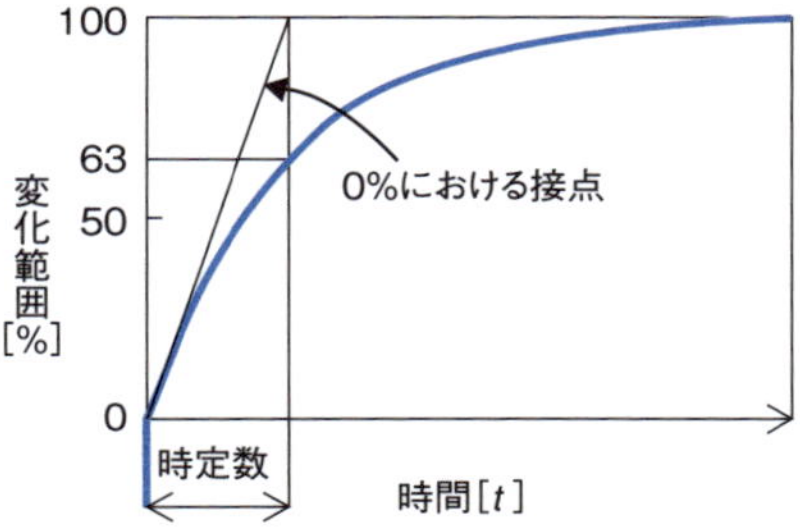

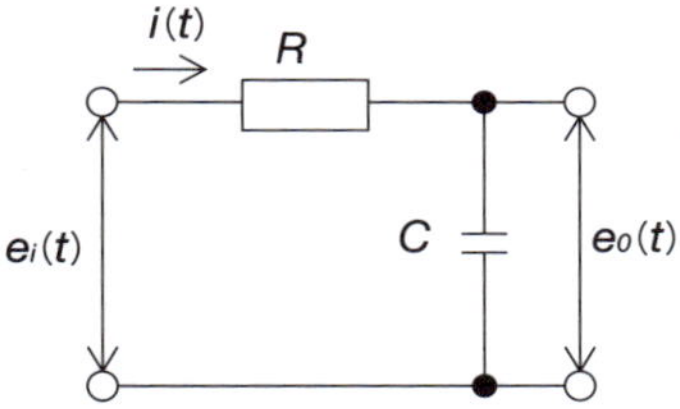

RC回路

$$e_i(t)=Ri(t)+\frac{1}{C}\int i(t)\,dt \cdots ①$$

$$e_o(t)=\frac{1}{C}\int i(t)\,dt \cdots\cdots\cdots ②$$

①、②をラプラス変換すると、次式が得られます。

$$Ei(s)=RI(s)+\frac{1}{Cs}I(s)$$

$$Eo(s)=\frac{1}{Cs}I(s)$$

$$G(s)=\frac{Eo(s)}{Ei(s)}=\frac{\frac{1}{Cs}I(s)}{Ri(s)+\frac{1}{Cs}I(s)}=\frac{1}{1+CRs}=\frac{K}{I+Ts}$$

二次遅れ要素

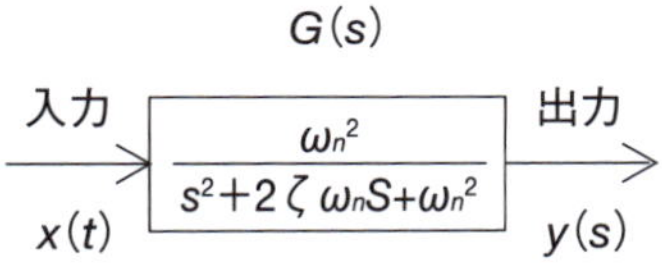

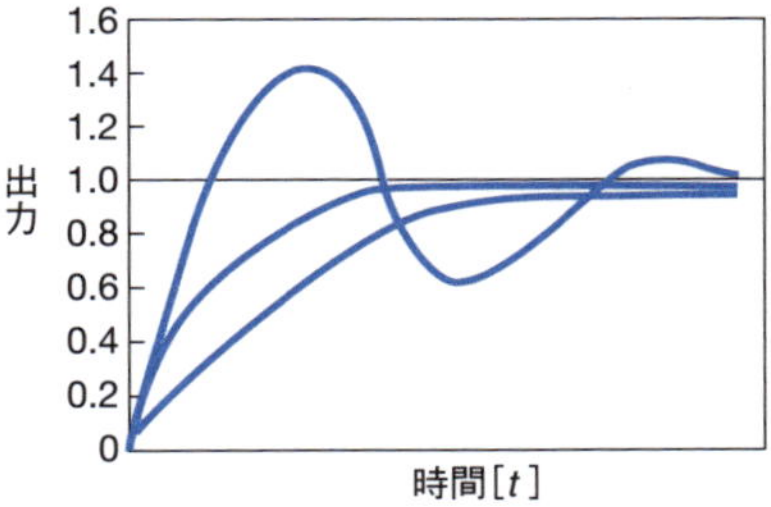

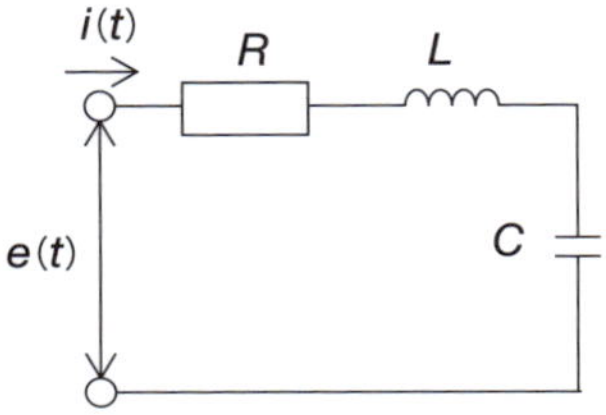

RLC回路

$$Ri(t)+L\frac{di(t)}{dt}+\frac{1}{C}\int i(t)\,dt=e(t)\cdots ③$$

③をラプラス変換すると、次式が得られます。

$$RI(s)+sLI(s)+\frac{1}{Cs}I(s)=E(s)$$

$$\left[R+sL+\frac{1}{Cs}\right]I(s)=E(s)$$

$$G(s)=\frac{I(s)}{E(s)}=\frac{Cs}{LCs^2+RCs+1}$$

54 ブロック線図の等価変換

制御系をわかりやすくまとめる

複数の伝達関数が直列や並列に接続されると、伝達関数を表すブロック線図も複雑になり、入出力システムの全体像をつかむことが難しくなります。そのため制御系のはたらきを変えることなく、等価でかつ簡潔なものにできると便利です。これを「ブロック線図の等価変換」といいます。

直列結合では、直列に並ぶブロック線図（例えば$G_1(s)$と$G_2(s)$）を積の形にまとめることができます。この証明は、$G_1(s)$の出力を$X_1(s)$とすると、$G_1(s)=X_1(s)/X(s)$、$G_2(s)=Y(s)/X_1(s)$より、$Y(s)/X(s)=G_1(s)\cdot G_2(s)$となります。

また、並列結合では、並列に並ぶブロック線図（例えば$G_1(s)$と$G_2(s)$）を和の形にまとめることができます。この証明は、$Y(s)$の手前の分岐を$Y_1(s)$と$Y_2(s)$とすると、$G_1(s)=Y_1(s)/X(s)$、$G_2(s)=Y2(s)/X(s)$より、$Y(s)=Y_1(s)+Y_2(s)=(G_1(s)+G_2(s))X(s)$となります。

これらはブロック線図が二つ以上接続された場合にも成り立ちます。また、その順序は任意に交換ができます。

フィードバック結合では、前向きのブロック線図を$G_1(s)$、フィードバックのブロック線図を$H(s)$として、まとめることができます。フィードバックの部分を配慮すると、$X(s)-H(s)Y(s)$が$G_1(s)$に入力されます。

単にフィードバックといえば負のフィードバックのことを指すことが多く、これをネガティブフィードバックまたは負帰還ともいいます。エアコンで温度を一定にしようとした場合、設定した温度より室温が上昇したら運転能力を落とし、室温が下降したら運転能力を高めて、つねに室温が一定になるようにしています。これが負のフィードバックの例であり、これによりシステムは安定します。

要点BOX
- ●直列結合は積の形に
- ●並列結合は和の形に
- ●フィードバック結合による制御

直列結合

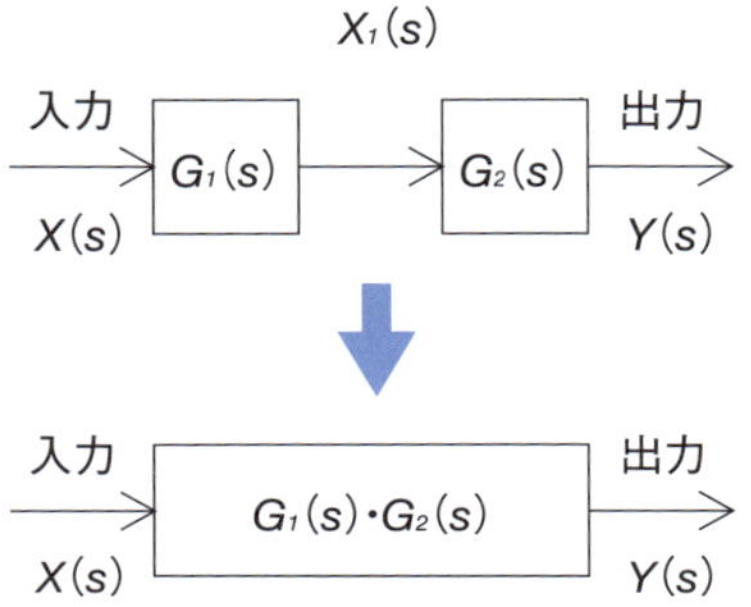

$$G_1(s)=\frac{X_1(s)}{X(s)}$$

$$G_2(s)=\frac{Y(s)}{X_1(s)}$$ より、

$$\frac{Y(s)}{X(s)}=G_1(s)\cdot G_2(s)$$

並列結合

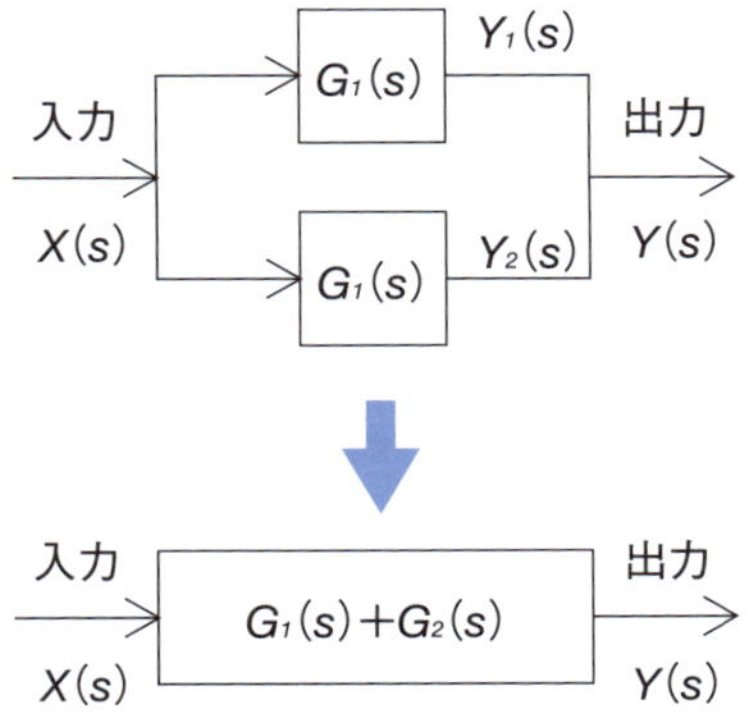

$$G_1(s)=\frac{Y_1(s)}{X(s)}$$

$$G_2(s)=\frac{Y_2(s)}{X(s)}$$ より、

$$Y(s)=Y_1(s)+Y_2(s)$$

$$\frac{Y(s)}{X(s)}=G_1(s)+G_2(s)$$

フィードバック結合

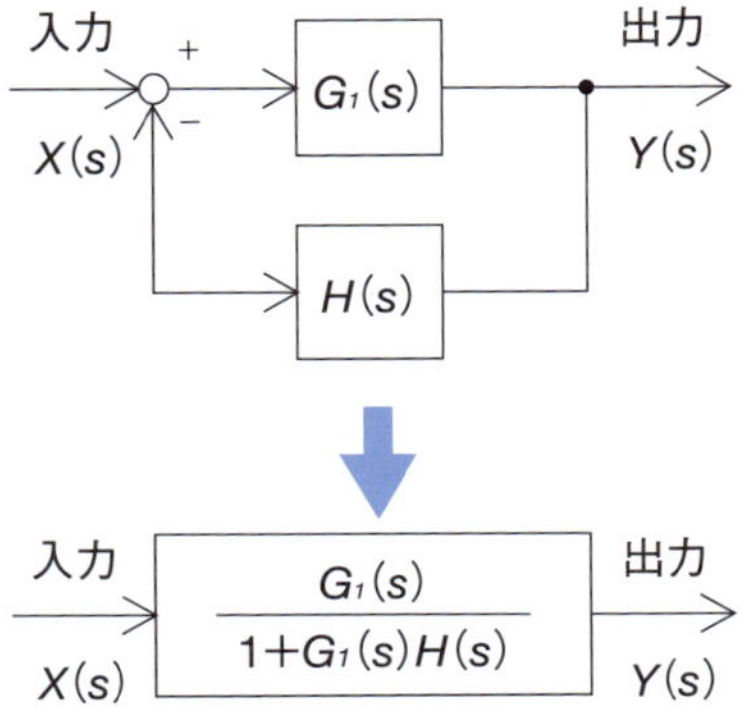

$$Y(s)=G_1(s)\left\{X(s)-H(s)Y(s)\right\}$$
$$=G_1(s)X(s)-G_1(s)H(s)Y(s)$$
$$\left\{1+G_1(s)H(s)\right\}Y(s)=G_1(s)X(s)$$

よって、

$$\frac{Y(s)}{X(s)}=\frac{G_1(s)}{1+G_1(s)H(s)}$$

55 比例制御

目標値と出力値の偏差に比例したP制御

　PID制御は、出力信号の比例要素、積分要素、微分要素を入力信号としてフィードバックさせる制御のことであり、これらの要素に応じた、比例制御（P制御）、積分制御（I制御）、微分制御（D制御）を適当に組み合わせて、目的の出力信号が得られるようにします。これらすべてを組み合わせたものをPID制御と呼びますが、実際には比例要素のみを用いたP制御、比例制御と積分制御を組み合わせたPI制御、比例制御と微分要素を組み合わせたPD制御などの形もあります。

　比例制御では、現在の出力値と目標値との間に何らかの偏差があった場合に、その差に比例した量にもとづいた操作を行います。すなわち、偏差が大きければ大きいほど操作量が増大し、偏差が小さければ小さいほど操作量は減少します。横軸を時間、縦軸を制御量として、比例制御を示した左図を見ると、目標値に対して、はじめは振幅が大きくなっていますが、次第に振幅が小さくなっていることがわかります。

　オン・オフ制御では、スイッチが入ると常に一定の操作量が加えられるのに対して、比例制御では偏差の大小に応じた操作量を加えるため、次第に目標値に近づいていきます。よって、現在の状態に応じて操作量を決める比例制御の方が優れた制御であるといえます。

　ただし、比例制御が最終的に目標値に一致するかというと、実は完全な一致には至らないという欠点があります。偏差が小さい場合には、操作量も小さくなってしまい、目標値とずれたところで安定してしまうことがあります。これを定常偏差やオフセットといい、比例制御だけでは完全になくすことはできません。また、大きな偏差が急激に加わった場合には、操作量も急激にならざるを得ないため、目標値を超えてしまうことがあります。これをオーバーシュートといい、これも完全になくすことはできません。

要点BOX

- ●偏差に比例した量を操作
- ●オフセットが発生する
- ●目標値に一致させるのは困難

P制御（比例制御）

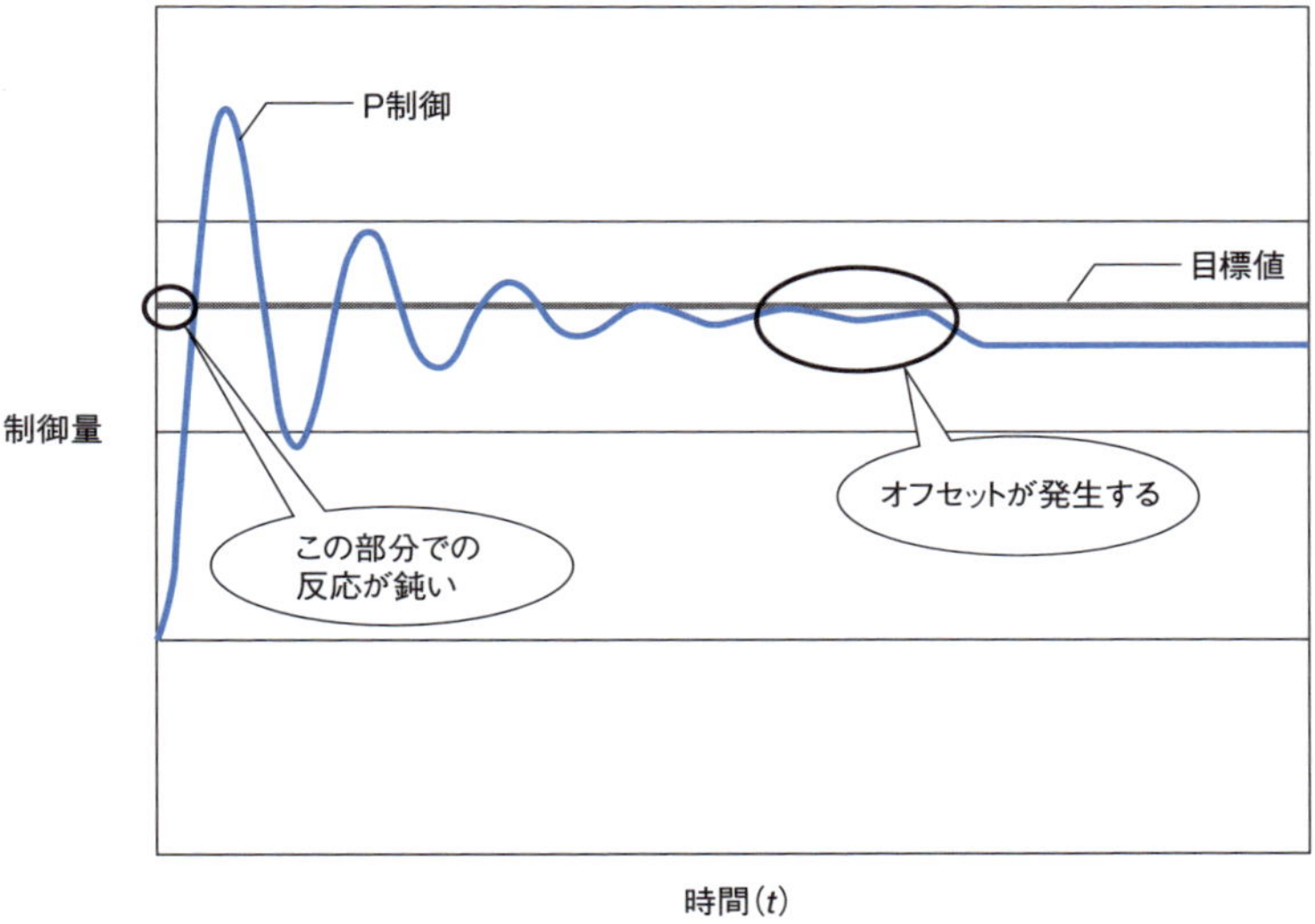

操作量M_pは偏差値eに比例します。K_pは比例制御の比例定数です。

$$M_P=K_Pe$$

KPが大きければ
操作量は大きくなります
ただし、偏差をゼロにする
ことはできず、オフセット
が発生してしまいます

例えば、水槽の水をヒータで加熱していき、目標値を超えた瞬間にヒータの出力を下げたとしても瞬間的に水温は下がりません。

56 積分制御と微分制御

過去を見るI制御、未来を見るD制御

積分制御とは、偏差を累計した積分を用いた制御のことです。偏差を足していき、その値に比例して操作量を変えることにより、比例制御で発生した定常偏差を解消することができます。すなわち、現在の状況に基づいた比例制御に対して、過去の状況である偏差を用いて積分制御を行うのです。

積分と聞いて「何だか難しそう」と思った方もいるかもしれませんが、数学の難問を解くわけではないのでご安心ください。なお、積分制御は比例制御と合わせて用いられることが多いため、実際には両者を合わせたPI制御が用いられ、これを用いることで、P制御よりも目標値に近づけることができ、最終的には偏差をほぼなくすことができます。

積分制御の欠点としてあげられることは、過去の状態の蓄積にもとづいて制御を行うため、操作を加えるタイミングがどうしても遅れがちになることです。もちろん、このレベルの偏差で満足する制御を行うことができる制御系においては、大いに役立ちますが、この遅れによりシステムの安定性を損なうこともあります。

微分制御とは、微小単位時間あたりの傾きのことである微分を用いた制御のことです。この傾きは偏差を意味しており、これを微小単位時間で割ることにより、将来の状況を予測した制御を行います。これまでの比例制御が現在の状況、積分制御が過去の状況に対して操作量を決めていたのに対して、未来の状況を予測して操作量を決める微分制御は、より迅速な制御を可能にします。ただし、あくまでも過去のデータに基づいた未来の予測であるため、予測が外れた場合にはシステムが不安定になる可能性もあります。なお、微分制御が単独で用いられることはほとんどなく、微分制御は比例制御と合わせたPD制御や、比例制御と積分制御と合わせたPID制御として用いられます。

要点BOX

- ●比例+積分でPI制御
- ●比例+微分でPDで制御
- ●比例+積分+微分でPIDで制御

PI制御

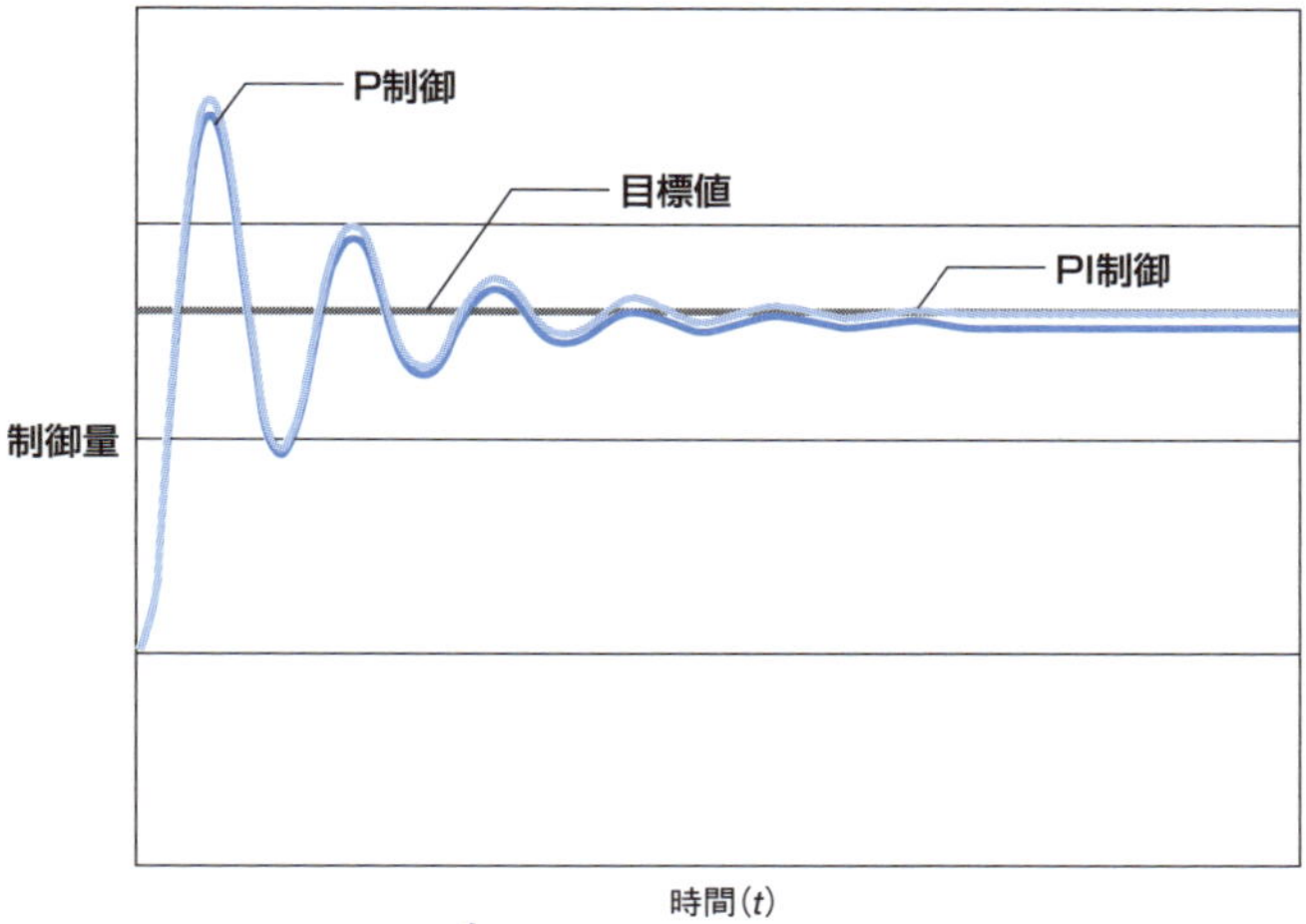

I制御 $M_I=K_I\dfrac{1}{T_I}\int edt$ 操作量M_Iは偏差量eの積分によって決まります。T_Iは積分時間、K_Iは積分制御の比例定数です。

PI制御 $M_{PI}=K_Pe+K_I\dfrac{1}{T_I}\int edt$

PID制御

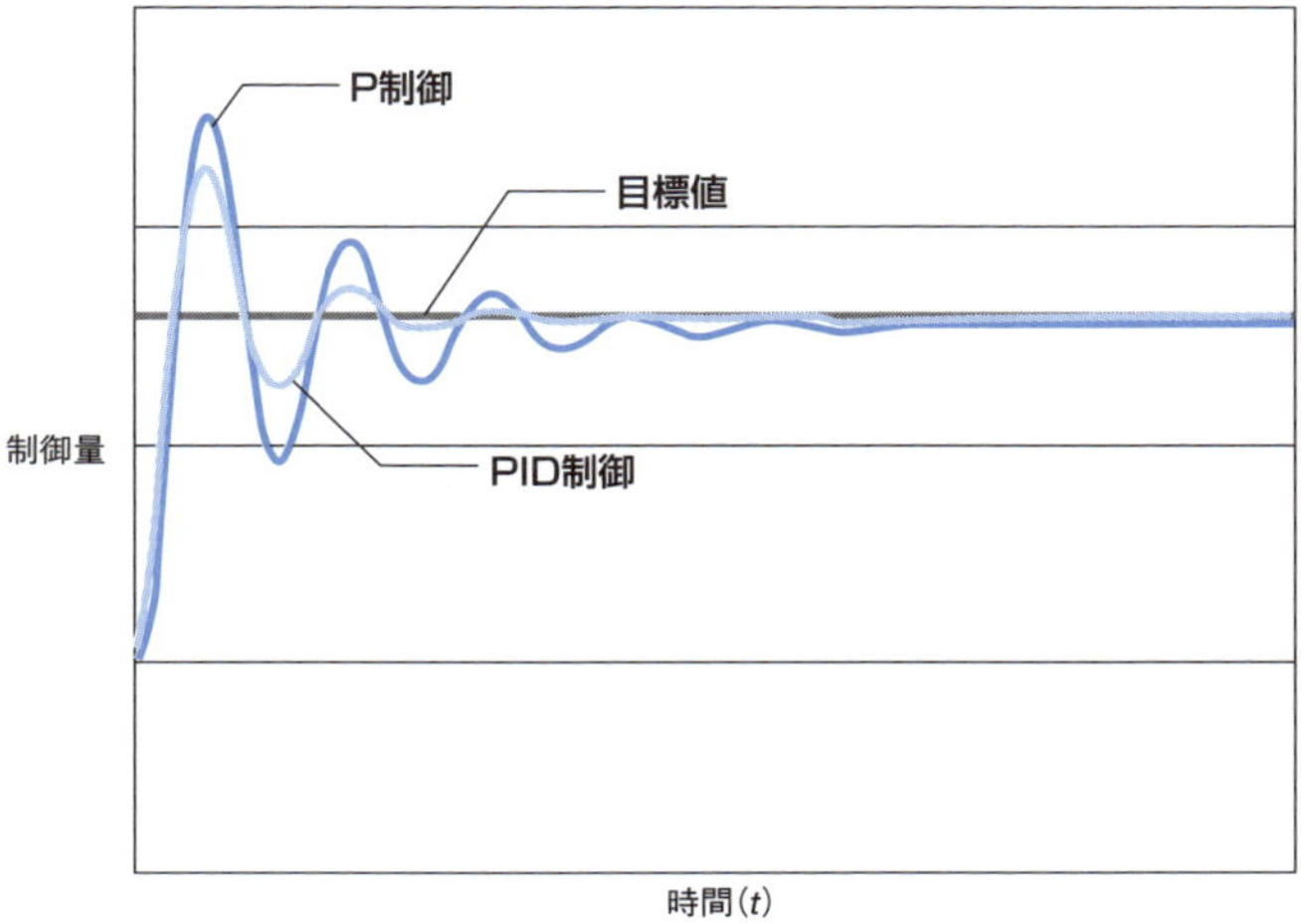

D制御 $M_D=K_D\dfrac{de}{dt}$ 操作量M_Dは偏差量eの微分によって決まります。K_Dは微分制御の比例定数です。

PID制御 $M_{PID}=K_Pe+K_I\dfrac{1}{T_I}\int edt+K_D\dfrac{de}{dt}$

57 アナログ入出力ボード

アナログデータをやりとりする機器

アナログデータの入出力を行うためには、アナログの入力と出力が可能な制御機器が必要であり、これにはパソコン内部の各パーツ間を結ぶデータ転送路であるバスの規格にもとづいてアナログ入出力のやりとりを行うことができるアナログ入出力ボードを用います。

アナログ入出力ボードの選定においては、いくつのセンサやアクチュエータが接続できるかが重要となるため、入力端子と出力端子がいくつかあるかを踏まえて導入する必要があります。この端子の数は通常チャネル数で表されます。例えば、アナログ入力8ｃｈの場合には、接続した八つのセンサからのアナログ入力信号を同時に取得することができます。また、アナログ出力2ｃｈの場合には接続した二つのアクチュエータへアナログ出力信号を出すことができます。

また、アナログ入出力とディジタル入出力を同時並行で行いたいこともあるため、アナログ入出力ボードにはいくつかのディジタル入出力機能をもつものもあります。この機能を用いれば、ＰＬＣと同じようにディジタル入出力を行うことができます。

この他、ＰＬＣにもあったカウンタ入力機能をもつカウンタボードは、電圧値ではなくパルス数をカウントして入力するものです。カウンタボードは、回転角度を検出するロータリーエンコーダや直線位置を検出するリニアエンコーダなどとともに用いられます。カウンタ入力には、カウントの増加に対応したカウントアップ機能とカウントの減少に対応したカウントダウン機能とがあります。カウンタ入力機能は、アナログ入出力ボードに2ｃｈ程度が付属しているものもありますが、複数のロータリーエンコーダを用いて、ロボットの関節角度を入力するような場合には、複数のカウンタ入力機能をもつ専用のカウンタボードを用いる必要があります。これらのボードはパソコンの拡張スロットに挿入し、ケーブルを介して端子台にある各種接点から外部機器との接続を行います。

要点BOX

- ●アナログデータの入出力
- ●入出力の端子数が重要
- ●カウンタ機能を持つ製品も

アナログ入出力ボードのはたらき

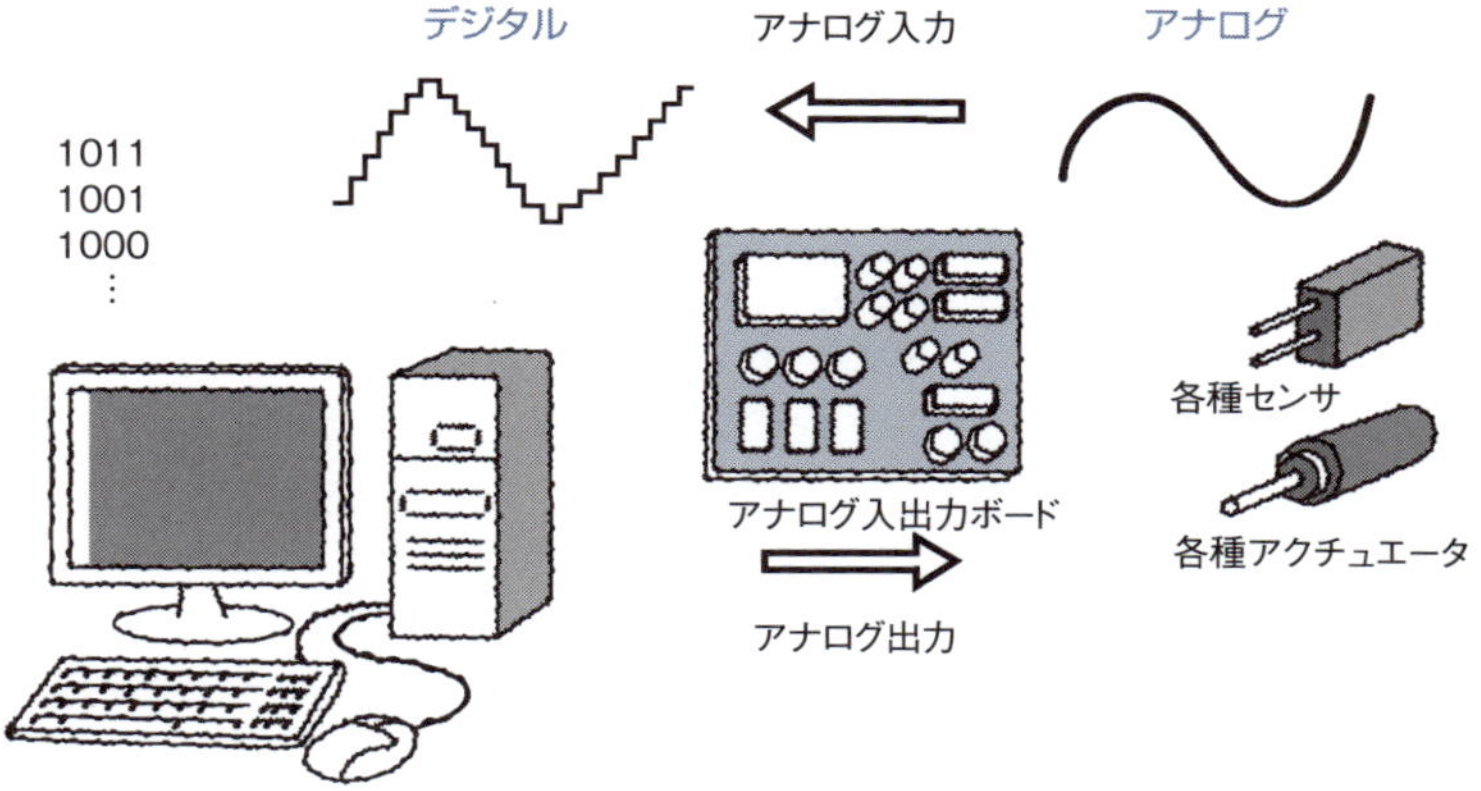

アナログ入出力ボードの信号配置例

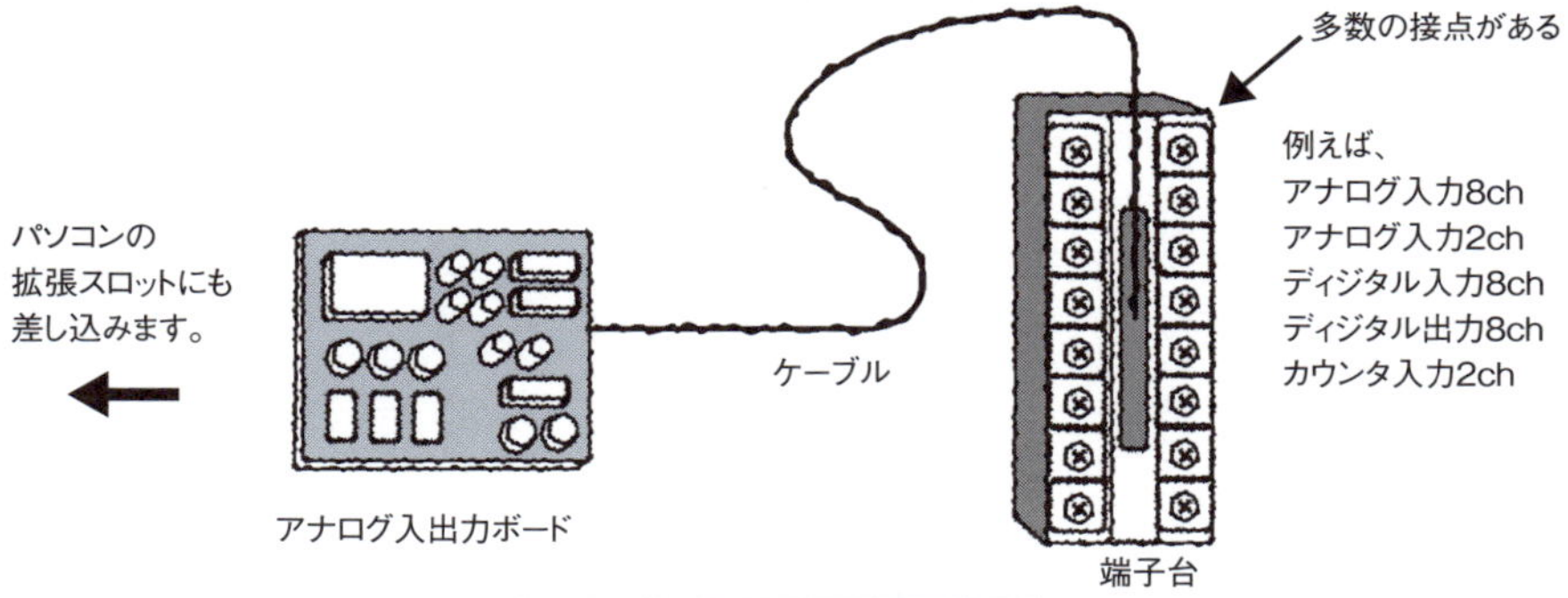

端子台の配線例

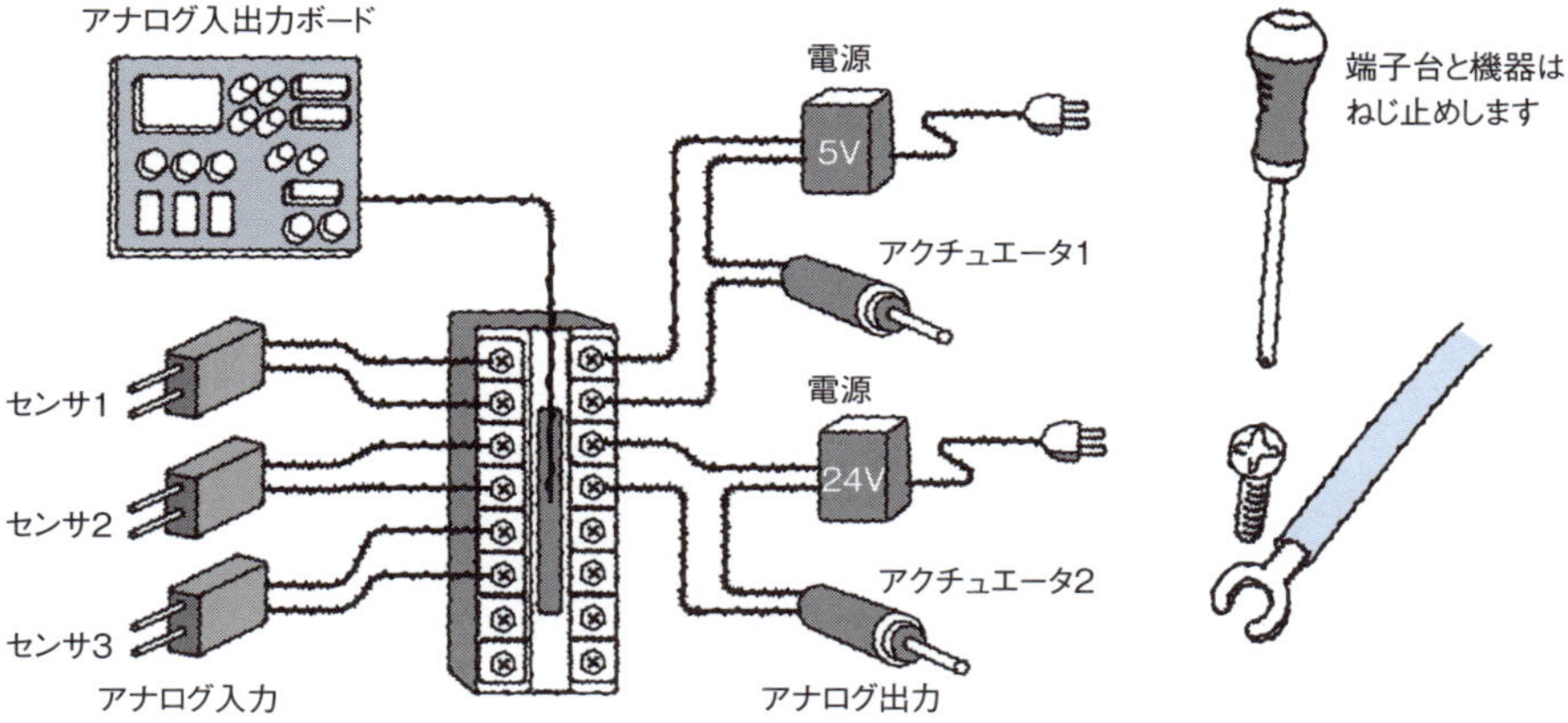

58 PID制御の実際

圧力容器内の圧力を一定にする制御

フィードバック制御の実際の例として、圧力容器内の空気圧を一定にするための圧力制御を取り上げます。空気圧縮機から送られた0・6MPaの圧縮空気は、サーボ弁の開度を調整することで、それ以下の圧力に調整することができます。圧力容器内の圧力は、周辺に取り付けられた圧力センサで計測されます。ここで、圧力容器の圧縮空気を0・4MPaにすることを考えます。すなわち、入力信号として圧力センサからの圧力を示す電圧値が入力され、出力信号としてサーボ弁の開度を示す電圧値が出力される制御系を考え、その間でフィードバック制御を行います。

入力信号…圧力センサの電圧値

出力信号…サーボ弁の開度を示す電圧値

制御プログラムの考え方としては、圧力センサからの測定値を入力データとして取り込みます。コンピュータ内ではこのデータは電圧値でやりとりされますが、これをプログラム内で圧力の単位MPaに変換して、これを例えば変数名InDataとして取り込みます。この値は時々刻々変動するため、例えば1秒間に10個のデータ（100ms）のように設定します。

また、目標値である0・4MPaは、そのままの数値または何かの定数に置き換えて、プログラム上に記述します。そして、サンプリングタイムごとに、目標値と測定値との差を偏差として求めます。

偏差＝目標値－測定値

ここで比例制御（P制御）とは、この偏差に比例ゲインをかけた値を制御量として制御系に入力するものです。

また、積分制御（I制御）で行うことは、偏差にサンプリングタイムをかけたものに積分ゲインをかけたもの、さらに微分制御（D制御）で行うことは、偏差に偏差の時間変化（偏差／サンプリングタイム）をかけたものに微分ゲインをかけたものです。そして、これらを組み合わせたものがPID制御です。

要点BOX
- ●PC内のデータは電圧値でやりとり
- ●電圧値に応じてサーボ弁を開閉
- ●サンプリングタイムごとの偏差を取得

圧力制御系の構成図

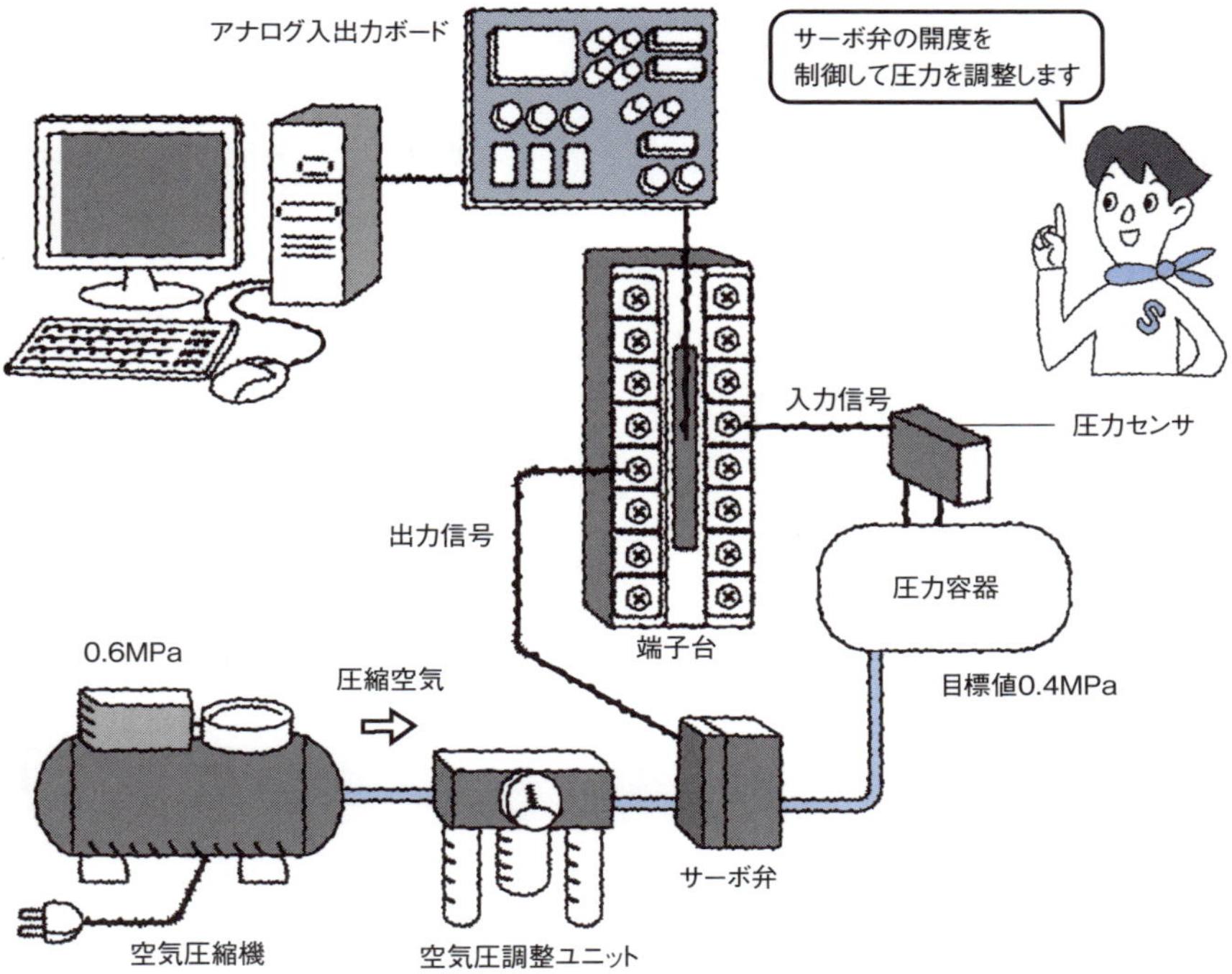

入力信号 …圧力センサの電圧値

出力信号 …サーボ弁の開度を示す電圧値

偏差 ＝ 目標値 － 測定値

プログラム例

Hensa=0.40−InData

時間 Time	測定値 InData	偏差 Hensa
0.1	0.30	0.10
0.2	0.30	0.09
0.3	0.32	0.08
0.4	0.34	0.06
0.5	0.36	0.04
0.6	0.37	0.03
0.7	0.38	0.02
0.8	0.40	0
0.9	0.40	0
…	…	…

59 PID制御のゲイン調整

試行錯誤によるチューニング

PID制御のゲイン調整に関する指針を次に述べておきます。最適調整の方法には、調整計の比例域を狭くしていき、制御系を発信させたときの周波数を調べる限界感度法をはじめとするいくつかのオートチューニング方法があります。

ここでは手動でゲインを調整する方法を述べます。積分や微分という言葉が出てきますが、その定義さえ理解していれば、データ数が多くなっても、計算をするのはコンピュータなので、プログラミングはそれほど難しいものではありません。

まず最初は比例制御（P制御）からはじめます。比例ゲインは最初は大きめの値を設定しておき、次第に小さい値にしていくことで、オフセットが減少していきます。さらに小さい値にしていくと、測定値が振動的になってくるため、その前で値を決定します。次に積分制御（I制御）を行い、ここでも積分ゲインは最初に大きめの値を設定し、次第に小さい値にしていきながら、測定値が振動的になる前で値を決定します。

一方、微分制御（D制御）に関しては、微分ゲインは小さい値から大きい値に変化させていき、測定値が振動的になる前に値を決定します。

ただし、比例ゲインや積分ゲイン、微分ゲインなどの値は、試行錯誤しながら決定する必要があるので、多くの場合、この値を決定するためには何度か実験を繰り返す必要があります。

圧縮空気の圧力制御の場合は、比較的素早く値を変化させることができるため、多くの場合にはPI制御が用いられます。一方、温度制御の場合には、時間に対する温度変化である時定数が大きいため、多くの場合、PID制御が用いられます。

PID制御の出力値をプログラムするときには、比例制御、積分制御、微分制御の値をそれぞれ加え合わせて、制御プログラムに組み込みます。

要点BOX
- ●手動でのゲイン調整
- ●比例ゲインは最初は大きめに
- ●微分ゲインは小さい値から

PID制御のゲイン調整

出力値　=比例制御 + 積分制御 + 微分制御

プログラム例

Output = Kp*Hensa + Ki*Sekibun + Kd*Bibun

測定値から、Hensa、Sekibun、Bibunの関数に値を読み込みます。また、Kp、Ki、Kdの各ゲインは、試行錯誤により決定します

①比例ゲインKpの調整

大きい値から小さい値へ、振動が発生するまで調整する

②積分ゲインKiの調整

大きい値から小さい値へ、振動が発生するまで調整する

③微分ゲインKdの調整

小さい値から大きい値へ、振動が発生するまで調整する

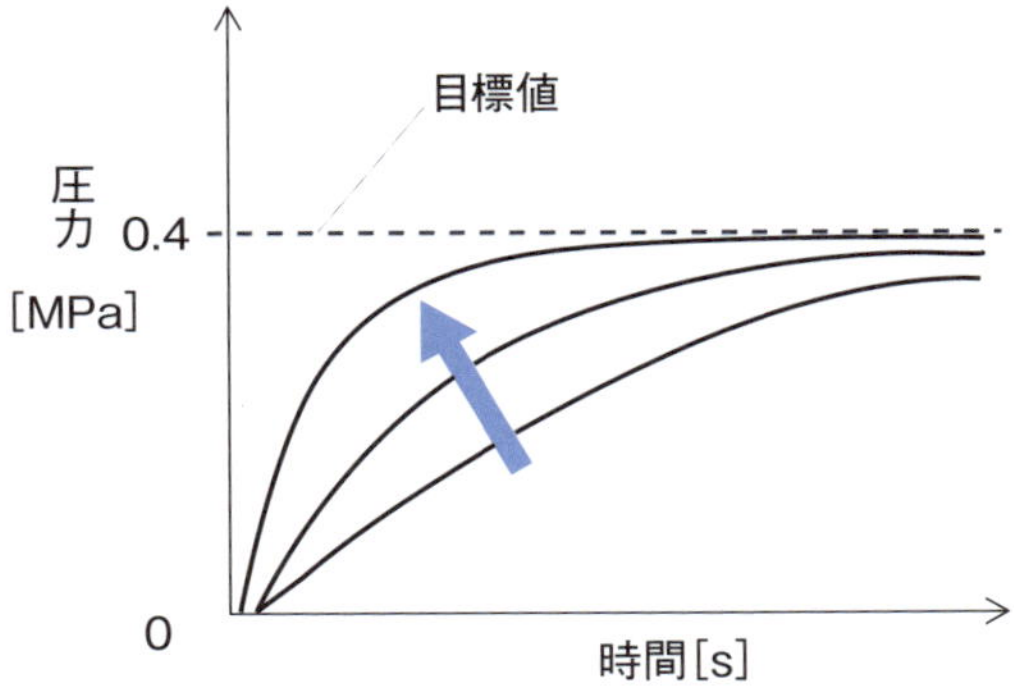

圧力制御ではPI制御が多く用いられます
ゲイン調整によって、少しずつ応答が改善されます

60 パワーアシストロボットのPID制御

目標値が変動する制御系

フィードバック制御の実際の例として、空気圧ゴム人工筋を用いた人体装着型のパワーアシストアームにおける圧力制御を取り上げます。空気圧ゴム人工筋は、圧縮空気を充填することで長さ方向に収縮するとともに、円周方向にやや膨張するアクチュエータであり、柔軟性をもち軽量であり、高出力を出すことができます。これは、先の例における圧力容器が空気圧ゴム人工筋に置き換えられ、圧力の目標値は変動する制御系となったとみなすことができます。

このパワーアシストアームは一本の空気圧ゴム人工筋で二つの関節が屈曲するメカニズムをもち、サーボ弁から圧縮空気が送られると、最初に手首関節が屈曲し、次に肘関節が屈曲します。サーボ弁からの出力信号を決めるのは、負荷に応じて肘部にはたらく力をバルーンセンサに取り付けられた圧力センサであり、持ち上げる荷物の大小に応じた圧力値が入力信号となります。

装着者の手首付近への接触力バルーンセンサに取り付けられた圧力センサ1から入力され、ここから空気圧ゴム人工筋の内圧目標値が算出されます。空気圧ゴム人工筋の内圧値は腕部の端部に取り付けられた圧力センサ2から、アナログ入出力ボードを介してPCに取り込まれます。これらの信号がPI制御を用いた制御システムを通ることで、サーボ弁に送る電圧値の大きさが決められ、腕部の空気圧ゴム人工筋に適切な大きさの圧縮空気が送られます。なお、この制御系は先の圧力容器の例とは異なり、圧力の目標値は変動することになります。

これらの測定データは、アナログ入出力ボードからパソコン内に取り込み、表計算ソフトなどを用いてグラフにまとめます。この例の場合には、バルーンセンサの圧力値とロータリーエンコーダで測定した肘部の屈曲角度の関係などを調べます。

要点BOX
- ●柔軟性をもち軽量な空気圧ゴム人工筋
- ●負荷に応じたパワーアシストの動作
- ●バルーンセンサで圧力測定

パワーアシストロボットの構造

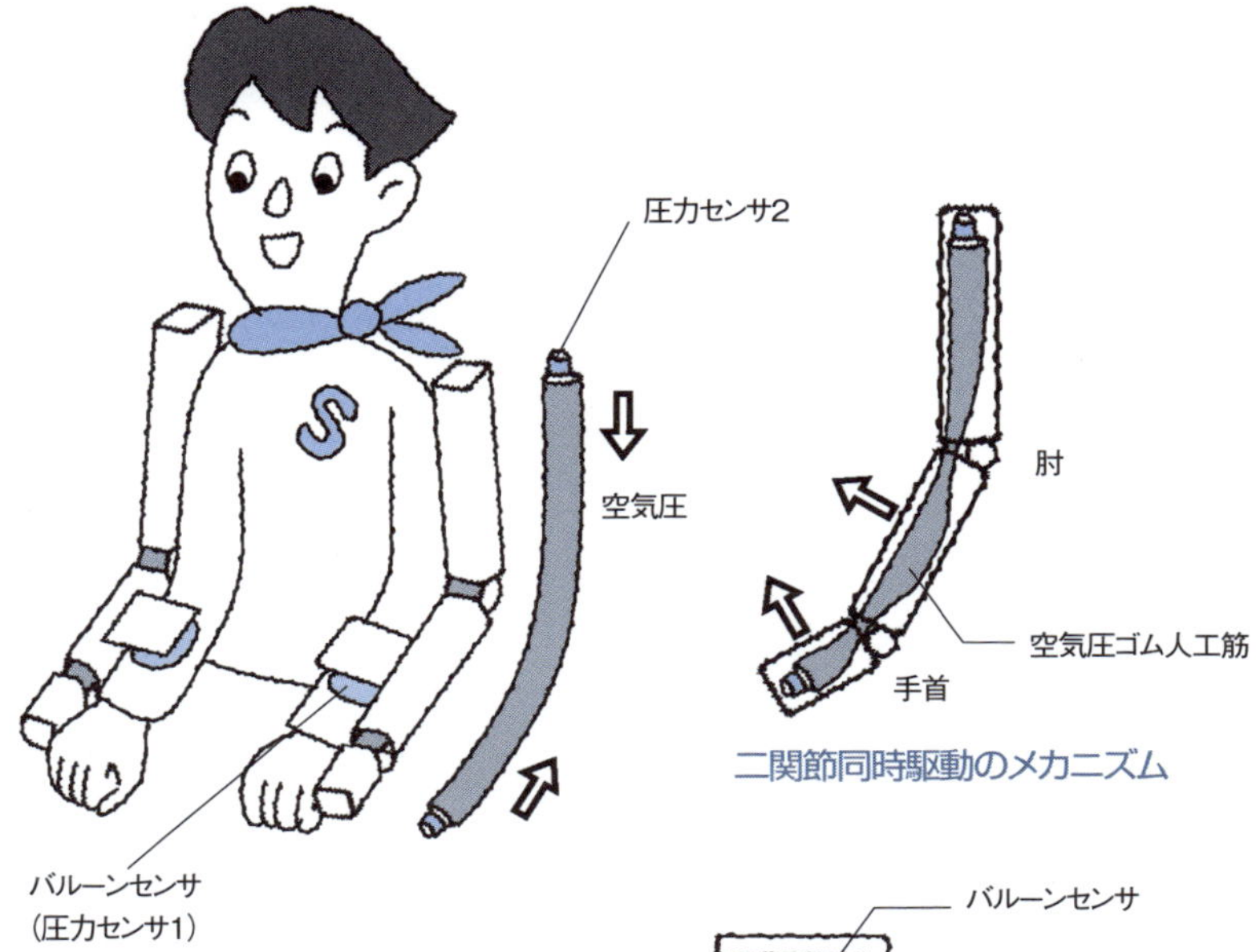

二関節同時駆動のメカニズム

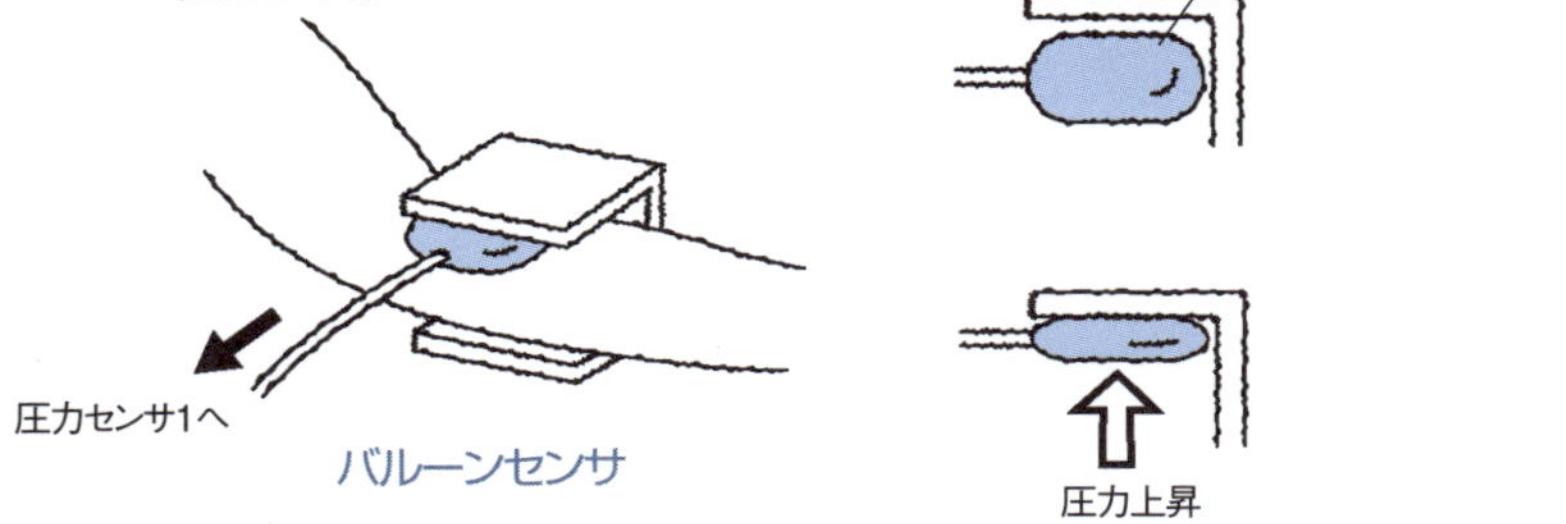

バルーンセンサ

PI制御のプログラム例

圧力センサ1…Pressure1→変化する目標値

圧力センサ2…Pressure2→測定値

Hensa＝Pressure1 − Pressure2

Output＝Kp*Hensa＋Ki*Sekibun

バルーンセンサに取り付けられた圧力センサ1の値と、空気圧ゴム人工筋の端部に取り付けられた圧力センサ2の値との差がHensaとなります。同時にSekibunに値を読み込みます。また、Kp、Kiの各ゲインは試行錯誤により決定します。

Column

ワイヤストリッパーと圧着工具

ワイヤーストリッパーは、被覆電線などの被覆を剥がすための手動工具であり、被膜電線の直径に合わせた工具側の溝に挟んで切り込みを入れて被膜をはがします。

また、被膜をはがした電線を端子台等に確実に締結のためには、電線の端末に丸形や先開形をした金属製の圧着端子が用いられ、圧着工具を用いて電線と端子に物理的圧力をかけて固着します。

●ワイヤストリッパー

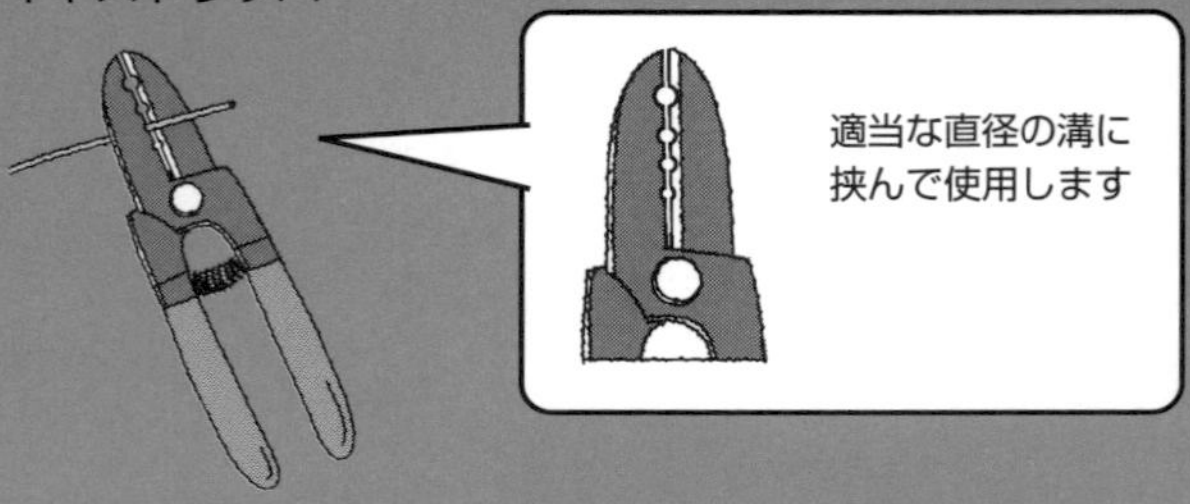
適当な直径の溝に
挟んで使用します

●ワイヤストリッパー（ナイフ型）

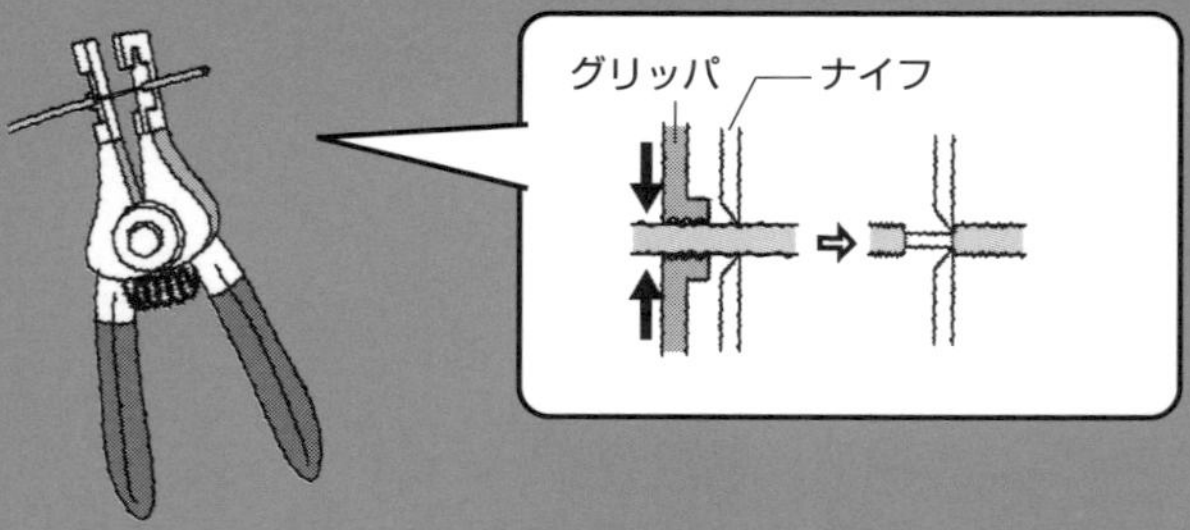
グリッパ
ナイフ

●圧着工具

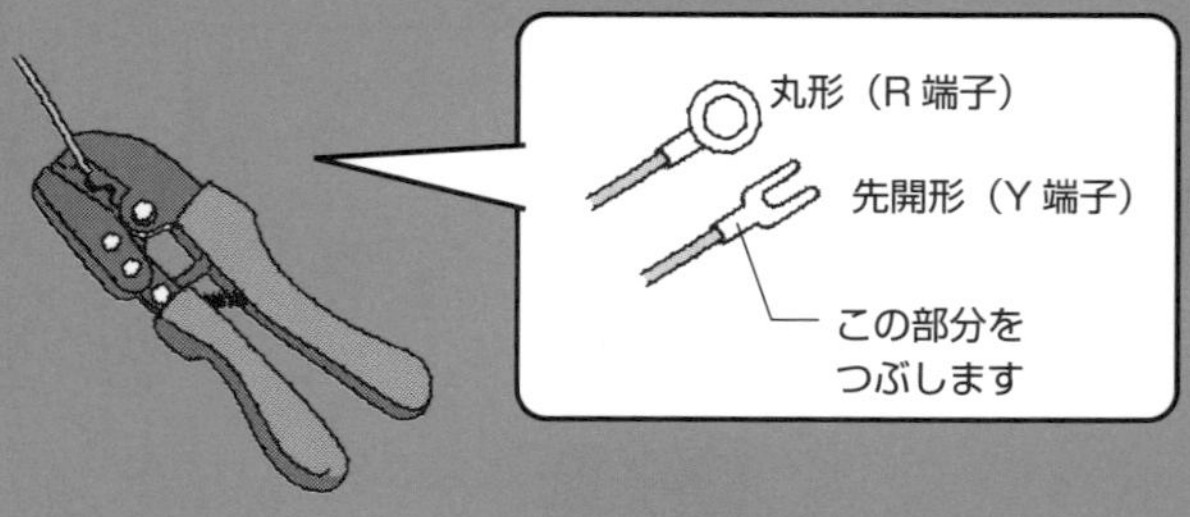
丸形（R 端子）
先開形（Y 端子）
この部分を
つぶします

第6章

マイコン制御

61 マイコン制御

私たちの生活を支える小さなマイコン

マイコンはマイクロコントローラの略であり、1個の半導体チップにコンピュータシステム全体を集積したLSI製品のことです。この集積回路には、CPU、メモリ、入出力回路などが格納されており、単体でコンピュータとしての一通りの機能をもちます。マイコンはパソコンなどに内蔵されるマイクロプロセッサに比べて機能はシンプルで性能はそれほど高くありませんが、安価で消費電力を少なく抑えることができるため、私たちの身のまわりにある家電製品や携帯電話など、さまざまな製品に組み込まれています。炊飯器も洗濯機もこの小さなマイコンで動いているのです。

現在出回っている代表的なマイコンとして、PICマイコン、H8マイコン、AVRマイコンなどがあり、これらは1個のICだけでコンピュータを構成することができるため、ワンチップマイコンとも呼ばれています。

マイコンの主な機能は入力、出力、記憶、演算、制御などであり、小さな素子がさまざまなはたらきをします。そして、ディジタル入出力やアナログ入出力など、これまでに紹介してきた制御のほとんどがこのマイコンで実現できます。マイコンを作動させるためには、周辺インターフェースなどを含めて基本機能を盛り込んだ回路が必要であり、これをワンチップのマイコンボード、あるいは組込みシステムと呼びます。

ワンチップのマイコンボードを入手して、配線作業を行い、作成したプログラムを転送することにより、ディジタル入出力やアナログ入出力など、さまざまな制御を行うことができます。

また、やや高度になりますが、マイコンボードのプリント基板を自作することもできます。そのときには回路作成のためのCADソフト（EagleやPCBEなどのフリーソフトがあります）を用いてプリント基板のパターンを作成して自分でエッチング処理をしたり、同じ基板が複数必要なときには業者に製作を依頼することもできます。

要点BOX
- ●マイコンはマイクロコントローラの略
- ●単体でコンピュータとしての機能をもつ
- ●1個のICで構成されるワンチップマイコン

マイコン

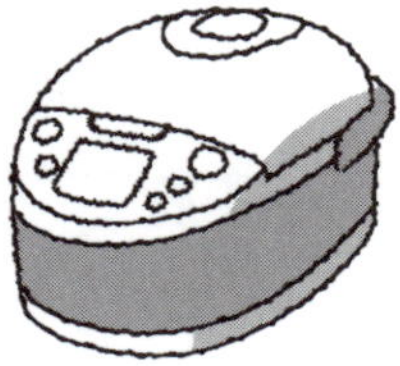

炊飯器

自動車

マイコンボード

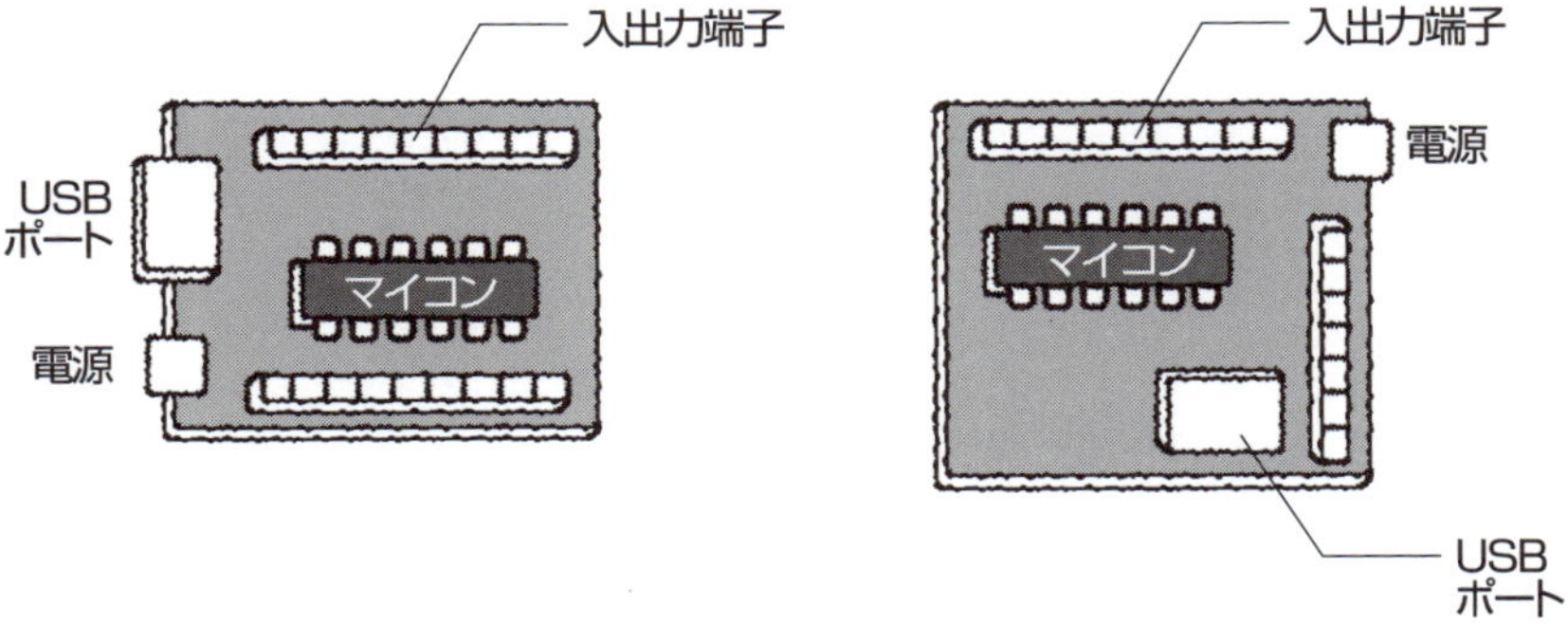

家電や自動車など → 量産して製品に組み込まれる

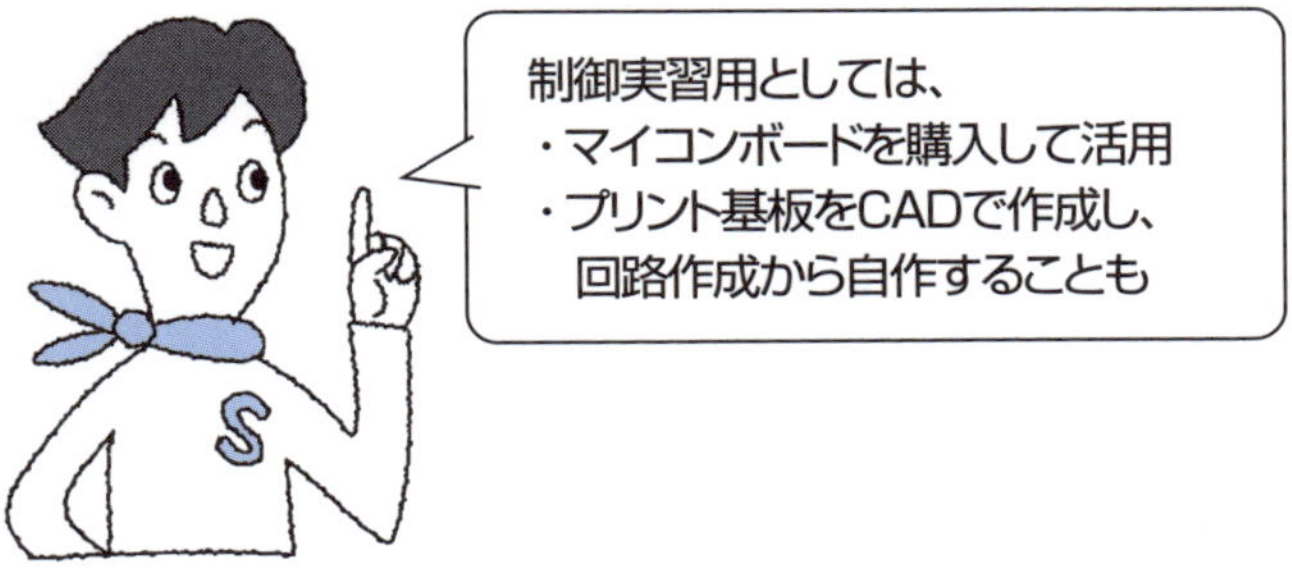

62 マイコンボードの構成

デジタル入出力やアナログ入出力

マイコンボードの基本的なはたらきは、これまでに説明してきたディジタル入出力やアナログ入出力と同じです。PLCやアナログ入出力ボードが数万円程度するのに対して、マイコンボードは数千円程度で購入できます。ここでは実際にマイコンボードを操作することを想定して、マイコン制御を説明します。ここで用いるマイコンボードは、使い勝手の良さから近年注目されているArduino（アルドゥイーノ）です。

Arduinoボードには、さまざまな入出力ピンや接続端子などが配置されており、心臓部には28本の足をもち、黒い長方形をしたAVRマイコンの一種であるATmega168が配置されています。このマイコンは、主に以下の機能をもちます。

・14本のデジタルIO（INPUT/OUTPUT）ピン（pin 0～13）

これらのピンは、設定次第でデジタル入力（INPUT）ピンとしてもデジタル出力（OUTPUT）ピンとしても用いることができます。この切り替えはプログラムで行います。

・6本のアナログINピン　（pin 0～5）

これらのピンは、アナログ入力（INPUT）ピンとして用いることができます。

・6本のアナログOUTピン（pin 3、5、6、9、10、11）

これらのピンは、設定次第でアナログ出力（INPUT）ピンとして用いることができます。なお、pin 9、10、11の3本のピンは、周期的なパルス波を出したときの周期とパルス幅の比であるデューティー比を変化させて変調するパルス幅変調（PWM）に用いることができます。

なお、Arduinoボードを作動させるプログラムを作成するためには、ArduinoIDEと呼ばれるソフトウエアが必要です。これをパソコンにダウンロードすることにより、総合開発環境を構築します。

要点BOX
●マイコンボードは数千円で購入可能
●複数の入出力ピンをもつArduinoボード
●ArduinoIDEで総合開発環境を構築

Arduinoボード

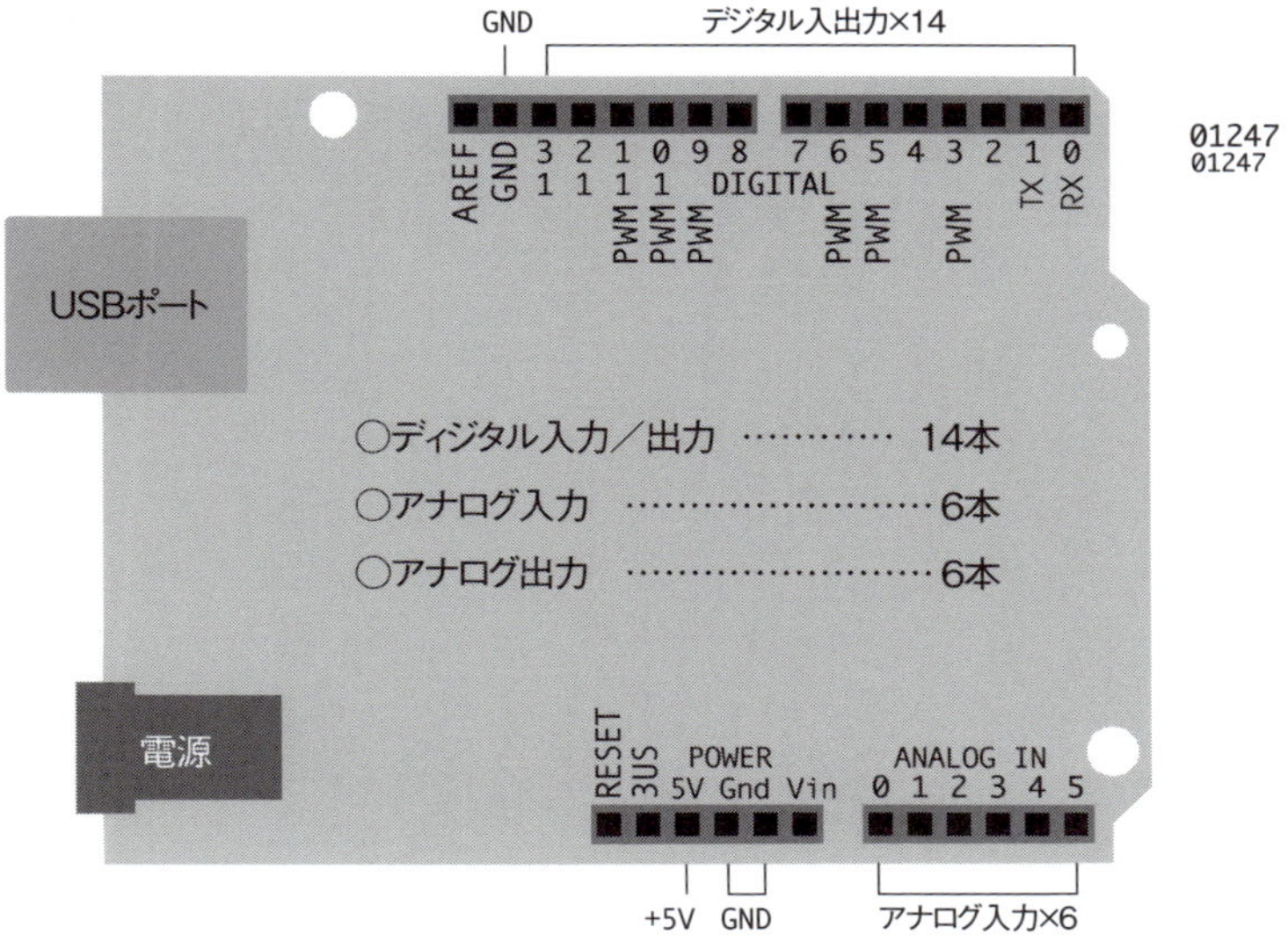

パルス幅変調（PWM）

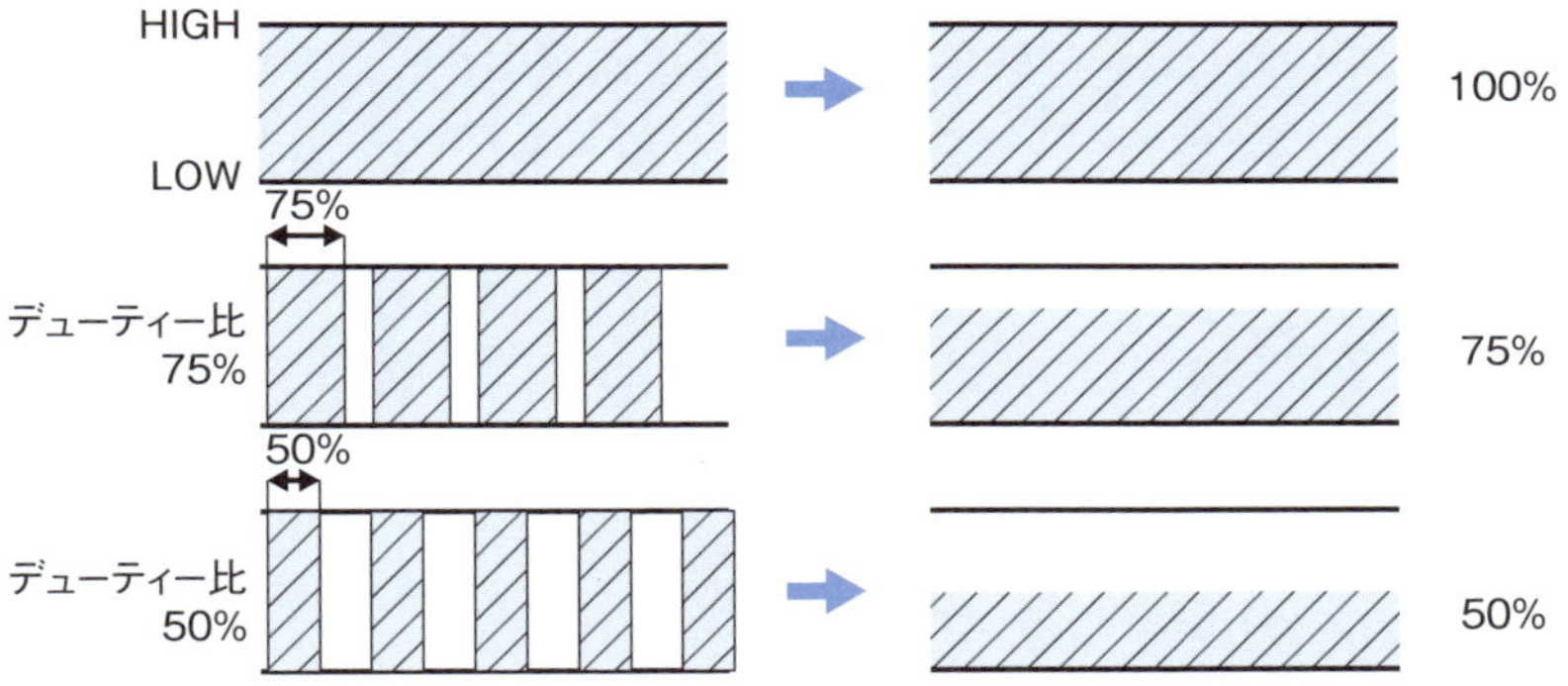

63 ディジタル出力

LEDの自動点滅

ディジタル出力の例として、LED（発光ダイオード）を自動的に点滅させる回路とこれを作動させるためのプログラムを作成します。なお、LEDの2本の足には極性があり、長い足のアノード（A）をプラス側、短い足のカソード（K）をマイナス側に接続します。

LEDの点灯はオン・オフのディジタルであるため、ディジタル出力ピンを使用して、アノードをプラス側にあたる13番ピン、カソードをマイナス側にあたるGNDに接続します。なお、この回路には3・3Vの電圧がはたらいています。一般的な赤色LEDの作動電圧は2〜3Vなので、やや明るく感じる程度です。ただし、LEDに5V以上の電圧を加えると、焼け焦げることがあるので注意が必要です。

プログラムでは、まず13番ピンをディジタル出力ピンとして使用することを定義します。次に、LEDを点灯して1秒待機してからLEDを消灯して再度1秒待機することをループ状に繰り返します。ここで、ディジタルのオン・オフはHIGHとLOW、また、時間はミリ秒（ms）で指示しています。1秒＝1000msです。

パソコン上にプログラムが作成できたら、コンピュータ上で実行可能な形式であるコードに変換できているかを確認するコンパイルという作業を行った後、マイコンボードにプログラムを転送します。

Arduinoボードでは、プログラムを作成した画面上部にあるVerifyボタンをクリックし、これがうまくいくと、画面下部にDone compiling（コンパイル完了）という表示が出ます。これができたら、続いてUploadボタンをクリックしてボードにプログラムを転送します。これがうまくいくと、Done uploading（アップロード完了）という表示が出て、LEDの点滅が開始されます。これがうまくいったら、点滅時間などを変更して、改良した動作をさせてみましょう。

要点BOX
- ●ディジタル出力ピンに接続
- ●点滅プログラムを作成
- ●プログラムを転送

ディジタル回路の出力

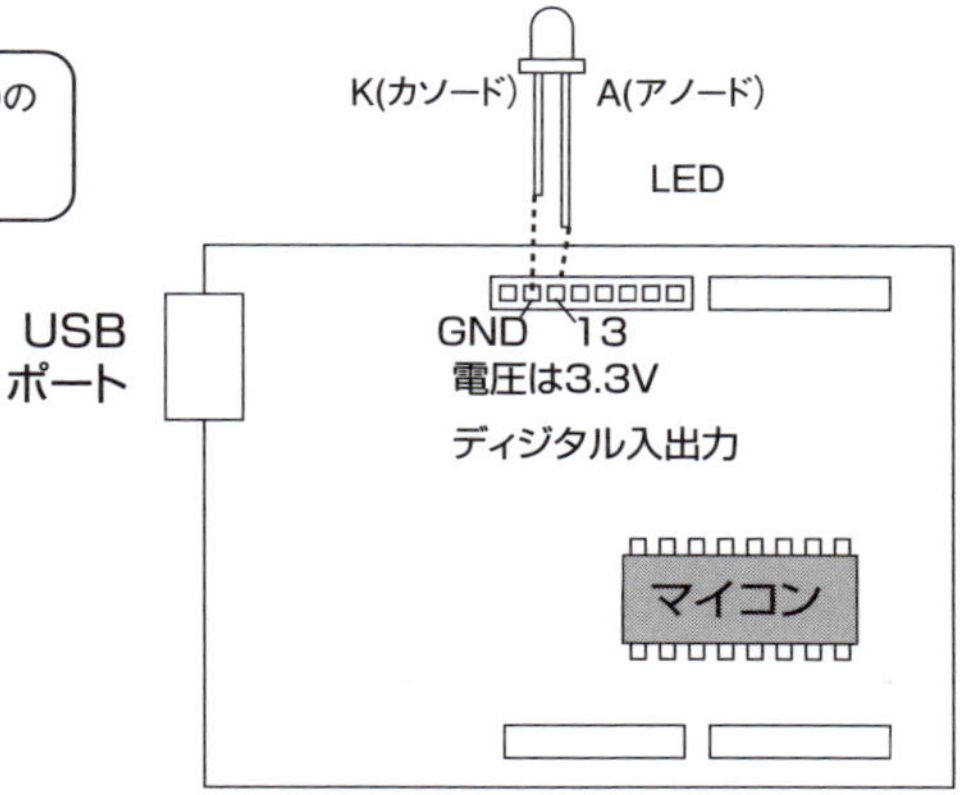

プログラム例

Blink

```
int LED=13;
void setup()
{
pinMode(13,OUTPUT);//13番ピンを出力ピンに設定
}
void loop( )
{
digitalWrite(13,HIGH);   //LEDを点灯
delay(1000);             //1秒待機
digitalWrite(13,LOW);    //LEDを消灯
delay(1000);             //1秒待機
}
```

//以下は注釈行であり、プログラム本体には関係しません

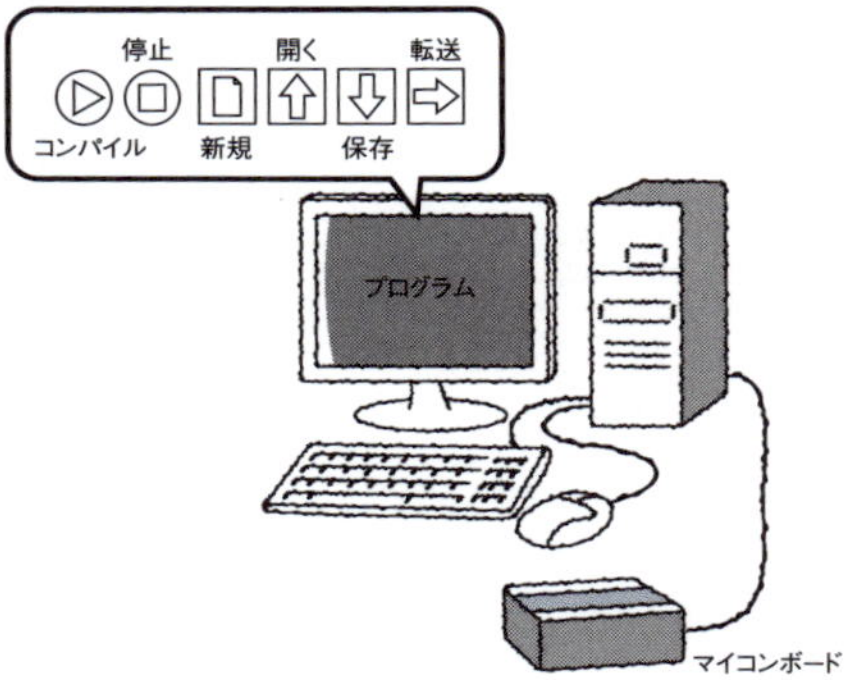

64 デジタル入出力

スイッチでLEDを点灯

デジタル入出力の例として、オン・オフのスイッチでデジタル入力を行い、これに応じてLEDをデジタル出力で点灯させる回路とこれを作動させるためのプログラムを作成します。

回路作成には、各種の電子部品やジャンパ線と呼ばれる導線を差し込むだけのブレッドボードを用います。ブレッドボードには端子を差し込むための穴が多数あいています。一般的には両端にある穴は横につながっており、共通的な電源とGNDの接続などに用いられます。また、内部の穴は縦に接続されており、ここに電子部品を接続します。はんだ付けが不要で回路が作成できるため、実験や試作には便利です。

作成する回路には、デジタル入力の回路にブレッドボードを介してLEDと直列に小型の押しボタンスイッチであるタクトスイッチを接続します。また、プログラムでは13番ピンを出力ピンとして設定し、これがオン（ＨＩＧＨ）するとLEDの点灯をループ状に繰り返します。

なお、ここでも電源電圧は３・３Ｖですが、このボードには他に５Ｖの端子もあり、この場合にはＬＥＤに５Ｖを加えると定格電圧を超えてしまうため、ＬＥＤが焼け焦げてしまうなどの問題が発生します。このような場合には、抵抗器を用いてＬＥＤにはたらく電圧を下げることが必要になります。

例えば、赤色ＬＥＤは２Ｖ程度の電圧で点灯し、このとき約10 mAの電流を流します。電源電圧が５Ｖのときに、ＬＥＤに対して直列に抵抗器を接続すると、抵抗器には５－２＝３Ｖの電圧がはたらきます。ここに流れる電流を10 mAとすると、オームの法則（電圧＝電流×抵抗）より、抵抗は３／０・01＝３００Ωと求められます。

なお、安価な抵抗器としてカーボン抵抗器があります。ここでは、その中で３００Ωに近い値である３３０Ω（橙橙茶金）を選びました。

要点BOX
- ●はんだ付けが不要なブレッドボード
- ●タクトスイッチを押すとLEDが点滅
- ●適切な抵抗器でLEDの明るさを調整

ディジタル入出力の回路例

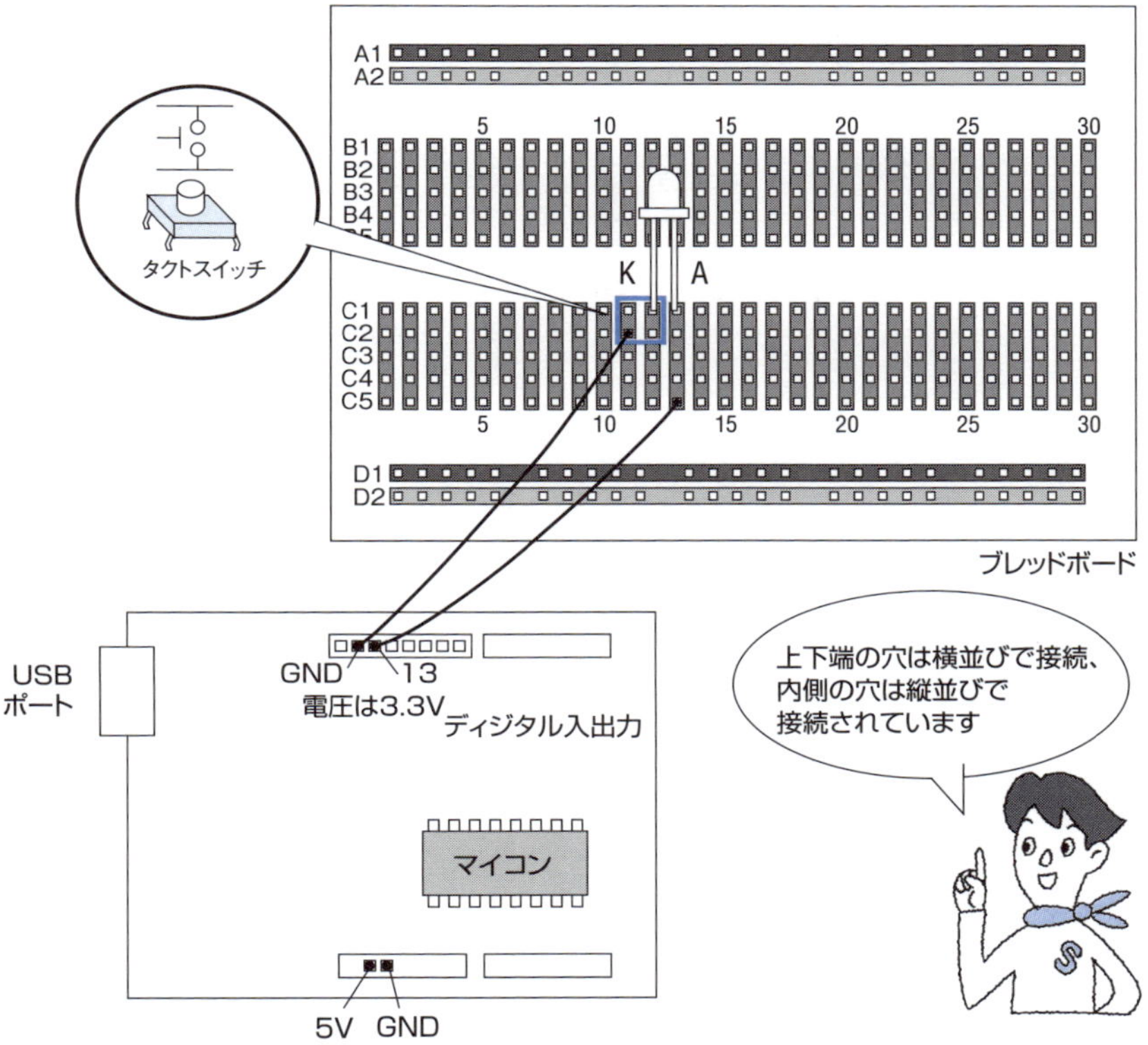

プログラム例

Switch

```
int LED=13;
void setup()
{
pinMode(13,OUTPUT);//13番ピンを出力ピンに設定
}
void loop( )
{
digitalWrite(13,HIGH);   //LEDを点灯
}
```

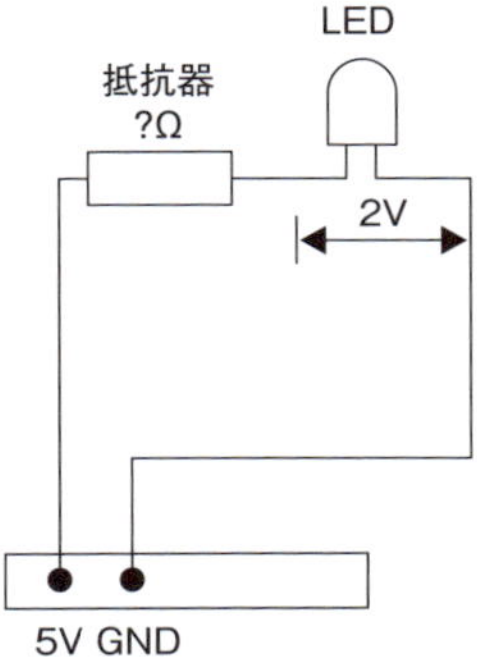

65 アナログ入力

温度センサからのデータ取得

単なるオン、オフのディジタル量だけでなく、連続したアナログ量を扱えるようになることで、各種センサの利用など、マイコン制御の適用範囲が広がります。

最初に、温度センサ（LM35）を用いてアナログ値を取り込むアナログ入力を行います。この温度センサには、プラス・マイナスの電源端子とアナログ入力端子の三つの端子があり、摂氏温度［℃］に比例した電圧を入力することができ、温度係数は10・0mV／℃です。すなわち、0℃のときには0V、100℃のときには1000mV（＝1V）が出力されます。このマイコンボードのアナログ入力は0～5Vの電圧を1024段階で読み取ることができるため、5Vは500℃です。ここでは室温を測定することを想定して、最高測定温度を100℃として値を取り込みます。すなわち、1024÷5の約205段階で計測するのです。

プログラムでは、1番ピンをアナログ入力、10番ピンをアナログ出力に設定し、アナログ値はanalogRead（）の部分から読み込みます。シリアル通信のボーレートとはデジタルデータを1秒間に転送できるデータ量のことであり、AD変換を行い、シリアル転送する際の単位（一般的な単位はbps）として用いられます。測定結果はループの中で時間を指定し、1秒ごとに出力します。

プログラムが完成したら、Serial Monitorのアイコンを押すと、結果が別ウインドウに表示されます。この数値は［℃］に変換されています。

ここまででアナログ量を表示することができました。しかし、このままでは測定値はスクロールして消滅してしまい、保存ができません。データを保存でき、グラフの作成などができると便利です。このボードにはそのような機能はなかったので、シリアルモニターからデータを取り込むことができるフリーソフトを追加して、グラフを作成しました。

要点BOX
- ●アナログ入出力ピンに温度センサを
- ●シリアル通信でデータ転送
- ●数値を取得し、グラフ表示

アナログ入力の回路

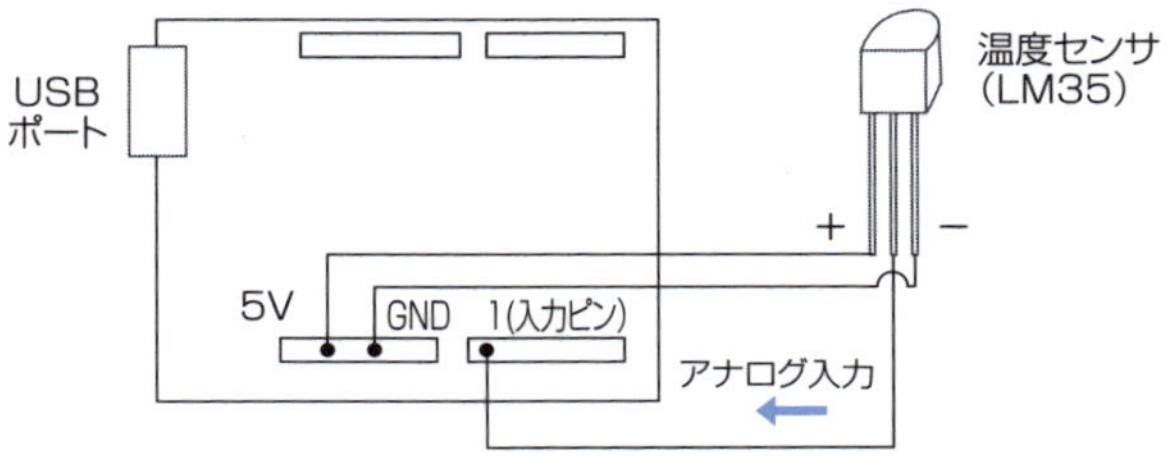

アナログ入力のプログラム

```
temp

int inputPin=1;
void setup( )
{
serial.begin(9600);//シリアル通信のボーレートを設定
}
 void loop( )
{
int tempSensor=analogRead(analogPin);     ← アナログ入力
tempSensor=map(tempSensor,0,205,0,100);   ← 電圧を温度に変換
Serial.printIn(tempSensor,DEC);  ← 測定結果の出力
delay(1000);//1sごとに出力
}
```

シリアルモニター表示とグラフ作成

```
COM3
22
23
23
24
24
25
 ⋮
```

単位は℃です

アナログ入力値をグラフ表示します

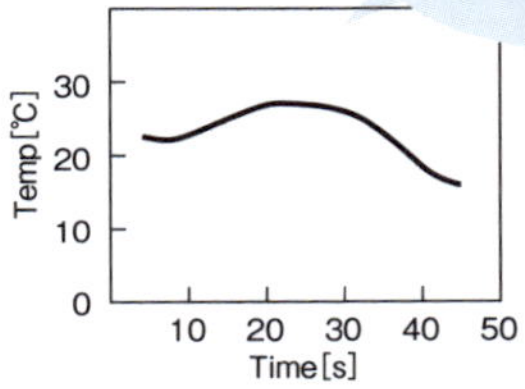

66 アナログ入出力

各種センサでアナログ値の入出力

次に、つまみを回すことで抵抗を変化させることができる可変抵抗を用いてアナログ入力を行い、つまみの回し具合に応じてLEDの明るさに強弱をつけることができるようなアナログ出力を行います。

可変抵抗はつまみを回転させることで抵抗を変化させることができる素子であり、音量調整などに用いられています。可変抵抗にはプラス・マイナスの電源端子とアナログ入力端子の3つの端子があり、つまみを回すと中央の端子と両端の端子間の抵抗値が変化します。

アナログ入力回路は、両端の2本（プラス・マイナス）を5V電源に接続し、中央の端子をアナログ入力ピンの1番に接続します。また、アナログ出力回路は、電源のGNDからLEDと抵抗（ここでは330Ω）を経由して、アナログ出力ピンの10番に接続します。

プログラムでは、1番ピンをアナログ入力、10番ピンをアナログ出力に設定し、アナログ値はanalogRead()の部分から読み込みます。ここでは0Vから5Vの入力電圧を0から1023の数値に変換します。ここで出力電圧は0から255の数値に変換します。入力値が1024分割、出力値が256分割であるため、アナログ入出力を行うときには、両者の範囲を合わせるためにmapと呼ばれる関数を用います。

このアナログ入出力が理解できれば、可変抵抗の部分を各種のセンサに取り替えることで、さまざまなセンサを使いこなすことができます。ディジタル入出力よりも難しい点は、単なるオン・オフではなく、アナログのデータを扱う部分です。電圧値を温度や圧力など、どのような物理量に換算しているのかを考えながらプログラムを作成してみましょう。

例えば、可変抵抗を光センサに取り替えることで、周囲の明るさに応じて、LEDの明るさを変化させることができます。

要点BOX

- ●可変抵抗によるアナログ入力
- ●LEDによるアナログ出力
- ●アナログ値の変換プログラムを作成

各種センサ

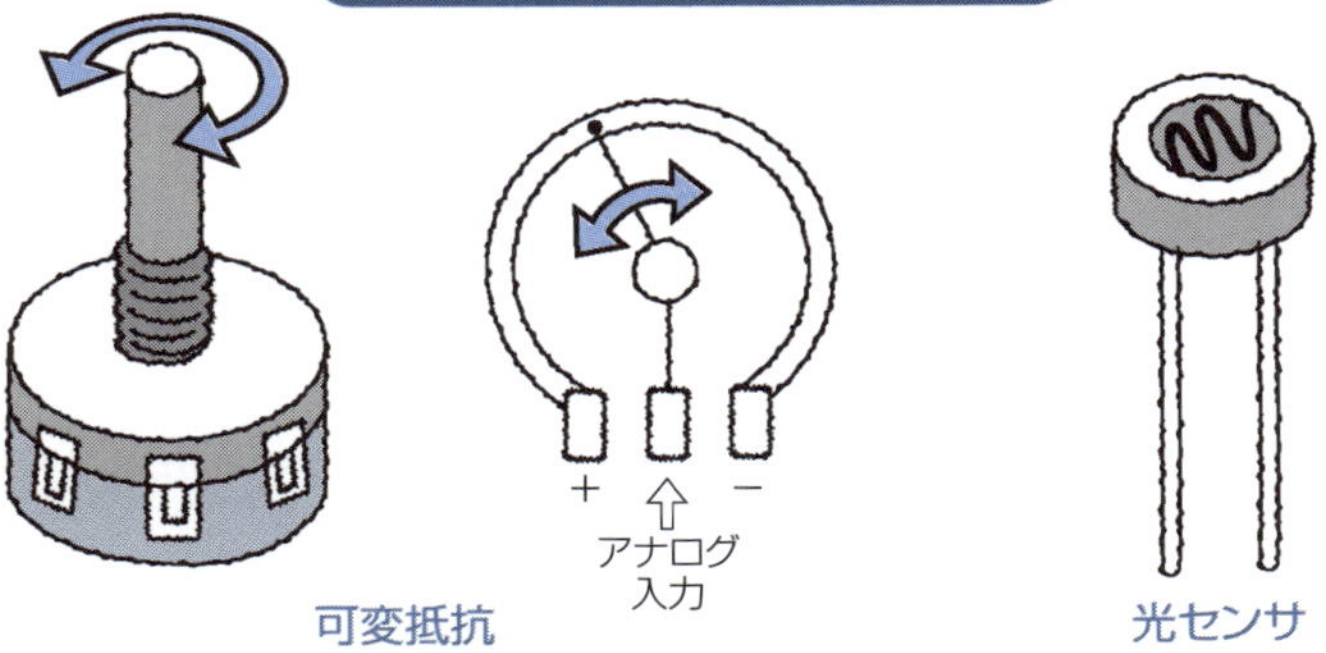

アナログ入出力のプログラム

analog

```
int inputPin=1;
int outputPin=10;
void setup( )
{
 pinMode(outputPin,OUTPUT);
 }
 void loop( )
 {
 int value=analogRead(inputPin);        ← アナログ入力
 int light=map(value,0,1023,0,255);     ← アナログ値の変換
 analogWrite(outputPin,light);          ← アナログ出力
 }
```

アナログ入出力の回路

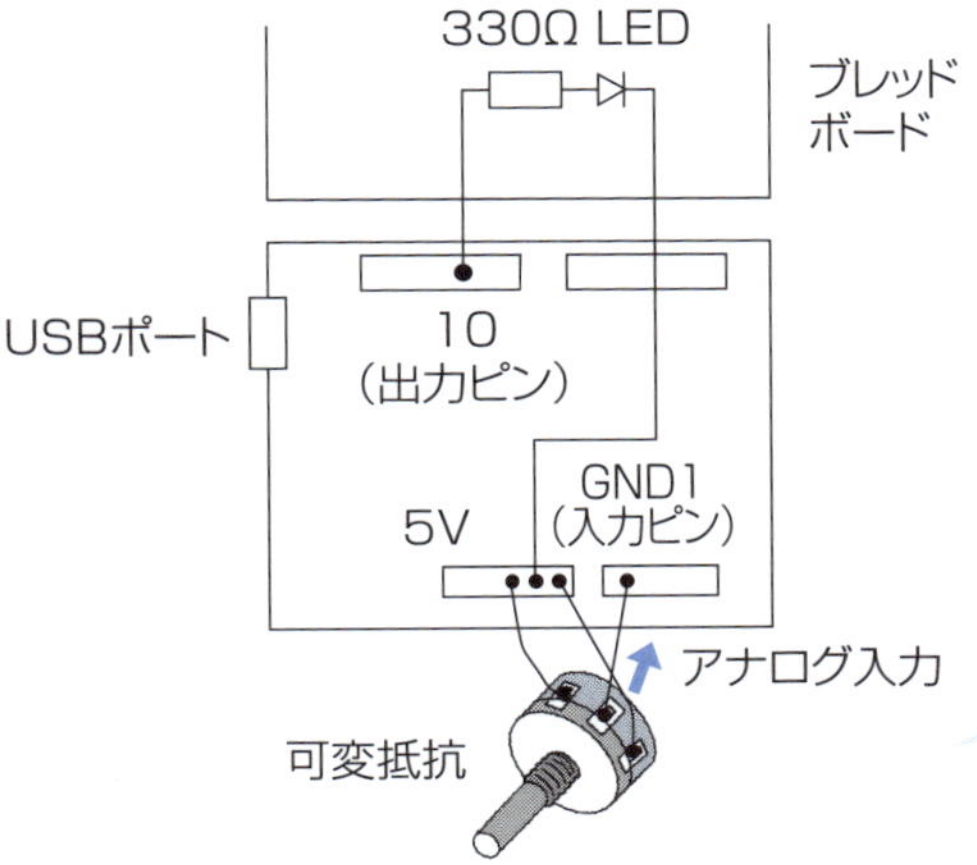

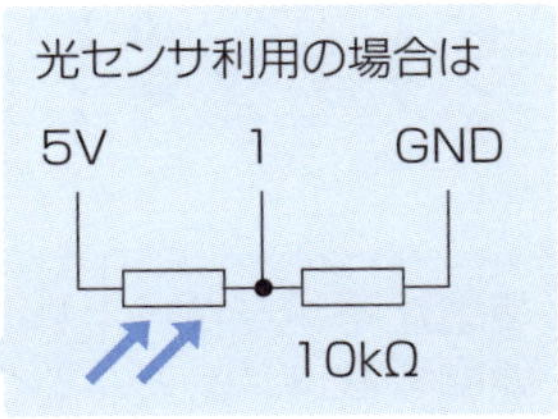

67 モータドライバ

DCモータを制御する準備

一般的なマイコンはLEDを点灯させる程度の電気は供給できますが、DCモータを回転させることはできません。そのため、電流不足を補うための増幅回路が必要となります。そのための代表的な回路がHブリッジ回路であり、電流増幅のはたらきに加えて、四つのスイッチを組み合わせることで、モータの正転、逆転、停止、停止ができます。この回路は自作することも可能ですが、Hブリッジを構成したICが安価で市販されているため、ここではTA7291Pというモータドライバを用います。

ここで用いるDCモータは模型用などに用いられる小型モータであり、ここでは5Vの電圧で作動させます。このDCモータにはプラスとマイナスに接続する2本の端子があり、この接続を切り換えることで、正転と逆転が可能になります。これを行うのがHブリッジ回路です。正転の場合には、電源→スイッチ1→DCモータ→スイッチ4という経路で電流が流れます。また、逆転の場合には、電源→スイッチ3→DCモータ→スイッチ2という経路で電流が流れます。

この原理を理解したら、あとはモータドライバの10本(実質は8本)の足を間違えないように配線していきます。モータの正転／逆転／静止を決めるのは5番ピンと6番ピンの入力端子であり、それぞれArduinoボードのデジタル出力の9番ピン、10番ピンに接続します。そして、9番ピンがLOW、10番ピンがLOWの場合は静止、9番ピンがHIGH、10番ピンがLOWの場合は正転、9番ピンがLOW、10番ピンがHIGHの場合は逆転の動作を行います。また、2番ピンと10番ピンをDCモータに接続します。DCモータに加える5V電源は7番ピンと8番ピンから供給します。

プログラム例は、正転／逆転／静止を1秒ごとにくり返すはたらきをするものです。

要点BOX
- ●電流不足を補うための増幅回路が必要
- ●便利なHブリッジ回路によるモータドライバ
- ●モータドライバの足を配線

モータドライバ(TA7291P)

1.	GND	グランド
2.	OUT1	モータの端子に接続
3.	—	—
4.	Vref	アナログ出力端子に接続
5.	IN1	入力端子1
6.	IN2	入力端子2
7.	VCC	ロジック用電源5V
8.	VS	出力側電源端子
9.	—	—
10.	OUT2	モータの端子に接続

Hブリッジ回路

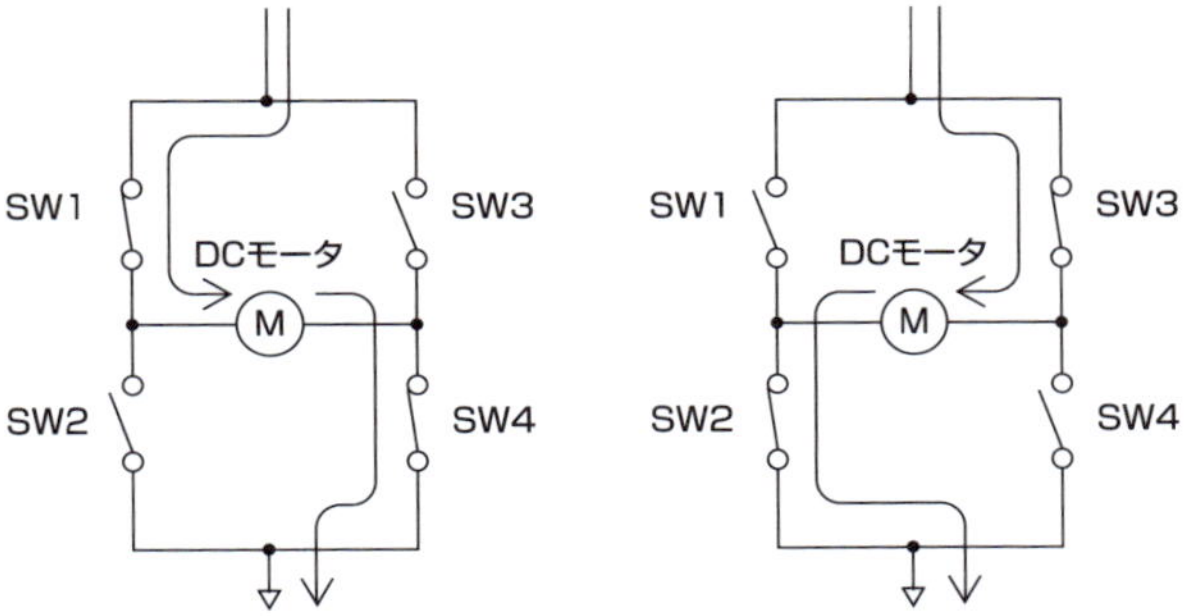

DCモータの制御

DCmotor

```
void setup( )
 {
 pinMode( 9,OUTPUT);
 pinMode(10,OUTPUT);
 }
 void loop( )
 {
  digitalWrite( 9,HIGH);  ] 正転
  digitalWrite(10,LOW);   ]
  delay(1000);
  digitalWrite( 9,LOW);   ] ブレーキ
  digitalWrite(10,LOW);   ]
  delay(1000);
  digitalWrite( 9,LOW);   ] 逆転
  digitalWrite(10,HIGH);  ]
  delay(1000);
  digitalWrite( 9,LOW);   ] ブレーキ
  digitalWrite(10,LOW);   ]
  delay(1000);
   }
```

プログラム

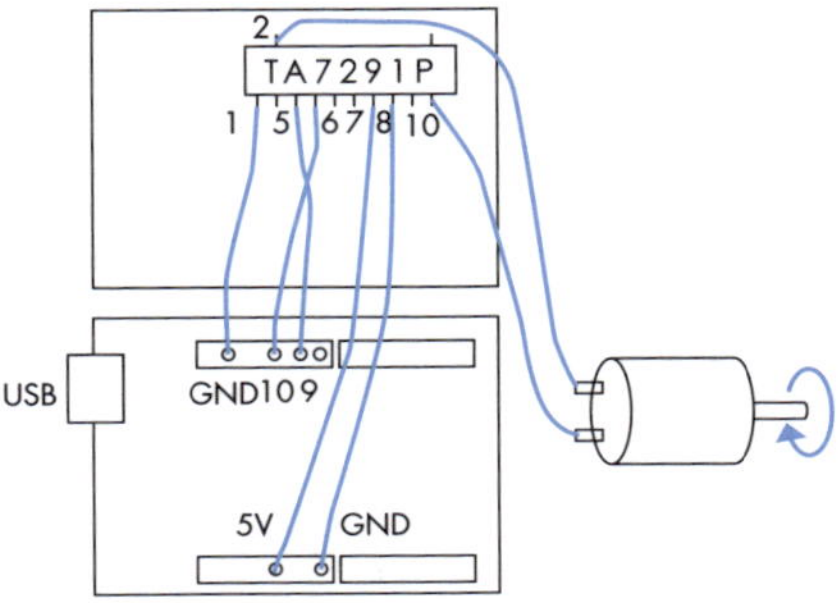

配線

68 DCモータの制御

DCモータのアナログ制御

先の例ではDCモータを回転させる場合には、ディジタル出力により常に5Vの電圧が供給され、一定の回転速度で回転させることができました。

アナログ出力を用いて、指定したピンからアナログ値(PWM波)を出力すれば、DCモータの回転速度やトルクを変化させることができます。ディジタル出力では、アナログ出力に使うピンの番号を指定し、PWM波のデューティ比(0から255)を指定します。デューティ比の値は0を指定すると0Vの電圧が出力され、255を指定すると5V電源を用いた場合には5Vが出力されます。

プログラム例1では100を指定しているため、1.96Vが出力されることになり、5Vを加えているときよりモータの出力は減少します。

プログラム例2では、条件が真の間だけ与えられた文の実行を繰り返すというfor文ループを用いてデューティ比の値を変化させています。そのため、このプログラムでDCモータを動かせば出力が変化しながら回転し、LEDに接続すればその明るさが変化します。

最後に、アナログ入力によってDCモータの出力を可変抵抗の回転に応じて変化させる例を紹介します。プログラム例3ではアナログ入力に用いるピンを1番としてアナログ値を入力し、これをmapの部分で換算し、powerとしてanalogWriteからDCモータにアナログ値を出力します。

このようにマイコンボードを活用することにより、ディジタル入出力はもちろん、アナログ入出力を行うことができ、さまざまなモータ制御が可能になります。なお、一つのマイコンボードで何個までのモータを接続できるかは入出力ピンの数によって決まります。何個のモータを同時に動かしたいのかは用途によりますが、各関節にモータを用いる二足歩行ロボットには、全身で20個程度のモータが用いられているため、それだけの入出力ピンを用いたマイコンボードが用いられます。

要点BOX
- ●PWMのデューティ比を調整
- ●出力をアナログ的に変化させる
- ●アナログ入力に対応したアナログ出力

プログラム例

DC motor Analog1

```
void setup( )
 {
 pinMode( 9,OUTPUT);
 pinMode(10,OUTPUT);
 }
void loop( )
 {
   analogWrite( 9,100);
   analogWrite(10,0);
   delay(1000);
   analogWrite( 9,0);
   analogWrite(10,0);
   delay(1000);
   analogWrite( 9,0);
   analogWrite(10,100);
   delay(1000);
   analogWrite( 9,0);
   analogWrite(10,0);
   delay(1000);
 }
```

この部分で
PWM波の
デューティ比を
変更できます

プログラム例1

DC motor Analog2

```
void setup( )
 {
 pinMode( 9,OUTPUT);
  }
void loop( )
 {
  for(int i=0;i<255;i++);
  {
  analogWrite( 9,i);
  delay(10);
  }
 }
```

この部分で
PWM波のデューティ比が
刻々と変化します

プログラム例2

DC motor Analog3

```
int inputPin=1;
void setup( )
 {
  PinMode( 9,output);
  PinMode(10,output);
 }
void loop( )
 {
  int value=analogRead(inputPin);
  int power=map(value,0,1023,0,255);
  analogWrite( 9,power);
  analogWrite(10,0);
 }
```

プログラム例3

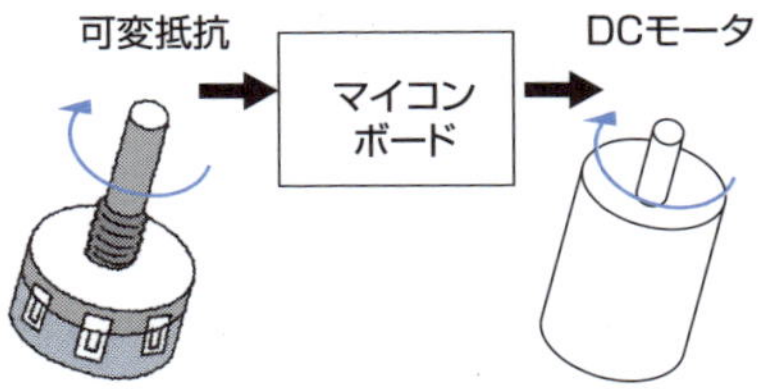

可変抵抗の回転に応じて
DCモータの出力が変化します

Column

C言語のプログラミング

C言語は1972年にアメリカAT&T社のベル研究所で、カーニハンとリッチーによって開発された、プログラミング言語であり、現在では国際標準化機構（ISO）や日本工業規格（JIS）にも標準として採用されています。C言語にはいくつかの派生語があり、現在はC++言語やC#言語などが多く用いられています。

C言語の特徴として、表現方法が比較的簡単なことや、演算子、データ構造、制御構造を豊富に備えていることなどがあげられます。本書では、その詳細を説明することはできませんが、これから制御に取り組みたいと思っている方は、何らかの形でC言語のプログラムを習得しておくとよいでしょう。

ここでは代表的な制御構文であるif～else文を紹介しておきます。これは条件式が成り立てば式Aの内容を実行し、成り立たなければelseで指定した式Bの内容をを実行するというものです。

> なお、C言語の開発ツールは、Microsoft社のサイトにおいて、Visual C# 2010 ExpressとVisual C++ 2010Expressが無料でダウンロードできます（2011年7月現在）。

```
if （条件式）
{
    式A
}
else
{
    式A
}
```

プログラム

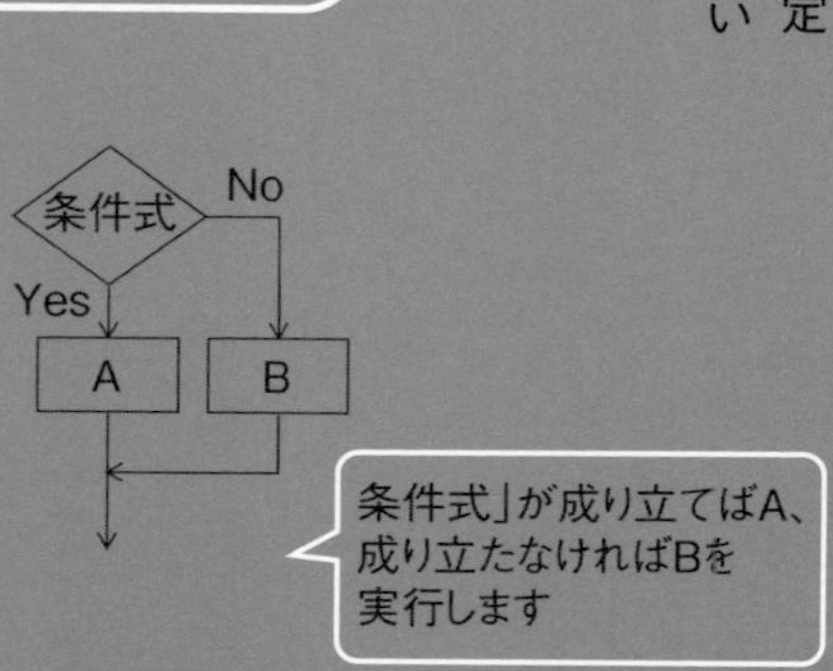
条件式
No
Yes
A
B
条件式」が成り立てばA、
成り立たなければBを
実行します

フローチャート

if～else文

【参考文献】

「自動制御とは何か」示村悦二郎、コロナ社（1990年）
「制御工学の考え方」木村英紀、講談社ブルーバックス（2002年）
「MATLABによる制御工学」足立修一、東京電機大学出版局（1999年）
「絵とき『ロボット工学』基礎のきそ」門田和雄、日刊工業新聞社（2007年）

自己保持回路 98
指数信号 118
自動機械 110
自動制御 16、18
シナプス 50
ジャイロセンサ 72
出力端子 106
手動制御 16、18
順序制御 92
蒸気機関 26
条件制御 92
シリアルメカニズム 20
シリアルリンク 20
シリアルリンクロボット 20
新・三種の神器 18
人工知能(AI) 54
スイッチ 64、66
スイッチング電源 106
ステッピングモータ 84
ステップ応答 118
制御 10
制御工学 32
制御工学科 32
正弦波信号 118
聖水自販機 24
積分制御(I制御) 44,128
積分要素 120
センサ 64
操作部 114

た

多関節ロボット 20
力センサ 72
知能 14
調整部 114
調節弁 42
直流モータ 82
ディジタル 58
電気モータ 82
伝達関数 120
トグルスイッチ 66

な

二次遅れ要素 122
ニューラルネットワーク 50
ニューラルネットワーク制御 50
入力端子 104
ニューロン 50
ノーバート・ウィーナー 30

は

バーチャル 14
配線作業 104
白熱電球 76
発光ダイオード 78
パラレルメカニズム 20
パラレルリンク 20
パラレルリンクロボット 20
ハンチング現象 26
ハンティング 116
光の三原色 78
ひずみゲージ 72
ピッチングマシン 14
微分制御(D制御) 44,128
標本化 60
比例制御(P制御) 44,126
比例要素 120
ファクトリーオートメーション 18、20
ファジィ理論 48
フィード・バック 28
フィードバック結合 124
フィードバック制御 36
フィードフォワード制御 38
プロセス制御 42
ブロック線図 120
ブロック線図の等価変換 124
分解能 62
ヘロン 24
ホームオートメーション 22
ポテンショメータ 72

ま

マイコン 140
無人化工場 20
メンバーシップ関数 48
モータドライバ 152
目標値 114

や・ら・わ

油圧シリンダ 88
余弦波信号 118
ラジコン 16
ラダー図 96
ランプ 76
リミットスイッチ 66
リモコン 16
流量センサ 70
量子化 60
励磁 98
ロッカースイッチ 66
ロトフィ・ザデー 48
ロバスト理論 46
論理回路 98
ワンチップマイコン 140

索引

英数字

7セグメントディスプレイ ―― 80
AD変換 ―― 58
AND回路 ―― 98
Arduino ―― 142
AVRマイコン ―― 140
a接点 ―― 66
b接点 ―― 66
CADソフト ―― 140
COM端子 ―― 104,106
DA変換 ―― 58
DCモータ ―― 152
FA ―― 18、20
FMS ―― 20
H8マイコン ―― 140
H∞制御理論 ―― 46
LED ―― 64、66、78、80
NAND回路 ―― 98
NC ―― 40
NOT回路 ―― 98
OR回路 ―― 98
PD制御 ―― 44
PICマイコン ―― 140
PID制御 ―― 44,126
PI制御 ―― 44,126
PLC ―― 94
PWM波 ―― 154
Servo ―― 40

あ

あいまいさ ―― 48
青色LED ―― 78
アクチュエータ ―― 64
圧力制御 ―― 132
圧力センサ ―― 70
アナログ ―― 58
アナログ出力 ―― 150
アナログ値 ―― 154
アナログとディジタルの違い ―― 58
アナログ入出力ボード ―― 130
アナログ入力 ―― 150
アナログ入力回路 ―― 150
アノード ―― 80,144
アルゴリズム ―― 52
アンダーシュート ―― 116
安定化理論 ―― 26
行き過ぎ時間 ―― 118
一次遅れ要素 ―― 122
遺伝的アルゴリズム ―― 52
エアコンの温度制御 ―― 36
液位センサ ―― 70
エンコーダ ―― 72
オートチューニング法 ―― 134
オーバーシュート ―― 116,126
音センサ ―― 68
オフセット ―― 118
オフディレイタイマ ―― 100
オン・オフ制御 ―― 126
オンディレイタイマ ―― 100

か

カーボン抵抗器 ―― 146
カウンタ ―― 100
カウンタボード ―― 130
カソード ―― 80,144
加速度センサ ―― 72
ガバナー ―― 26
カルマン ―― 46
カルマンフィルター ―― 46
空気圧ゴム人工筋 ―― 136
空気圧シリンダ ―― 86,108
ゲイン調整 ―― 134
現代制御 ―― 44
光電センサ ―― 68
交流モータ ―― 82
古典制御 ―― 44
コントロール ―― 12

さ

サーボ ―― 40
サーボ機構 ―― 40
サーボモータ ―― 40、84
サイバネティクス ―― 30
産業用ロボット ―― 20
三種の神器 ―― 18
サンプリングタイム ―― 62
シーケンサ ―― 94
シーケンス図 ―― 96
シーケンス制御 ―― 34、92
ジェームス・ワット ―― 26
時間制御 ―― 92
磁気センサ ―― 68

今日からモノ知りシリーズ
トコトンやさしい
制御の本

NDC 548

2011年 7月28日　初版1刷発行
2024年 5月24日　初版8刷発行

©著者　門田和雄
発行者　井水 治博
発行所　日刊工業新聞社
東京都中央区日本橋小網町14-1
(郵便番号103-8548)
電話　書籍編集部 03(5644)7490
販売・管理部 03(5644)7403
FAX 03(5644)7400
振替口座 00190-2-186076
URL https://pub.nikkan.co.jp/
e-mail info_shuppan@nikkan.tech
企画・編集　エム編集事務所
印刷・製本　新日本印刷(株)

●DESIGN STAFF
AD——————志岐滋行
表紙イラスト————黒崎　玄
本文イラスト————輪島正裕
ブック・デザイン ——大山陽子
(志岐デザイン事務所)

●
落丁・乱丁本はお取り替えいたします。
2011 Printed in Japan
ISBN 978-4-526-06721-1 C3034

●著者略歴
門田和雄(かどた　かずお)

神奈川工科大学教授

東京学芸大学教育学部技術科卒業
東京学芸大学大学院教育学研究科
修士課程(技術教育専攻)修了
東京工業大学大学院総合理工学研究科
博士課程(メカノマイクロ工学専攻)修了
博士(工学)

●主な著書
『絵とき「ねじ」基礎のきそ』
『絵とき「機械要素」基礎のきそ』
『絵とき「ロボット工学」基礎のきそ』
『トコトンやさしい「ねじ」の本』
『トコトンやさしい「歯車」の本』
『ココからはじめる機械要素』
『絵とき機械用語事典—機械要素編—』
『3Dプリンタではじめるデジタルモノづくり』
(以上，日刊工業新聞社)

『暮らしを支える「ねじ」のひみつ』
『基礎から学ぶ機械工学』
『基礎から学ぶ機械設計』
(以上，ソフトバンククリエイティブサイエンス・アイ新書)

など多数